Bernd Vowinkel

Passive Mikrowellenradiometrie

Bernd Vowinkel

Passive Mikrowellenradiometrie

Mit einem Kapitel über Plasmadiagnostik
von Hans J. Hartfuß

Friedr. Vieweg & Sohn Braunschweig / Wiesbaden

CIP-Titelaufnahme der Deutschen Bibliothek

Vowinkel, Bernd:
Passive Mikrowellenradiometrie / Bernd Vowinkel.
Mit e. Kap. über Plasmadiagnostik von Hans J.
Hartfuss. – Braunschweig; Wiesbaden: Vieweg,
1988.

Dr. *Bernd Vowinkel*, 1. Physikalisches Institut der Universität Köln, Zülpicher Str. 77, 5000 Köln 41.
– Das Kapitel über Plasmadiagnostik wurde von Dr. *Hans J. Hartfuß*, Max-Planck-Institut für Plasmaphysik, 8046 Garching, verfaßt.

Der Verlag Vieweg ist ein Unternehmen der Verlagsgruppe Bertelsmann.

Softcover reprint of the hardcover 1st edition 1988

ISBN-13: 978-3-528-08959-7 e-ISBN-13: 978-3-322-86042-2
DOI: 10.1007/978-3-322-86042-2

Vorwort

Die Anregung, ein Buch über passive Mikrowellenradiometrie zu schreiben, ergab sich aus dem steigenden Interesse zur Anwendung dieser modernen Technik und dem Fehlen entsprechender deutscher Literatur. Das Buch ist vor allem für Studenten der Hochfrequenztechnik und der Physik nach dem Vordiplom gedacht. Der Inhalt setzt gewisse Grundkenntnisse der Hochfrequenztechnik voraus.

Im ersten Kapitel wird auf die physikalischen Grundlagen der Enstehung und des Transports elektromagnetischer Rauschstrahlung eingegangen. Wegen der Bedeutung bei der überwiegenden Zahl der Anwendungen werden hier bereits auch die Grundlagen der Ausbreitungsbedingungen in der Atmosphäre behandelt. Da Fortschritte in der passiven Mikrowellenradiometrie immer eng mit der Entwicklung der Meßtechnik verbunden sind, folgen Kapitel über Mikrowellenradiometer und Spektrometer. Eine vollständige Behandlung der Anwendungen würde den Rahmen dieses Buches sprengen. Wir haben uns daher auf zwei besonders wichtige Bereiche beschränkt, und zwar auf die Fernerkundung und die Plasmadiagnostik.

Den Kollegen, die uns bei der Abfassung und Korrektur unterstützt haben, sei an dieser Stelle herzlich gedankt. Besonderen Dank schulden wir Herrn Dr. K. Grüner (DFVLR) für viele Anregungen und zur Verfügungstellung von Unterlagen, den Herren U. Kotthaus und Dr. M. Tutter für das Korrekturlesen des Werkes sowie Frl. T.Becker und Herrn W. Breitel für das Anfertigen von Zeichnungen. Herrn J.P. Hollinger (Naval Research Lab.) danken wir für die Überlassung der Farbbilder (Farbtafel I und II).

Köln, Juli 1988 Die Verfasser

PASSIVE MIKROWELLENRADIOMETRIE

INHALT

Seite

EINLEITUNG

Mit Mikrowellen bezeichnet man allgemein den Wellenlängenbereich des elektromagnetischen Spektrums zwischen etwa 1m und 1cm Wellenlänge. Der sich zu kürzeren Wellenlängen hin anschließende Bereich der Millimeterwellen (1cm-1mm) wird wegen der gleichartigen Leitungstechniken meistens dem Mikrowellenbereich zugeordnet. Im Wellenlängenbereich unter 1mm - dem Submillimeterbereich - wird dagegen schon zunehmend mit offenen Strahlengängen und optischen Bauteilen gearbeitet, so daß man hier eine weniger willkürliche Grenze zum Mikrowellenbereich ziehen kann. Aus diesem Grund wird der Submillimeterbereich häufig auch schon dem "fernen Infrarot" (FIR) zugeordnet. Im Wellenlängenbereich über etwa 1m Wellenlänge kann man Spannungen, Ströme und Felder meistens als stationär ansehen, da hier die Bauteile i.allg. wesentlich kleiner als die Wellenlänge sind. Der Übergang zwischen den verschiedenen Leitungstechniken ist aber auch hier fließend.

Im Gegensatz zur Radar-Technik und der drahtlosen Nachrichtentechnik, bei denen künstliche Signale erzeugt und empfangen werden, wird bei der passiven Mikrowellenradiometrie die natürliche statistische Rauschstrahlung von Meßobjekten empfangen und analysiert. In den meisten Fällen handelt es sich dabei um den langwelligen Teil der Plankschen Wärmestrahlung. Je nach Anwendungsbereich wird dabei häufig eine bildhafte zweidimensionale Darstellung der Meßergebnisse gewählt, wobei die Strahlungsintensität als Farb- oder Grauwert dargestellt wird. Mit solchen Mikrowellenbildern ist dann ein Vergleich mit Infrarot- oder optischen Bildern des Meßobjekts möglich.

Durch Fortschritte der Mikrowellentechnik konnte die Empfindlichkeit von passiven Mikrowellenempfängern in den letzten Jahren erheblich gesteigert werden. Das führte dazu, daß neben der Erweiterung des zugänglichen Wellenlängenbereichs zum Teil völlig neue Anwendungsgebiete erschlossen werden konnten. Der verstärkte Einsatz von Halbleiterkomponenten bis in den Millimeterwellenbereich hinein ermöglichte eine weitgehende Miniaturisierung der Empfangsanlagen, was den vereinfachten Einsatz in Flugzeugen und Satelliten ermöglichte. Die folgende Tabelle gibt eine Übersicht über die derzeitigen Anwendungsgebiete der passiven Mikrowellenradiometrie.

Tabelle 1

Anwendungen der passiven Mikrowellenradiometrie

Anwendungsgebiet	Strahlungsart	Meßplattform	Meßobjekt, Meßgröße Einsatzbereich
physikalische Grundlagenforschung	Linien-Strahlung	Labor	Atome, Moleküle Messung von Linienübergängen
	thermisch	Labor	Materialeigenschaften
	Elektronenzyklotronstrahlung	Labor	Plasmadiagnostik
Radioastronomie	thermisch	Erde, Satelliten	Sterne, interstellare Gaswolken, H-II-Gebiete
	Synchrotron-Strahlung	Erde	nichtthermische Quellen
	Linien-Strahlung	Erde, Flugzeuge, Satelliten	Molekülwolken
Meteorologie	thermisch, Linien-Strahlung	Erde, Satelliten, Ballone	Wasserdampfgehalt der Atmosphäre, Temperaturverteilung der Atmosphäre, Windgeschwindigkeiten über Wasserflächen, Wolkenverteilung, Regengebiete
Ozeanographie	thermisch	Satelliten	Wassertemperatur, Eisverteilung, Art des Eises, Salzgehalt

Erderkundung	thermisch	Flugzeuge, Satelliten	Verteilung, Dicke und Art von Eis u. Schnee, Feuchtigkeit u. Temperatur des Erdbodens
Land- und Forstwirtschaft	thermisch	Flugzeuge, Satelliten	Bebauung, Wachstum, Krankheiten, Schädlingsbefall
Gewässerkunde	thermisch	Flugzeuge, Satelliten	Feuchtgebiete,Wassereinzugsgebiete,Flußläufe, Wassertemperaturen
Umweltschutz	thermisch Linien-Strahlung	Flugzeuge, Satelliten	Ölverschmutzung von Gewässern, Verunreinigungen der Erdatmosphäre
Medizin	thermisch	Labor	Tumorfrüherkennung
Verteidigung	thermisch	Flugzeuge, Satelliten	Aufklärung
		Raketen	Zielverfolgung
		Flugzeuge Marschflugkörper	Navigationsunterstützung, Zielverfolgung

Eine Empfangsanlage für die passive Mikrowellenradiometrie, d.h. ein Radiometer, besteht im wesentlichen aus einer Antenne, einem Empfänger und einer Datenerfassungs- und Auswertungseinheit. Bei der Messung der Frequenzabhängigkeit kommt noch ein Spektrometer hinzu. Die Antenne hat die Aufgabe, die ankommenden elektromagnetischen Raumwellen in Leitungswellen umzuwandeln, um sie dem Empfänger über eine Leitung zuführen zu können. Durch Größe und Form der Antenne wird vor allem das räumliche Auflösungsvermögen der Empfangsanlage bestimmt. Im Empfänger wird die empfangene, i.allg. sehr schwache Strahlungsleistung um mehrere Größenordnungen verstärkt, evtl. auf eine niedrigere Frequenz umgesetzt und schließlich gleichgerichtet. Das so erhaltene Video-Signal wird dann mit elektronischen Hilfsmitteln weiterverarbeitet und evtl. abgespeichert. Die Empfindlichkeit des Empfängers ist der entscheidende Faktor für die erreichbare Genauigkeit bei der Bestimmung der Strahlungstemperatur eines Meßobjekts. Bei der Spektroskopie von Linienstrahlung ist ein weiterer entscheidender Faktor das Frequenzauflösungsvermögen des verwendeten Spektrometers.

1 PHYSIKALISCHE GRUNDLAGEN

Im Gegensatz zu der Strahlung, die von technischen Sendern zur Nachrichtenübermittlung abgestrahlt wird, ist die Strahlung, mit der man es in der passiven Mikrowellenradiometrie zu tun hat, eine ungeordnete Strahlung. Es handelt sich um ein Gemisch von statistisch voneinander unabhängigen Wellenzügen unterschiedlicher Frequenz und Phasenlage. Man bezeichnet eine solche Strahlung nach dem akustischen Eindruck im hörbaren Niederfrequenzbereich als Rauschstrahlung. Wegen der statistischen Natur der Strahlung muß man zu ihrer Charakterisierung mit zeitlichen Mittelwerten arbeiten.

Das erste Kapitel befaßt sich mit der Enstehung, den Meßgrößen und dem Transport der Strahlung. Die Kenntnis dieser Zusammenhänge ist für die Interpretation von Meßergebnissen der passiven Mikrowellenradiometrie von entscheidender Bedeutung.

1.1 Entstehung der Strahlung

In der passiven Mikrowellenradiometrie hat man es vor allem mit der thermischen Kontinuumstrahlung und der Linienstrahlung zu tun. Daneben spielt noch die Synchrotronstrahlung in der Radioastronomie und die Elektronenzyklotronstrahlung in der Plasmadiagnostik eine Rolle. Die Elektronenzyklotronstrahlung wird im Kapitel 5 (Plasmadiagnostik) getrennt behandelt. In den meisten Anwendungsbereichen geht es um die Messung der thermischen Strahlung.

1.1.1 Thermische Strahlung

Alle Objekte, die sich auf einer Temperatur über dem absoluten Nullpunkt befinden, strahlen Energie in Form von elektromagnetischen Wellen ab. Gleichzeitig sind diese Objekte einer elektromagnetischen Strahlung ausgesetzt, die von den anderen Objekten aus der Umgebung abgestrahlt wird. Ein Teil dieser Strahlung wird von den Objekten absorbiert, der verbleibende Anteil wird reflektiert. Ein total absorbierender Körper wird als schwarzer Körper bezeichnet. Ein solcher Körper absorbiert definitionsgemäß elektromagnetische Strahlung bei allen Wellenlängen vollständig. Obwohl ein solch idealisierter Körper nicht praktisch realisiert werden kann, so kann man ihn doch zumindest über einen begrenzten Wellenlängen- bzw. Frequenzbereich recht gut angenähert herstellen.

Die Helligkeit eines schwarzen Körpers wird durch das Planksche Strahlungsgesetz beschrieben. Sie ist abhängig von der absoluten Temperatur T des Körpers und von der Frequenz (bzw. Wellenlänge):

$$B_f = \frac{2hf^3}{c^2} \frac{1}{e^{hf/kT} - 1} \qquad [\mathrm{W\ m^{-2}\ rad^{-2}\ Hz^{-1}}] \qquad (1\text{-}1)$$

B_f: Helligkeit bei der Frequenz f
h: Planksches Wirkungsquantum
c: Lichtgeschwindigkeit
k: Boltzmann-Konstante

Die Helligkeit B_f ist die Strahlungsleistung [W], die von dem Körper pro Oberflächeneinheit [m^2] und pro Frequenzintervall [Hz] in die Raumwinkeleinheit [rad^2] abgestrahlt wird. Bild 1-1 zeigt die Helligkeit in Abhängigkeit der Frequenz, mit der absoluten Temperatur als Parameter.

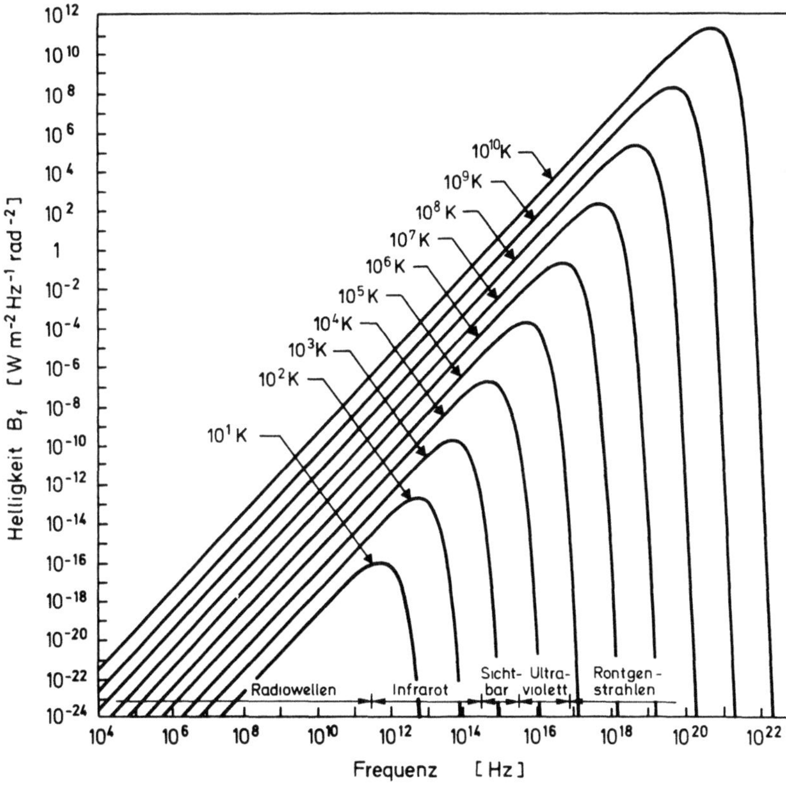

Bild 1-1: Helligkeit in Abhängigkeit der Frequenz

In dem uns hier interessierenden Bereich der Mikrowellen befindet man sich bei nicht zu kleinen Temperaturen auf dem ansteigenden Teil der Funktion. In diesem Bereich kann man den Nenner in Gleichung (1-1) entwickeln und näherungsweise nach dem zweiten Glied abbrechen. Mit dieser sogenannten Rayleigh-Jeansschen Näherung erhält man anstelle von Gleichung (1-1) die erheblich einfachere Beziehung:

$$B_f = \frac{2f^2kT}{c^2} = \frac{2kT}{\lambda^2} \qquad (1-2)$$

λ: Wellenlänge

In der Praxis muß man im allgemeinen mit frequenzabhängigen Abweichungen gegenüber den angegebenen Strahlungsgesetzen rechnen, da man es nicht mit idealen schwarzen Körpern zu tun hat. Gerade diese Abweichungen können aber andererseits zur Charakterisierung und Identifikation von bestimmten Meßobjekten dienen. Neben frequenzabhängigen Abweichungen kann auch eine frequenzunabhängige Abweichung der Helligkeit auftreten. Solche Körper werden dann als "grau" bezeichnet.

Reflektiert ein beliebiger Körper einen Teil der einfallenden Strahlung, so kann er nach dem 2.Hauptsatz der Thermodynamik auch nur einen entsprechend kleineren Teil seiner Eigenstrahlung (im Vergleich zum schwarzen Körper) abstrahlen. Genauer ist dieser Zusammenhang im Kirchhoffschen Gesetz formuliert: Bei gegebener Wellenlänge und Temperatur ist das Verhältnis des Emissionsvermögens eines beliebigen Körpers zu seinem Absorptionsvermögen gleich dem Emissionsvermögen des schwarzen Körpers. Anders ausgedrückt ist der Quotient von Emissionsvermögen zum Absorptionsvermögen eines beliebigen Körpers von den individuellen Körpereigenschaften völlig unabhängig. Das Reflexionsvermögen ist somit offensichtlich:

$$R = 1 - A \qquad (1\text{-}3)$$

bzw.

$$R = 1 - E \qquad (1\text{-}4)$$

R: Reflexionsvermögen, A: Absorptionsvermögen,
E: Emissionsvermögen

Hierbei ist das Emissionsvermögen des schwarzen Körpers gleich 1 gesetzt. Das Reflexionsvermögen hängt vom Material und der Form der Oberfläche des Körpers ab und ist im allgemeinen richtungs-, polarisations- und frequenzabhängig.

1.1.2 Linienstrahlung

Die Linienstrahlung spielt in der passiven Radiometrie vor allem dann eine Rolle, wenn gasförmige Materie Einfluß auf die

Messung hat. Die gesamte innere Energie eines Gasmoleküls setzt sich aus drei Arten von Energiebeiträgen zusammen, nämlich der Energie der Elektronen, der Vibrationsenergie der Atome aus denen sich das Molekül zusammensetzt und der Rotationsenergie des gesamten Moleküls. Im Mikrowellenbereich wird Linienstrahlung fast ausschließlich durch Übergänge zwischen verschiedenen Rotationsenergieniveaus von Molekülen verursacht. Strahlung wird absorbiert bzw. emittiert, wenn ein Übergang zwischen zwei Energieniveaus stattfindet. Solche Übergänge können durch Absorption, spontane Emission oder stimulierte Emission eines Photons auftreten. Die Frequenz der Strahlung ist proportional der Energiedifferenz zwischen den Niveaus:

$$f_{12} = \frac{E_2 - E_1}{h} \tag{1-5}$$

Die Übergangsrate der Moleküle von einem höheren zu einem tieferen Energieniveau ist proportional der Besetzungsdichte der Moleküle im höheren Niveau und umgekehrt proportional der Verweilzeit der Moleküle in diesem Niveau - der Relaxationszeit. Im thermischen Gleichgewicht ist die Zahl der Moleküle N_1 und N_2 in den Niveaus der Energie E_1 und E_2 durch die Boltzmann-Statistik gegeben:

$$\frac{N_2}{N_1} = \exp\left(- \frac{E_2 - E_1}{k\,T}\right) \tag{1-6}$$

k: Boltzmann-Konstante, T: absolute Temperatur

Im Gleichgewichtszustand ist die Zahl der Übergänge vom niedrigeren zum höheren Niveau gleich der Zahl der Übergänge in umgekehrter Richtung. Die hierdurch verursachte Linienstrahlung ist in diesem thermischen Gleichgewichtszustand von der thermischen Kontinuumstrahlung zunächst nicht zu unterscheiden. Allerdings ist im Frequenzbereich der Linie das Absorptionsvermögen größer als in der Umgebung der Linie. Aufgrund der Absorption können also solche Linien gemessen werden. Dies wird vor allem in der Molekülspektroskopie zur

Bestimmung der Form, Stärke und Mittenfrequenz der Linien ausgenutzt.

Wird der Gleichgewichtszustand nach Gleichung (1-6) gestört, z.B. durch Absorption von kohärenter Strahlung einer Übergangsfrequenz oder Stoßanregung, so stellt sich der Gleichgewichtszustand normalerweise sehr schnell durch eine Erhöhung der Zahl der spontanen Übergänge wieder ein. Durch eine niedrige Temperatur oder eine geringe Stoßwahrscheinlichkeit infolge einer extrem niedrigen Dichte (wie sie in interstellaren Molekülwolken vorkommt) können jedoch die Relaxationszeiten relativ groß werden. Hierdurch kann sich eine Besetzungsinversion zwischen zwei Energieniveaus einstellen ($N_2 > N_1$). Der Gleichgewichtszustand kann sich dann durch eine stimulierte Emission wieder einstellen (Maser-Effekt). Die hierdurch bedingte Strahlung erzeugt dann eine zum Teil erheblich größere Helligkeit der Gaswolke bei der entsprechenden Übergangsfrequenz. Die Messung solcher Maser-Linien spielt vor allem in der Radioastronomie eine große Rolle.

Nach Gleichung (1-5) sollten Übergänge zwischen verschiedenen Energieniveaus eines Moleküls scharf definierte Linien im Frequenzspektrum erzeugen. Die in der Praxis gemessenen Linien sind allerdings normalerweise gegenüber der natürlichen Linienbreite erheblich verbreitert. Die Ursachen hierfür liegen vor allem in der Eigenbewegung der einzelnen Moleküle im gasförmigen Zustand und den Stößen zwischen den einzelnen Molekülen. Die Bewegung eines Moleküls relativ zum Beobachter führt wegen des Doppler-Effekts zu einer Frequenzverschiebung von:

$$\Delta f = \pm f_o \, (v/v_p) \qquad (1\text{-}7)$$

f_o: Mittenfrequenz ohne Doppler-Effekt
v: Geschwindigkeitskomponente in Beobachtungsrichtung
v_p: Phasengeschwindigkeit (normalerweise = Lichtgeschw. c)

Die Wahrscheinlichkeit W_v, daß ein Molekül in einem Gas mit der Temperatur T eine Geschwindigkeitskomponente v in eine bestimmte Richtung hat, ist proportional zu:

$$W_v \sim \exp\left(-\frac{mv^2}{2kT}\right) \qquad (1\text{-}8)$$

m: Masse des Moleküls

Die Linienintensität $I(\varepsilon)$ als Funktion einer Frequenzverschiebung ε von der Mittenfrequenz f_o ist dann mit (1-7):

$$I(\varepsilon) \sim \exp\left(-\frac{mc^2}{2kT}\left(\frac{\varepsilon}{f_o}\right)^2\right) \qquad (1\text{-}9)$$

Die Linienform ist offensichtlich symmetrisch und hat eine Halbwertsbreite (Linienbreite bei der Hälfte der maximalen Intensität) von:

$$\Delta f = v/c \sqrt{\ln 2\ 2kT/m} = v/c \sqrt{\ln 2\ 2kT\ N_o/M} \qquad (1\text{-}10)$$

M: Molekulargewicht
N_o: Avogadro-Zahl

Für das Ammoniak-Molekül ergibt sich z.B. bei Raumtemperatur ein Wert von $f/f_o = 1{,}5\cdot 10^{-6}$. Bei den meisten Messungen überwiegt jedoch die Verbreiterung durch Stöße (Druckverbreiterung) die Dopplerverbreiterung bei weitem. Die Druckverbreiterung wird dann merklich, wenn die mittlere Zeit zwischen zwei Stößen in der Größenordnung der mittleren Lebensdauer der angeregten Energieniveaus liegt. Da sich i.allg. nach einem Stoß andere Zustände ergeben, wird somit die effektive Lebensdauer eines bestimmten Zustands herabgesetzt. Aufgrund der Energie-Zeit-Unschärferelation ($\Delta E\cdot\Delta t \approx h$) hat das eine effektive Verbreiterung der Energieniveaus und damit auch der Linie zur Folge. Die Form der Linie kann bei einer geringen Druckverbreiterung ($\Delta f \ll f_o$) recht gut durch die Lorentz-Funktion angenähert werden:

$$F_L(f) = \frac{1}{\pi}\,\frac{\gamma}{(f-f_o)^2+\gamma^2} \quad [\mathrm{Hz}^{-1}] \qquad (1\text{-}11)$$

Hierbei ist γ [Hz] der sogenannte Linienbreiten-Parameter. Er entspricht der halben Halbwertsbreite der Linie und ist für die angegebene Näherung dem Gasdruck proportional. Bei höheren Drücken, wie sie etwa in der Erdatmosphäre vorherrschen, sind die Abweichungen von der Lorentz-Funktion schon merklich. In diesem Fall stimmt die von Van Fleck und Weisskopf angegebene Linienformfunktion besser mit den Messungen überein [1]:

$$F_{VW}(f) = \frac{1}{\pi}\left(\frac{f}{f_o}\right)^2 \left(\frac{\gamma}{(f-f_o)^2+\gamma^2} + \frac{\gamma}{(f+f_o)^2+\gamma^2}\right) \quad [Hz^{-1}] \qquad (1\text{-}12)$$

1.2 Meßgrößen der Strahlung

Elektromagnetische Strahlung in Form einer ebenen Welle läßt sich durch folgende Meßgrößen vollständig charakterisieren: Ausbreitungsrichtung (bzw. Position der Strahlungsquelle), Strahlungsintensität, Polarisation, spektrale Verteilung und Zeitabhängigkeit. Die Ausbreitungsrichtung bzw. die Position kann mit Hilfe von Richtantennen, die nur Strahlung aus einem genau definierten Raumwinkelbereich aufnehmen, festgestellt werden. Mikrowellenantennen sind in der Literatur ausführlich beschrieben [2,3,4], so daß im folgenden (Kap.1.2.1) nur auf die Definition einiger Antennenparameter näher eingegangen werden soll. Für die Messung von kurzfristigen Zeitabhängigkeiten sind besondere technische Einrichtungen notwendig. Da solche Messungen aber nur in wenigen Spezialgebieten (z.B. Pulsar-Messungen in der Radioastronomie) von Interesse sind, soll hier auf eine weitere Beschreibung verzichtet werden. Mit den verbleibenden drei Meßgrößen wollen wir uns etwas eingehender befassen.

1.2.1 Strahlungsintensität

Der Energiefluß einer elektromagnetischen Welle ist durch den Poyntingschen Vektor gegeben:

$$\vec{S} = \vec{E} \times \vec{H} \qquad [W/m^2] \tag{1-13}$$

Bei sinusförmigen Zeitabhängigkeiten der Felder ist der zeitliche Mittelwert (Effektivwert) des Energieflusses:

$$S' = 1/2 \; \mathrm{Re} \; (\vec{E} \times \vec{H}^*) \tag{1-14}$$

wobei H^* der zu H konjugiert komplexe Wert ist.

Da man es in der passiven Radiometrie im allgemeinen mit einer breitbandigen Rauschstrahlung zu tun hat, bezieht man häufig den Energiefluß auf die Bandbreite von 1Hz und bezeichnet ihn dann als Flußdichte. Die Dimension der Flußdichte ist somit: W m^{-2} Hz^{-1} bzw. W m^{-2} s. Die Flußdichte ist also die Strahlungsleistung, die einer am Empfangsort senkrecht zur Ausbreitungsrichtung stehenden Fläche von $1m^2$ im Bereich von 1Hz Bandbreite zugestrahlt wird. Sie liegt in der Größenordnung von 10^{-29} bis 10^{-20} W m^{-2} Hz^{-1}. Hierbei stellt der untere Wert in etwa die derzeitige Nachweisgrenze dar. Insbesondere in der Radioastronomie benutzt man daher häufig folgende Definition:

$$1\cdot 10^{-26}\ \mathrm{W\ m^{-2}\ Hz^{-1}} = \text{eine Flußeinheit (Flux Unit) oder auch 1 Jansky (Jy)},$$

benannt nach K.G.Jansky, einem Pionier der Radioastronomie.

Bei ausgedehnten Quellen erhält man die zugestrahlte Flußdichte durch Integration der Helligkeit über die gesamte Quelle:

$$S = \int_{\text{Quelle}} B(\Theta,\varphi)\, d\Omega \qquad (1\text{-}15)$$

Wie in Kapitel 1.1.1 beschrieben, kann man normalerweise im Mikrowellenbereich die Rayleigh-Jeanssche Näherung für die Helligkeit verwenden. Das heißt, die Helligkeit und damit nach Gleichung (1-15) auch die Flußdichte sind proportional der Strahlungstemperatur. Man kann also einer ausgedehnten Quelle eine äquivalente Schwarzkörper-Strahlungstemperatur zuschreiben. Auch bei nichtthermischen Strahlungsquellen ist diese Zuordnung möglich. Es ergibt sich dann eben eine wellenlängenabhängige Strahlungstemperatur. Die Frage ist nun, welche meßbare Leistung eine Quelle mit einer bestimmten Ausdehnung und Strahlungstemperaturverteilung am Empfängereingang erzeugt. Es ist klar, daß hierbei die Eigenschaften der Empfangsantenne berücksichtigt werden müssen. Deshalb sollen zunächst die charakteristischen Antennenparameter kurz besprochen werden.

Die Antenne ist ein lineares Glied in der Schaltung der Empfangsanlage. Sie hat die Aufgabe, die aus dem Raum kommenden Wellen in Leitungswellen zu transformieren. Bei Sendeanlagen dagegen muß sie eine Leitungswelle in eine Raumwelle umwandeln und als Kugelwelle abstrahlen. Eine Antenne kann also zwei verschiedene Funktionen haben, sie kann als Empfangsantenne oder als Sendeantenne arbeiten. Beide Funktionen sind zunächst nicht unbedingt identisch. Es läßt sich jedoch zeigen, daß eine Antenne für beide Funktionen die gleichen Eigenschaften besitzt (Reziprozitätstheorem). Für die Definition der Antennenparameter kann deshalb jeweils der Sendefall oder der Empfangsfall herangezogen werden, ohne befürchten zu müssen, daß die Ergebnisse nicht eindeutig sind.

a) Polarisation

Jede Antenne empfängt oder sendet normalerweise nur in einer festgelegten Polarisationsrichtung. Ist also die ankommende Strahlung bereits polarisiert, so muß bei der Messung die Polarisationsrichtung der Antenne entsprechend berücksichtigt werden. Thermische Strahlung ist aufgrund ihres statistischen Charakters bei der Entstehung zunächst unpolarisiert. Bei der Reflexion und Streuung dieser Strahlung können jedoch Polarisationseffekte auftreten, deren Messung sehr aufschlußreich sein kann. Bei vollkommen unpolarisierter Strahlung kann eine Antenne dem Empfänger höchstens die Hälfte der ankommenden Leistung zuführen. Mit Hilfe von speziellen Polarisationsweichen können jedoch zwei voneinander unabhängige Polarisationsrichtungen getrennt ausgekoppelt werden und dann zwei getrennten Empfängern zugeführt werden, so daß die gesamte ankommende Leistung (von Verlusten abgesehen) gemessen wird. Pro Empfangskanal steht aber auch hier nur die Hälfte der Gesamtleistung zur Verfügung.

b) Effektive Antennenfläche

Bei unpolarisierter Strahlung empfängt die Antenne im Frequenzbereich Δf offensichtlich die Leistung:

$$P = 1/2\ A\ S\ \Delta f \tag{1-16}$$

Man bezeichnet den Proportionalitätsfaktor A als effektive Antennenfläche. Ein direkter Zusammenhang zwischen A und der auf die Wellenebene projizierten geometrischen Antennenfläche ist nur bei wenigen Antennentypen vorhanden. Beim einfachen Dipol oder der Yagi-Antenne ist der Zusammenhang nicht erkennbar. Einigermaßen gut ist dagegen die Übereinstimmung bei einer großen Dipolwand mit einem Reflektornetz. Auch bei verschiedenen Reflektorantennen (insbesondere Parabolantennen) und Horn-Antennen läßt sich ein Zusammenhang angeben.

Die empfangene Leistung ist abhängig von der Richtung, in der die Antenne zum Strahlungsfeld angeordnet ist. Nimmt man diese Richtungsabhängigkeit in den Proportionalitätsfaktor hinein, so wird, in Polarkoordinaten (siehe Bild 1-3) ausgedrückt:

$$A = A(\Theta,\varphi) \tag{1-17}$$

c) Antennengewinn

Betrachtet man die Antenne als Sendeantenne, der von einem Generator die Leistung P_S zugeführt wird, so mißt man in einem Abstand r ($r>A/\lambda$ d.h. Fernfeld der Antenne) in der Raumwelle den Strahlungsfluß S_S. Der Antennengewinn ist dann definiert als:

$$G = \frac{4\pi r^2\ S_S}{P_S} \tag{1-18}$$

Für den verlustlosen, isotropen Kugelstrahler ist offensichtlich G=1. G ist also der Gewinn einer Antenne im Vergleich zum isotropen Kugelstrahler. Da die Antennen normalerweise nicht isotrop strahlen, ist der Gewinn richtungsabhängig:

$$G = G(\Theta,\varphi) \tag{1-19}$$

Die effektive Antennenfläche A und der Gewinn G sind zwei Parameter der Antenne, die offenbar eng miteinander verknüpft sind. Aus dem Reziprozitätstheorem kann man folgern, daß für eine Antenne die Winkelabhängigkeiten von A und G identisch sein müssen, d.h. es gilt:

$$A(\Theta,\varphi) = c\ G(\Theta,\varphi) \tag{1-20}$$

Den Proportionalitätsfaktor c kann man mit Hilfe des folgenden Gedankenexperiments bestimmen. Man denke sich eine Antenne in einen absorbierenden Hohlraum hineingesetzt, der sich auf der Temperatur T_1 befindet. Die Antennenzuleitung sei mit einem angepaßten Widerstand abgeschlossen, der sich auf der Temperatur T_2 befindet (Bild 1-2). Er liefert nach dem Nyquist-Theorem folgende Rauschleistung an die Antenne:

$$P_2 = k\ T_2 \Delta f \tag{1-21}$$

Diese strahlt entsprechend ihrem Gewinn in den Raumwinkel Ω_A die Leistung:

$$P_2' = G\ k\ T_2\ \Delta f\ \Omega_A/4\pi \tag{1-22}$$

Aufgrund der thermischen Eigenstrahlung des Hohlraums nimmt die Antenne andererseits nach Gleichung (1-16) die Leistung P_1' aus dem Raumwinkel Ω_A auf und gibt sie an den Widerstand ab:

$$P_1' = 1/2\ S_1\ A\ \Delta f \tag{1-23}$$

Die Flußdichte S_1 läßt sich mit Hilfe der Rayleigh-Jeansschen Näherung (1-2) direkt angeben:

$$S_1 = \frac{2\ k\ T_1}{\lambda^2}\ \Omega_A \qquad (1\text{-}24)$$

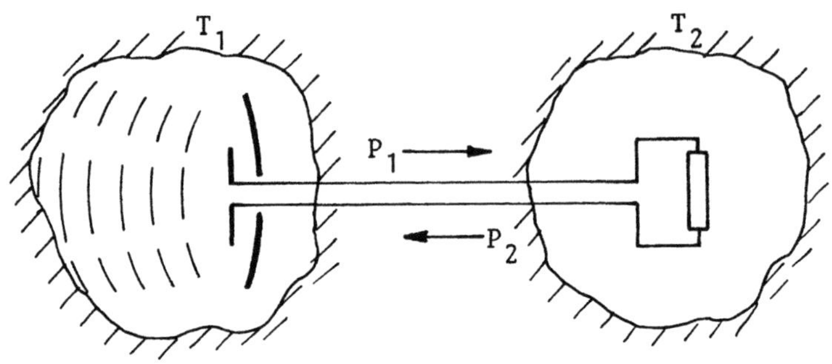

Bild 1-2: Gedankenexperiment zur Bestimmung des Proportionalitätsfaktors zwischen Gewinn und effektiver Antennenfläche.

Ist nun $T_1 = T_2 = T$ so muß auch $P_1 = P_2$ und damit $P_1' = P_2'$ sein, da andernfalls ein Nettoleistungstransport stattfände, der ohne Zuführung äußerer Energie zur Abkühlung des einen Hohlraums und Erwärmung des anderen Hohlraums führen würde. Nach dem 2.Hauptsatz der Thermodynamik ist dies jedoch nicht möglich. Damit erhält man durch Gleichsetzung von (1-22) und (1-23):

$$G = \frac{4\ \pi\ A}{\lambda^2} \qquad (1\text{-}25)$$

Der Proportionalitätsfaktor c ist damit bestimmt. Da die ausgeführten Überlegungen unabhängig von der absoluten Temperatur T und der Bandbreite Δf sind, gilt die Nyquist-Formel (1-21) offensichtlich auch für die von der Antenne empfangene Leistung. Bezüglich der Rauschleistung verhält sich die Antenne also wie ein Widerstand auf der Temperatur T. Man spricht daher auch von einem Antennenwiderstand und einer

Antennentemperatur (T_A), obwohl eine ideale Antenne selbst keine Rauschleistung erzeugt.

d) Antennencharakteristik

Wie bereits erwähnt, sind effektive Antennenfläche und Gewinn einer Antenne richtungsabhängig. Normiert man beide Funktionen, indem man durch den jeweiligen Maximalwert dividiert, so erhält man:

$$F(\Theta,\varphi) = \frac{A(\Theta,\varphi)}{A_{max}} = \frac{G(\Theta,\varphi)}{G_{max}} \tag{1-26}$$

$F(\Theta,\varphi)$ bezeichnet man als Antennencharakteristik oder auch Richtcharakteristik. Sie gibt die relative Empfindlichkeit an, mit der die Antenne Strahlung aus verschiedenen Richtungen aufnimmt. Gemessen wird die Richtcharakteristik, indem man die von der Antenne aufgenommene Strahlung eines im Fernfeld aufgestellten Meßsenders in Abhängigkeit der Richtung bestimmt. Zur Darstellung benutzt man häufig Polarkoordinaten (Bild 1-3). Wegen der Polarisation der Antenne stellt man meistens die beiden Hauptebenen parallel zum E- und zum H-Vektor dar. Bei komplizierteren Antennencharakteristiken verwendet man auch Darstellungen durch Konturkarten in Kugelprojektion.

Die Anforderungen, die man an die Antennencharakteristik einer speziellen Empfangsanlage stellt, hängen von der Aufgabe der Anlage ab. Während man bei Sendeantennen für Rundfunk und Fernsehen die Forderung stellt, daß die Abstrahlung nach allen Richtungen parallel zur Erdoberfläche möglichst gleich gut sein soll, muß man in der Mikrowellenradiometrie im allgemeinen verlangen, daß die Antenne nur aus einer definierten Richtung Strahlung aufnimmt. Man bezeichnet dieses Maximum in der Antennencharakteristik als "Hauptkeule" (main lobe). Jede scharf bündelnde Antenne besitzt aber auch außerhalb der

Hauptkeule noch eine restliche Empfindlichkeit. Diesen Bereich nennt man den Streubereich der Antenne. Im Streubereich gibt es meistens noch ein oder mehrere ausgeprägte schwächere Maxima (Nebenkeulen, minor lobes).

Ein Maß für die Breite der Hauptkeule ist die Halbwertsbreite (half-power beam width, HPBW). Das ist der Winkelabstand zwischen den Punkten, an denen der Gewinn auf die Hälfte des Maximalwertes abgesunken ist. Ist die Hauptkeule nicht rotationssymmetrisch, so muß man die Halbwertsbreite mindestens in zwei zueinander senkrechten Ebenen angeben. Man bezieht sich dabei wieder auf die Polarisationsebenen und gibt entsprechend die Halbwertsbreite in Richtung des E-Vektors ($HPBW_E$) und in Richtung des H-Vektors ($HPBW_H$) an.

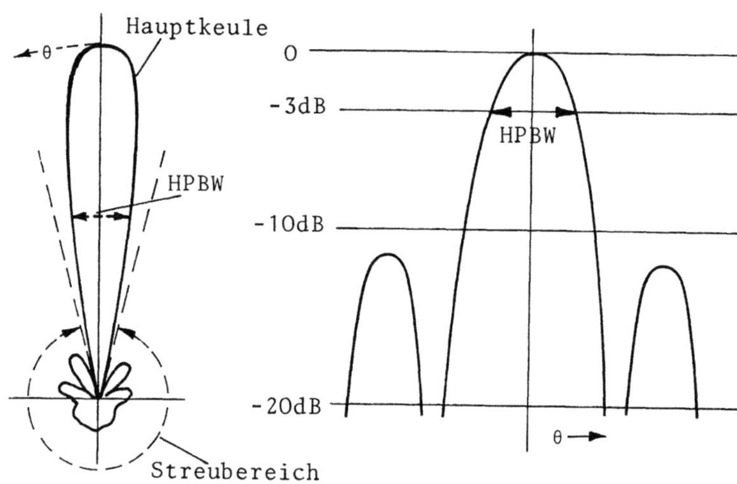

Bild 1-3: Darstellung einer Antennencharakteristik in Polarkoordinaten.

e) effektiver Raumwinkel

Der effektive Raumwinkel Ω_A gibt den Winkelbereich an, in dem man mit der vollen Empfindlichkeit F(0,0)=1 gerade so viel Leistung empfangen würde, wie sonst über die gesamte Antennencharakteristik, d.h.:

$$\Omega_A = \int_0^{4\pi} F(\Theta,\varphi)\, d\Omega = \int_0^{\pi}\int_0^{2\pi} F(\Theta,\varphi) \sin\Theta \, d\Theta \, d\varphi \qquad (1\text{-}27)$$

Wie man leicht sieht, ist der effektive Raumwinkel direkt mit der effektiven Antennenfläche verknüpft:

$$\Omega_A = \frac{\lambda^2}{A} \qquad (1\text{-}28)$$

f) Hauptkeulenwirkungsgrad

Bei der normalen Messung wird die Strahlung des Meßobjekts über die Hauptkeule empfangen. Die über die Nebenkeulen bzw. den Streubereich aufgenommene Strahlung ist daher als Störstrahlung zu betrachten. Um den Fehler abschätzen zu können, der durch die Mitwirkung des Streubereichs bei den Messungen entsteht, trennt man den Bereich der Hauptkeule vom Streubereich ab. Das heißt, man teilt den effektiven Raumwinkel der Antenne auf in den Raumwinkel der Hauptkeule und den Raumwinkel des Streubereichs:

$$\Omega_A = \Omega_H + \Omega_S \qquad (1\text{-}29)$$

mit:

$$\Omega_H = \int_{\text{Hauptk.}} F(\Theta,\varphi)\, d\Omega \quad \text{und} \quad \Omega_S = \int_{\text{Nebenk.}} F(\Theta,\varphi)\, d\Omega \qquad (1\text{-}30)$$

Als Hauptkeulenwirkungsgrad (main-beam efficiency) definiert man dann:

$$\eta_B = \frac{\Omega_H}{\Omega_A} \tag{1-31}$$

Analog dazu kann man einen Streufaktor definieren:

$$\eta_S = \frac{\Omega_S}{\Omega_A} \tag{1-32}$$

In einem vollkommen isotropen Strahlungsfeld gibt der Hauptkeulenwirkungsgrad offensichtlich das Verhältnis der über die Hauptkeule aufgenommenen Leistung zur gesamten aufgenommen Leistung an. Als Grenze der Hauptkeule wird normalerweise das erste Minimum im der Antennencharakteristik angesehen. Ist dieses nicht klar ausgebildet, so wird ein willkürlicher Empfindlichkeitspegel (etwa -20 dB) zur Definition der Hauptkeule herangezogen.

Kehren wir nun zu der Frage zurück, welche meßbare Leistung eine Strahlungsquelle mit einer bestimmten Ausdehnung und Strahlungstemperaturverteilung am Empfängereingang erzeugt. Dazu nehmen wir zunächst einmal vereinfachend an, daß die Antenne in einem absorbierenden (schwarzen) Hohlraum sitzt, der aufgrund seiner Temperatur die Helligkeit B hat. Nach dem oben beschriebenen Gedankenexperiment ist dann die empfangene Leistung:

$$P = k\,T\,\Delta f \tag{1-33}$$

Die Leistung ist also direkt proportional der Strahlungstemperatur. Gegenüber diesen idealisierten Verhältnissen muß man in der Praxis im allgemeinen mit einer winkelabhängigen Strahlungstemperaturverteilung des Meßobjekts rechnen. In diesem Fall muß dann auch die Richtungsabhängigkeit der effektiven Antennenfläche bzw. die Antennencharakteristik berücksichtigt werden. Die gemessene Strahlungstemperatur $T_0(\Theta_0,\varphi_0)$ ergibt sich dann aus der Faltung der wahren Strahlungstemperaturverteilung $T(\Theta,\varphi)$ mit der Antennencharakteristik $F(\Theta,\varphi)$:

$$T_0(\Theta_0,\varphi_0) = \frac{\int_0^{4\pi} T(\Theta,\varphi)\ F(\Theta-\Theta_0,\varphi-\varphi_0)\ d\Omega}{\int_0^{4\pi} F(\Theta,\varphi)\ d\Omega} \qquad (1\text{-}34)$$

Bei Punktquellen, d.h. Strahlungsquellen deren Ausdehnung wesentlich kleiner als die Halbwertsbreite der Antennenhauptkeule ist, ist die gemessene Änderung der Strahlungstemperatur (bzw. Antennentemperatur) entsprechend dem Füllfaktor der Quelle kleiner als die wahre Strahlungstemperatur. Da somit das Meßergebnis stark von den Antennenparametern abhängt, arbeitet man hier meistens mit Flußdichten. Allgemein (unabhängig von der Ausdehnung der Quelle) gilt zunächst für die gemessene Flußdichte S_0:

$$S_0 = \int_{\text{Quelle}} B(\Theta,\varphi)\ F(\Theta,\varphi)\ d\Omega \qquad (1\text{-}35)$$

Bei Punktquellen kann man nun näherungsweise $F(\Theta,\varphi) = 1$ im Bereich der Quelle setzen und erhält aus (1-35):

$$S_0 = \int_{\text{Quelle}} B(\Theta,\varphi)\ d\Omega \qquad (1\text{-}36)$$

Man mißt also direkt die Flußdichte der Strahlungsquelle. Die gemessene Leistung erhält man aus der Flußdichte mit (1-23):

$$P = 1/2\ S\ A\ \Delta f \qquad (1\text{-}37)$$

Oder mit (1-33), in eine Erhöhung der Antennentemperatur umgerechnet:

$$\Delta T_A = \frac{S\ A}{2\ k} \qquad (1\text{-}38)$$

Je nach Anwendungsbereich der passiven Mikrowellenradiometrie müssen eventuell noch weitere Effekte, wie z.B. Dämpfungseffekte der Erdatmosphäre, berücksichtigt werden, die in das Meßergebnis eingehen.

1.2.2 Polarisation

Eine vollkommen polarisierte, ebene Welle kann man z.B. durch die kartesischen Komponenten des elektrischen Feldes charakterisieren:

$$\begin{aligned} E_x &= E_{xo} \sin(\omega t) \\ E_y &= E_{yo} \sin(\omega t+\delta) \end{aligned} \qquad (1\text{-}39)$$

Ist die Phasendifferenz gleich Null, so liegt eine linear polarisierte Welle vor, deren Polarisationsrichtung durch die Konstanten E_{xo} und E_{yo} festgelegt ist. Ist $\delta=+90^{\circ}$ und $E_{xo}=E_{yo}$, so spricht man von einer vollkommen linkszirkular polarisierten Welle und bei $\delta=-90^{\circ}$ von einer rechtszirkular polarisierten Welle. Im allgemeinen Fall liegt eine Mischung aus linearer und zirkularer Polarisation vor. Der Zeiger des gesamten elektrischen Feldes beschreibt dann in Abhängigkeit der Zeit eine Ellipse (siehe Bild 1-4).

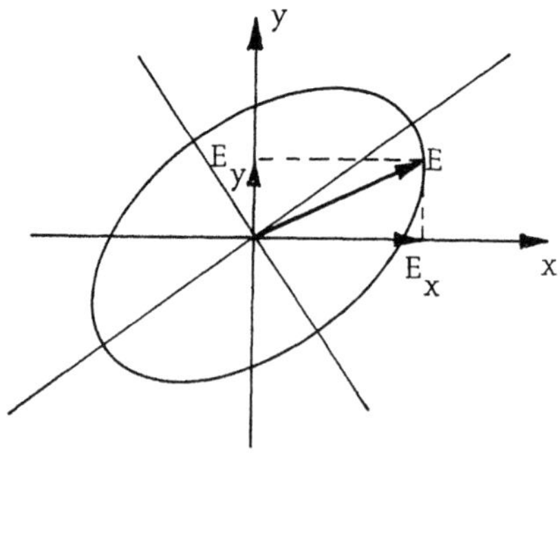

Bild 1-4: Polarisationsellipse

Je nachdem ob $\delta>0$ oder $\delta<0$ ist, bewegt sich der Zeiger links- oder rechtsherum. Neben der oben gewählten Darstellung in kartesischen Koordinaten kann man sich den allgemeinen Fall auch aus zwei entgegengesetzt zirkular polarisierten Teilwellen unterschiedlicher Amplitude zusammengesetzt denken:

$$E_r = E_{ro} \exp(j\omega t)$$
$$E_l = E_{lo} \exp(-j(\omega t+\delta')) \tag{1-40}$$

Die Umrechnung in linear polarisierte Teilwellen lautet:

$$E_x = \mathrm{Re}\,(E_r + E_l)$$
$$E_y = \mathrm{Im}\,(E_r + E_l) \tag{1-41}$$

Die bisher betrachteten Fälle beziehen sich alle auf eine 100% polarisierte Welle. Die Strahlung mit der man es in der passiven Radiometrie zu tun hat, besteht jedoch aus einer Vielzahl statistisch voneinander unabhängiger Teilwellen unterschiedlicher Polarisation, so daß man im allgemeinen höchstens mit einer nur teilweise polarisierten Strahlung rechnen kann. Die eventuell (im statistischen Mittel) vorhandene Teilpolarisation wird hier meistens durch Reflexion der thermischen Strahlung an dielektrischen Flächen verursacht. In kartesischen Koordinaten läßt sich eine teilweise polarisierte Welle folgendermaßen darstellen:

$$E_x = E_{xo}(t)\,\sin(\omega t)$$
$$E_y = E_{yo}(t)\,\sin(\omega t+\delta(t)) \tag{1-42}$$

Bei einer vollkommen unpolarisierten Welle sind die zeitabhängigen Funktionen $E_{xo}(t)$, $E_{yo}(t)$ und $\delta(t)$ voneinander statistisch unabhängig. Bei einer teilweise polarisierten Welle besteht dagegen eine gewisse Korrelation zwischen diesen Funktionen. Technisch bedingt kann die Polarisation immer nur als integraler Wert über ein begrenztes Frequenzintervall Δf bestimmt werden. Davon abgesehen sind Polarisationsgrad und

Polarisationsrichtung im allgemeinen frequenzabhängig, so daß ohnehin nur eine Messung über ein kleines Frequenzintervall sinnvoll ist. Zur Charakterisierung einer teilweise polarisierten Strahlung benutzt man zweckmäßigerweise die sog. Stokesschen Parameter. Da es bei der Bestimmung der Polarisation nur auf relative Feldstärken und Flußdichten ankommt, kann man die Stokesschen Parameter auch auf die Gesamtintensität bzw. Flußdichte S normieren. Den Zusammenhang zwischen Flußdichte und elektrischer Feldstärke erhält man mit Hilfe der Maxwellschen Gleichungen zu:

$$S = \frac{E^2}{2\,Z\,\Delta f} \quad [\mathrm{W\,m^{-2}\,Hz^{-1}}] \tag{1-43}$$

Z: Wellenwiderstand des freien Raumes (377 Ohm)
E: elektrische Gesamtfeldstärke im Frequenzintervall Δf

Die Definition der Stokesschen Parameter ist dann nach [5]:

$$\begin{aligned} I &= \langle E^2_{xo}\rangle + \langle E^2_{yo}\rangle = S_x + S_y \\ Q &= \langle E^2_{xo}\rangle - \langle E^2_{yo}\rangle = S_x - S_y \\ U &= 2\,\langle E_{xo}\,E_{yo}\cos\delta\rangle \\ V &= 2\,\langle E_{xo}\,E_{yo}\sin\delta\rangle \end{aligned} \tag{1-44}$$

Hierbei bedeuten die Klammern jeweils die zeitlichen Mittelwerte der Form:

$$\langle E^2\rangle = \frac{1}{T}\int_0^T E^2\,dt \tag{1-45}$$

Häufig benutzt man auch die auf die Gesamtintensität I bzw. Gesamtflußdichte S normierten Stokesschen Parameter ($s_o = I/I$, $s_1 = Q/I$, $s_2 = U/I$, $s_3 = V/I$).

Prinzipiell ist:

$$I^2 \geq Q^2 + U^2 + V^2 \qquad (1\text{-}46)$$

Bei einer absolut unpolarisierten Strahlung verschwinden die Korrelationsterme zwischen E_{xo} und E_{yo}. Außerdem sind dann die Mittelwerte der Komponenten gleich. Man erhält damit für diesen Sonderfall folgende normierte Stokessche Parameter:

$$\begin{aligned} s_o &= 1 \\ s_1 &= 0 \\ s_2 &= 0 \\ s_3 &= 0 \end{aligned} \qquad (1\text{-}47)$$

Bei einer teilweise polarisierten Strahlung ist der Gesamtpolarisationsgrad:

$$d = \sqrt{Q^2 + U^2 + V^2}\ /I \qquad (1\text{-}48)$$

Für die einzelnen Polarisationsarten gilt:

linearer Polarisationsgrad: $d_l = \sqrt{Q^2+U^2}\ /I$ (1-49)

zirkularer Polarisationsgrad: $d_z = V/I = s_3$ (1-50)

Bei 100% Linkszirkularpolarisation ist $d_z = 1$ und bei 100% Rechtszirkularpolarisation ist $d_z = -1$.

Geht man von zirkular polarisierten Teilwellen aus, so ergeben sich folgende Definitionsgleichungen für die Stokesschen Parameter:

$$\begin{aligned} I &= \langle E^2{}_{lo} \rangle + \langle E^2{}_{ro} \rangle = S_l + S_r \\ Q &= 2\ \langle E_{lo}\ E_{ro} \cos\delta' \rangle \\ U &= 2\ \langle E_{lo}\ E_{ro} \sin\delta' \rangle \\ V &= \langle E^2{}_{lo} \rangle - \langle E^2{}_{ro} \rangle = S_l - S_r \end{aligned} \qquad (1\text{-}51)$$

Mit der Angabe der vier Stokesschen Parameter ist die Polarisation der Strahlung vollständig beschrieben.

1.2.3 Spektrale Verteilung

Aus der spektralen Verteilung der Strahlung eines Meßobjekts lassen sich häufig interessante Rückschlüsse auf die physikalischen Zustände am Meßobjekt ziehen. Abweichungen der spektralen Verteilung von thermischer Strahlung gegenüber der Schwarzkörperstrahlung gehen meistens auf die Form und Beschaffenheit der Oberfläche des Meßobjekts zurück. Schneeflächen zeigen z.B. häufig über einen gewissen Wellenlängenbereich eine sinkende Strahlungstemperatur mit abnehmender Wellenlänge. Dies ist auf die Rayleigh-Streuung an den Schneekristallen zurückzuführen. Strahlungsarten wie z.B. die Synchrotronstrahlung und die Zyklotronstrahlung ergeben prinzipiell eine stark wellenlängenabhängige Strahlungstemperatur. Bei der atomaren und molekularen Linienstrahlung erstreckt sich die Wellenlängenabhängigkeit der Strahlungstemperatur immer nur über einen relativ kleinen Spektralbereich.

Die Messung der spektralen Verteilung über einen größeren Wellenlängenbereich ist nur mit einzelnen Empfängern möglich, die bei einer jeweils anderen Empfangsfrequenz arbeiten. Aus den Einzelmessungen kann dann die spektrale Verteilung punktweise bestimmt werden. Bei der Messung der spektralen Verteilung im Kleinen, d.h. bei der Messung von Linienstrahlung geht man so vor, daß zunächst mit einem Empfänger ein Frequenzband empfangen und verstärkt wird und danach in einem Spektrometer auf seine spektrale Verteilung hin untersucht wird (Weiteres dazu in Kapitel 3).

1.3 Strahlungstransport

In den meisten Fällen wird die zu messende Strahlung auf dem Weg von der Strahlungsquelle zum Empfänger durch das dazwischenliegende Medium beeinflußt. Die Beeinflussung kann sich in Form einer Dämpfung der Intensität, Veränderung der Polarisation, Veränderung der spektralen Verteilung und sogar einer, wenn auch meistens geringen, Richtungsänderung der Strahlung bemerkbar machen. Manchmal sind jedoch gerade die Eigenschaften dieses Mediums von besonderem Interesse. Die Tatsache, daß das Medium aufgrund seiner Temperatur selbst thermische Strahlung erzeugt, macht die Behandlung des allgemeinen Falles etwas kompliziert, so daß im folgenden nur einige einfachere Sonderfälle eingehender behandelt werden sollen.

1.3.1 Strahlungstransport in homogenen Medien

Aufgrund der physikalischen Temperatur des Mediums muß man neben der Absorption auch mit einer entsprechenden thermischen Eigenstrahlung rechnen. Betrachtet man ein Volumen dv im Medium, das elektromagnetische Energie emittiert, dann bezeichnet man die Energieemission pro Zeiteinheit, Masse und Frequenzintervall als Emissionskoeffizienten e [$W\ kg^{-1}\ Hz^{-1}$]. Die gesamte emittierte Leistung des Volumens dv im Frequenzintervall Δf ist dann:

$$dP = e\ \rho\ \Delta f\ dv \qquad (1\text{-}52)$$

ρ: Dichte des Mediums

Die beobachtbare Flußdichte dS an einem Punkt P im Abstand r ist somit:

$$dS = \frac{dP}{\Delta f 4\pi r^2} = \frac{e\rho dv}{4\pi r^2} \qquad (1\text{-}53)$$

und die Helligkeit dB ist:

$$dB = \frac{dS}{d\Omega} = \frac{e\ \rho\ dv}{4\pi r^2 d\Omega} \tag{1-54}$$

Für das Volumen dv kann man auch schreiben (siehe Bild 1-5):

$$dv = r^2\ dr\ d\Omega \tag{1-55}$$

Damit vereinfacht sich Gleichung (1-54) zu:

$$dB = \frac{e\ \rho\ dr}{4\ \pi} \tag{1-56}$$

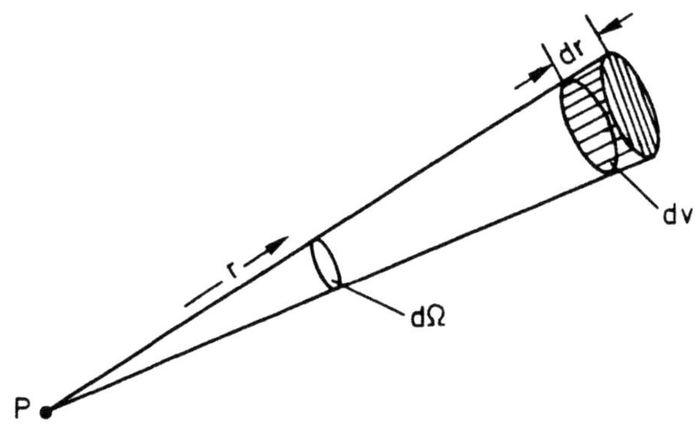

Bild 1-5: Definition des Volumenelements dv

Die Helligkeit nach (1-56) wird nun allerdings noch durch den Teil des Mediums gedämpft, der zwischen P und dem Volumen dv liegt. Der Betrag der Dämpfung ist:

$$d_A = e^{-\tau} \quad \text{mit } \tau = \int_0^r \varkappa\ \rho\, dr \tag{1-57}$$

τ wird als optische Tiefe bezeichnet
$\varkappa$ ist der spezifische Absorptionskoeffizient $[kg^{-1}m^2]$

Betrachtet man nun die Helligkeit einer Quelle, die sich vom Beobachter aus gesehen hinter dem absorbierenden und emittierenden Medium befindet (siehe Bild 1-6), so ist die

Änderung der Helligkeit im Volumenelement dv mit (1-56) und (1-57):

$$dB = - B\varkappa\rho dr + \frac{e\rho}{4\pi}\, dr \qquad (1\text{-}58)$$

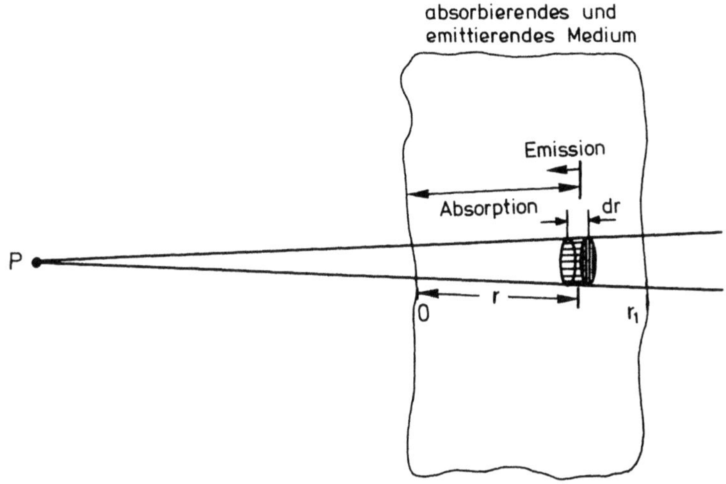

Bild 1-6: Innere Emission und Absorption eines homogenen Mediums

Der erste Term repräsentiert die Dämpfung im Volumenelement dv und der zweite Term die Emission. Etwas umgeschrieben erhält man aus (1-58) die sogenannte Strahlungstransportgleichung:

$$\frac{dB}{dr} + \varkappa\rho B = \frac{e\rho}{4\pi} \qquad (1\text{-}59)$$

Eine Lösung ist:

$$B = B_S\, e^{-\tau} + \frac{e}{4\pi\varkappa}\,(1 - e^{-\tau}) \qquad (1\text{-}60)$$

B_S: Helligkeit der Quelle
B: beobachtete Helligkeit
τ: optische Tiefe des gesamten Mediums zwischen P und Quelle

Der erste Term in Gleichung (1-60) stellt die gedämpfte Helligkeit der Quelle dar und der zweite Term den Beitrag des Mediums zur Gesamthelligkeit. Den Faktor $e/(4\pi\kappa)$ kann man als innere Helligkeit des Mediums B_i betrachten, d.h. es ist:

$$B = B_s\, e^{-\tau} + B_i\, (1 - e^{-\tau}) \qquad (1\text{-}61)$$

In der Rayleigh-Jeansschen Näherung kann man in dieser Gleichung die Helligkeiten auch durch die jeweiligen Strahlungstemperaturen ersetzen (siehe Gleichung (1-2)):

$$T_b = T_s\, e^{-\tau} + T_c\, (1 - e^{-\tau}) \qquad (1\text{-}62)$$

Betrachten wir nun noch einige Sonderfälle:

a) $\tau = 0$

Das heißt das Medium ist vollkommen transparent. Der zweite Term in (1-61) verschwindet und es gilt: $T_b = T_s$

b) $\tau >> 1$

Das Medium ist optisch dick und es gilt näherungsweise: $T_b = T_c$

c) $T_s = Tc$

Hier gilt dann: $T_b = T_s = T_c$, d.h. die optische Tiefe hat keinen Einfluß auf die meßbare Helligkeit.

Der Fall b) hat noch einige weitere interessante Aspekte. Man mißt hier offensichtlich direkt die Strahlungstemperatur des Mediums. In der Praxis kann dies z.B. dazu benutzt werden, die Temperatur einer Gaswolke zu bestimmen. Hierbei ergibt sich die Frage, welcher Teil der optisch dicken Wolke wesentlich zur gemessenen Strahlungstemperatur beiträgt. Nimmt man zur

Vereinfachung an, daß die Dichte und der Absorptionskoeffizient in der Wolke konstant sind, so ergibt sich für die optische Tiefe nach Gleichung (1-57):

$$\tau = \varkappa \rho \, r \tag{1-63}$$

Man kann somit eine "Eindringtiefe" definieren, bei der die Dämpfung den Wert e angenommen hat:

$$r = \frac{1}{\varkappa \rho} \tag{1-64}$$

Nun ist im allgemeinen der Absorptionskoeffizient wellenlängenabhängig, d.h. wenn man bei verschiedenen Wellenlängen mißt, so kann man verschieden tief in die Wolke "hineinsehen". Durch die Messung der Strahlungstemperatur der Wolke bei verschiedenen Wellenlängen kann man dann auf das Temperaturprofil der Wolke rückschließen. Ist die Wellenlängenabhängigkeit des Absorptionskoeffizienten über einen größeren Wellenlängenbereich zu gering, so kann man statt der thermischen Kontinuumstrahlung auch z.B. eine Molekülllinie zur Bestimmung des Temperaturprofils heranziehen. In der Linienmitte ist hier die optische Tiefe am größten, während sie zu den Flanken hin abnimmt. Mißt man also an verschiedenen Stellen der Linie, so bekommt man entsprechend unterschiedliche Eindringtiefen.

1.3.2 Reflexion

Bei einer in der Größenordnung der Wellenlänge ebenen Oberfläche läßt sich das Emissionsvermögen bzw. das Reflexionsvermögen aus den Materialeigenschaften der Oberfläche bestimmen. Metalloberflächen können im Mikrowellenbereich mit guter Näherung als total reflektierend (R=1) betrachtet werden. Für dielektrische Materialien können die aus der Optik bekannten Fresnelschen Formeln verwendet werden:

$$R_{\perp} = \frac{\tan^2(\Theta-\Theta')}{\tan^2(\Theta+\Theta')} \qquad (1\text{-}65)$$

$$R_{\parallel} = \frac{\sin^2(\Theta-\Theta')}{\sin^2(\Theta+\Theta')} \qquad (1\text{-}66)$$

$R_{\perp}$ ist der Reflexionskoeffizient für senkrecht zur Einfallsebene polarisierte Strahlung und $R_{\parallel}$ der für parallel polarisierte Strahlung. Θ ist der Einfallswinkel zur Flächennormalen und Θ' der Ausfallswinkel (siehe Bild 1-7).

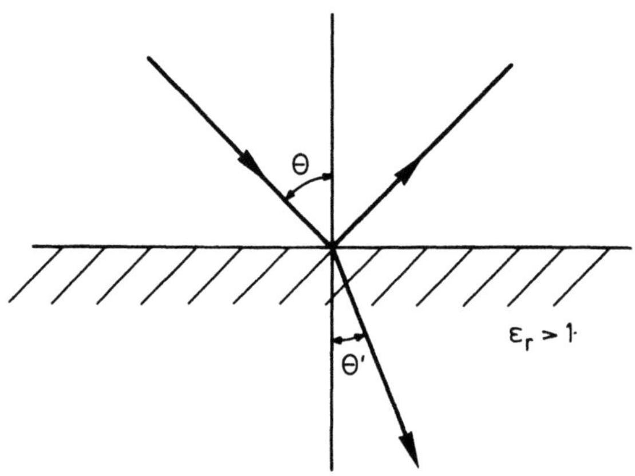

Bild 1-7: Reflexion einer ebenen Welle an einem Dielektrikum

Für Ein- und Ausfallswinkel gilt das Snelliussche Brechungsgesetz:

$$\frac{\sin\Theta}{\sin\Theta'} = n = \sqrt{\mathrm{Re}(\varepsilon_r)} \qquad (1\text{-}67)$$

Für kleine Winkel gilt näherungsweise für (1-65) und (1-66):

$$R = \left(\frac{n-1}{n+1}\right)^2 \qquad (1\text{-}68)$$

und für (1-67):

$$\Theta = n\,\Theta' \qquad (1\text{-}69)$$

Wie zu sehen ist, ergibt sich für größere Einfallswinkel ein polarisationsabhängiges Reflexionsvermögen. Die entscheidende Materialkonstante für das Reflexionsvermögen ist offensichtlich die Dielektrizitätskonstante ε_r des Materials. Diese ist i.allg. frequenzabhängig, und zwar nimmt sie meistens zu höheren Frequenzen hin ab.

In der Praxis wird man es im allgemeinen nicht mit ebenen, sondern mit zum Teil sehr komplizierten Oberflächenformen zu tun haben. Hierbei können dann Mehrfachreflexionen auftreten, die wiederum stark richtungs- und polarisationsabhängig sein können. Eine genaue Berechnung des Reflexionsvermögens kann daher nur für relativ einfache Verhältnisse vorgenommen werden.

Es bleibt noch die Frage, mit welcher Helligkeit nun ein nichtschwarzer Körper mit einem bestimmten Reflexionsvermögen R bei einer festen Wellenlänge erscheint. Nimmt man zunächst an, daß sich der Körper in einem Raum mit konstanter, richtungsunabhängiger Helligkeit B_o befindet, so ist dessen Helligkeit offensichtlich mit (1-2) und (1-4):

$$B = (1-R)\,\frac{2kT}{\lambda^2} + R\,B_o \qquad (1\text{-}70)$$

Die hier gemachte Vereinfachung der richtungsunabhängigen Hintergrundstrahlung ist in der Praxis normalerweise nicht erfüllt. Das heißt, man muß einerseits mit einer richtungsabhängigen Hintergrundstrahlung $B_{BKG}(\Theta,\varphi)$ und dann natürlich auch mit einem richtungsabhängigen Reflexionsvermögen rechnen. Nehmen wir zunächst noch einmal an, daß es sich um einen Körper mit einer ebenen Oberfläche handelt, dann gilt (siehe Bild 1-8):

$$B(\Theta,\varphi) = (1-R(\Theta,\varphi))\frac{2kT}{\lambda^2} + R(\Theta,\varphi)\, B_{BKG}(-\Theta,-\varphi)$$

(1-71)

bzw. $$T(\Theta,\varphi) = (1-R(\Theta,\varphi))T + R(\Theta,\varphi)\, T_{BKG}(-\Theta,-\varphi)$$

mit $\Theta = \Theta'$

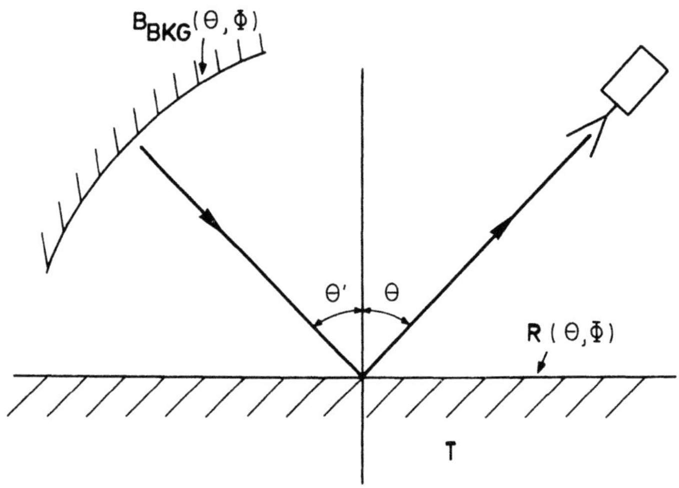

Bild 1-8: Helligkeit einer ebenen Fläche

Im allgemeinen Fall, d.h. bei einer nichtebenen Oberfläche hat man keinen definierten Reflexionswinkel (siehe Bild 1-9). Man muß dann Gleichung (1-71) allgemeiner fassen:

$$B(\Theta,\varphi) = (1-R(\Theta,\varphi))\frac{2kT}{\lambda^2} + \int_0^{\pi}\int_0^{2\pi} R(\Theta,\varphi,\Theta',\varphi')B_{BKG}(\Theta',\varphi')\sin\Theta'd\Theta'd\varphi'$$

(1-72)

Θ',φ' : Eintrittswinkel der Hintergrundstrahlung
Θ,φ : Austrittswinkel der reflektierten Strahlung

Die Funktion R wird man nur für einfachere Verhältnisse berechnen können. Ansonsten ist man hier auf experimentelle Werte angewiesen. Für den etwas vereinfachten Fall, daß Θ=0 ist und R(Θ,φ) rotationssymmetrisch ist (d.h. nicht von φ abhängt), erhält man für den Reflexionsterm in (1-72):

$$B_r = 2\pi \int_0^{\pi} R(\varphi') \, B_{BKG}(\varphi') \, \sin\varphi' \, d\varphi' \qquad (1\text{-}73)$$

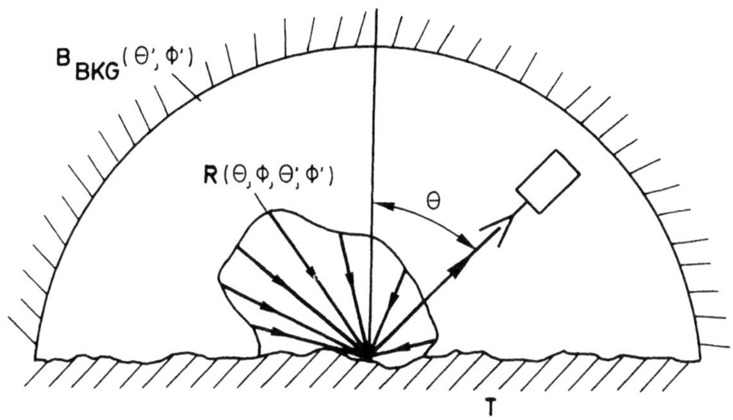

Bild 1-9: Helligkeit von unebenen Flächen

Die bisher gemachten Betrachtungen gelten getrennt für beide Polarisationsrichtungen. Das heißt man wird es i.allg., je nach Polarisationsrichtung, mit zwei unterschiedlichen Reflexionsfunktionen und damit auch Helligkeitsfunktionen zu tun haben.

1.3.3 Streuung

Die Gesetze der Streuung und Beugung sind aus der Optik her bekannt und können für den Mikrowellenbereich unverändert übernommen werden. In der passiven Mikrowellenradiometrie ist das Problem der Beugung an vielen unregelmäßig verteilten Teilchen von besonderer Bedeutung. Es tritt z.B. bei Messungen auf, in denen Regen oder Schnee eine Rolle spielen.

Betrachtet man eine ebene elektromagnetische Welle der Flußdichte S_i, die auf ein Medium auftrifft, in dem ein Partikel mit der geometrischen Querschnittsfläche A schwebt, dann wird i.allg. ein Teil der Leistung in dem Partikel absorbiert und der andere in verschiedene Richtungen gestreut. Das Verhältnis von absorbierter Leistung P_a zur einfallenden Flußdichte wird als Absorptionsquerschnitt bezeichnet:

$$Q_a = P_a/S_i \tag{1-74}$$

Das Verhältnis von Absorptionsquerschnitt zur geometrischen Querschnittsfläche nennt man den Absorptionsfaktor oder Absorptionswirkungsgrad ξ_a. Für ein kugelförmiges Partikel mit dem Radius r gilt dann:

$$\xi_a = \frac{Q_a}{\pi r^2} \tag{1-75}$$

Die gesamte durch das Partikel gestreute Leistung erhält man durch Integration der gestreuten Flußdichte $S_s(\Theta,\varphi)$ im Abstand R vom Partikel über die Kugelfläche mit dem Radius R:

$$P_s = \int_0^{4\pi} S_s(\Theta,\varphi)R^2 \, d\Omega \tag{1-76}$$

Analog zu Gleichung (1-74) kann man dann einen Streuquerschnitt definieren:

$$Q_s = P_s/S_i \tag{1-77}$$

Und ebenso einen Streuwirkungsgrad:

$$\xi_s = \frac{Q_s}{\pi r^2} \tag{1-78}$$

Die Summe aus Absorptionswirkungsgrad und Streuwirkungsgrad bezeichnet man als Extinktionswirkungsgrad ξ_e. Zur Berechnung des Streuquerschnitts wollen wir uns im folgenden auf den einfacheren und in der passiven Mikrowellenradiometrie interessanteren Fall beschränken, daß die Wellenlänge größer als die Abmessungen der Streuzentren ist (Rayleigh-Streuung). Das elektromagnetische Feld kann dann in der Nähe der Streuzentren als homogen betrachtet werden. Für die Berechnung des gestreuten Feldes gehen wir von dem retardierten Vektorpotential einer beliebigen Stromverteilung aus [6]:

$$\vec{A} = \frac{1}{c} \int \frac{\vec{j}_{t-R/c}}{R} \, dV \tag{1-79}$$

$\vec{j}$: Stromverteilung zum Zeitpunkt t-R/c
R: Abstand

Zur weiteren Vereinfachung nehmen wir nun noch an, daß der Abstand R groß im Vergleich zu den Dimensionen der Streuzentren und groß gegenüber der Wellenlänge ist. Die Zeit t'=t-R/c und der Abstand R hängen dann nicht mehr von den Integrationsveränderlichen ab und wir können anstelle von (1-79) schreiben:

$$\vec{A} = \frac{1}{cR_o} \int \vec{j}_{t'} \, dV \tag{1-80}$$

Schreibt man nun die Stromdichte $\vec{j}$ in Form von bewegten Einzelladungen: $\vec{j} = \rho \, \vec{v}$ (ρ: Ladungsdichte), so erhält man aus (1-80):

$$\vec{A} = \frac{1}{cR_o} \, \Sigma \, e \, \vec{v} \tag{1-81}$$

Hierbei erstreckt sich die Summierung über alle Einzelladungen des Systems zum Zeitpunkt t'.

Nun gilt:

$$\Sigma\, e\, \vec{v} = \frac{1}{dt}\, \Sigma\, e\, \vec{r} = \dot{\vec{d}} \qquad (1\text{-}82)$$

$\vec{d}$: Dipolmoment des Systems
$\vec{r}$: Abstand der jeweiligen Einzelladung

Damit erhält man (unter Vernachlässigung von magnetischen Momenten):

$$\vec{A} = \frac{1}{cR_o}\, \dot{\vec{d}} \qquad (1\text{-}83)$$

Für die Näherung einer ebenen Welle, die für genügend große Abstände R_o vom System immer gegeben ist, kann man aus dem Vektorpotential die Feldkomponenten des elektromagnetischen Feldes direkt angeben [6]:

$$\vec{H} = 1/c\ [\dot{\vec{A}} \times \vec{n}] \qquad (1\text{-}84)$$

$$\vec{E} = 1/c\ [[\dot{\vec{A}} \times \vec{n}] \times \vec{n}] \qquad (1\text{-}85)$$

$\vec{n}$: Ausbreitungsrichtung

Gleichung (1-83) eingesetzt ergibt:

$$\vec{H} = \frac{1}{c^2R_o}\ [\ddot{\vec{d}} \times \vec{n}] \qquad (1\text{-}86)$$

$$\vec{E} = \frac{1}{c^2R_o}\ [[\ddot{\vec{d}} \times \vec{n}] \times \vec{n}] \qquad (1\text{-}87)$$

Betrachten wir nun z.B. das Magnetfeld $\vec{H}$ bei einer bestimmten Frequenz ω. Hierzu setzen wir in Gleichung (1-86) die Fourierkomponenten ein, d.h.:

$$\vec{d}_\omega = \vec{d}_{\omega o}\, e^{i\omega t} \qquad (1\text{-}88)$$

Damit kann man dann die zeitlichen Ableitungen ausführen und erhält:

$$\vec{H}_\omega = \frac{\omega^2}{c^2 R_o} [\vec{n} \times \vec{d}_\omega] \tag{1-89}$$

Der Energiefluß einer elektromagnetischen Welle ist durch den Poyntingschen Vektor gegeben. Für ebene Wellen, mit denen wir es hier näherunsweise zu tun haben, ist er:

$$\vec{S} = c \frac{H^2}{4\pi} \vec{n} \tag{1-90}$$

Die Intensität dI der in ein Raumwinkelelement $d\Omega$ gestreuten Strahlung ist die Energiemenge, die in der Zeiteinheit durch das Flächenelement $df = R_o{}^2 d\Omega$ einer Kugel mit dem Radius R_o strömt. Diese Menge entspricht offensichtlich dem mit df multiplizierten Energiestrom S, d.h.:

$$dI = c \frac{H^2}{4\pi} R_o{}^2 \, d\Omega \tag{1-91}$$

Betrachtet man nur eine Polarisationsrichtung, so muß man dieses Ergebnis noch durch 2 dividieren. Gleichung (1-89) in Gleichung (1-91) eingesetzt ergibt dann:

$$dI = \frac{1}{2} \frac{c \, \omega^4}{4\pi \, c^4} |\vec{d}_\omega|^2 \sin^2\Theta \, d\Omega \tag{1-92}$$

Dividiert man diese Intensität der gestreuten Welle durch die Intensität der einfallenden Welle:

$$I = \frac{c}{8\pi} |\vec{H}|^2 = \frac{c}{8\pi} |\vec{E}|^2 \tag{1-93}$$

so erhält man den differentiellen Streuquerschnitt:

$$dQ_s = \frac{\omega^4}{c^4} |\alpha|^2 V^2 \sin^2\Theta \, d\Omega \qquad (1\text{-}94)$$

$$\text{mit} \quad \vec{d} = V \alpha \vec{E} \qquad (1\text{-}95)$$

V: Volumen; α:Polarisierbarkeit

Θ ist der Winkel zwischen der Richtung $\vec{n}$ der gestreuten Welle und der Richtung des elektrischen Feldes $\vec{E}$ einer linear polarisierten einfallenden Welle.

Bei der Beziehung (1-95) ist vorausgesetzt, daß auch die Wellenlänge innerhalb der Streuzentren groß gegen die Abmessungen der Streuzentren ist. In diesem Fall kann man die Polarisierbarkeit der Teilchen nach den Formeln berechnen, die für ein statisches Feld gelten. Für kugelförmige Teilchen erhält man z.B.:

$$\alpha = \frac{3}{4\pi} \frac{\varepsilon - 1}{\varepsilon + 2} \qquad (1\text{-}96)$$

Den gesamten effektiven Streuquerschnitt erhält man durch Integration von (1-94) über den Raumwinkel. Das Ergebnis ist:

$$Q_s = \frac{8\pi \, |\alpha|^2 \, \omega^4 \, V^2}{3 \, c^4} \qquad (1\text{-}97)$$

Der Streuquerschnitt ist also für Frequenzbereiche, in denen α keine Dispersion zeigt, proportional der vierten Potenz der Frequenz.

Ist die einfallende Welle nicht polarisiert (thermische Strahlung), so muß man Gleichung (1-96) über alle Richtungen des Vektors $\vec{E}$ in der Ebene mitteln, die zur Ausbreitungsrichtung der einfallenden Welle senkrecht steht. In Polarkoordinaten geschrieben (siehe Bild 1-10) ist dann der differentielle effektive Streuquerschnitt:

$$dQ_S = \frac{\omega^4}{c^4} |\alpha|^2 V^2 (1 - \sin^2\vartheta \cos^2\varphi) d\Omega \qquad (1\text{-}98)$$

mit $\cos \Theta = \sin\vartheta \cos\varphi$

Mittelt man über den Winkel φ, so ergibt sich:

$$dQ_S = \frac{\omega^4}{2c^4} |\alpha|^2 V^2 (1 + \cos^2\vartheta) d\Omega \qquad (1\text{-}99)$$

Hierbei ist dann ϑ der Winkel zwischen der Einfalls- und der Streurichtung.

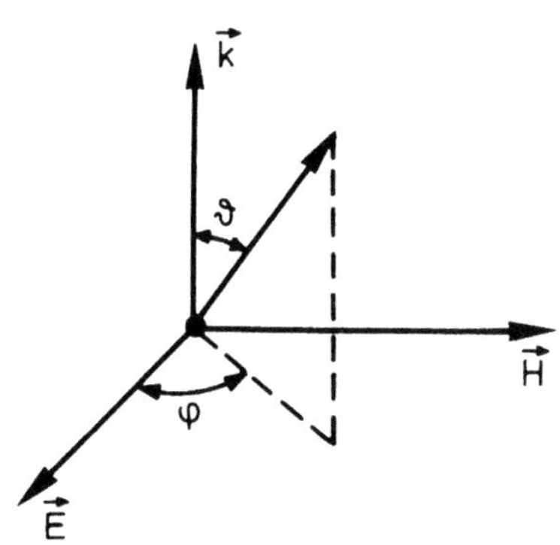

Bild 1-10: Definition der Koordinaten

Aus Gleichung (1-98) kann man auch leicht den Grad der Depolarisation der gestreuten Strahlung bestimmen. Als Bezugsebene nehmen wir die sog. Streuebene, die durch die Einfallsrichtung und die Richtung der gestreuten Welle aufgespannt wird. Als Polarisationsrichtung definieren wir die Richtung des elektrischen Feldvektors der einfallenden Welle zur Streuebene. $I_{\|}$ ($\varphi=0$) und $I_{\perp}$ ($\varphi=\pi/2$) seien die Intensitäten der gestreuten Wellen mit der jeweils entsprechenden Polarisation. Der Depolarisationsgrad wird dann als Verhältnis der kleineren zur größeren dieser beiden Größen definiert. Nach Gleichung (1-98) erhalten wir:

$$I_{\parallel}/I_{\perp} = \cos^2\vartheta \tag{1-100}$$

Die bisher abgeleiteten Gleichungen gelten zunächst nur für die Streuung an einem einzelnen Teilchen. Für sehr einfache Verhältnisse kann man daraus jedoch sofort den relativen Anteil der gestreuten Strahlungsleistung für die Streuung an einer Schicht vieler Teilchen angeben. Hierzu nehmen wir an, daß die Teilchen identisch sind d.h. gleiches Volumen und gleiche Polarisierbarkeit besitzen. Weiterhin sei die Dichte ρ der Teilchen im statistischen Mittel konstant. Betrachten wir dann ein Volumen konstanter Dicke, d.h. eine Schicht streuender Teilchen (siehe Bild 1-11), so ist der relative Anteil der gestreuten Intensität offensichtlich:

$$R_S = Q_S \,\rho\, d \quad \text{bzw.} \quad dR_S(\Theta) = dQ_S(\Theta)\,\rho\, d \tag{1-101}$$

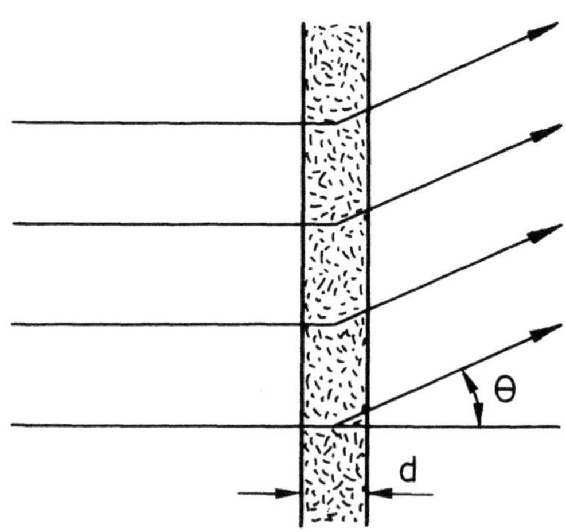

Bild 1-11: Streuung an einer Schicht vieler Teilchen

Hierbei sind Effekte aufgrund von Mehrfachstreuung unberücksichtigt.

Im entgegengesetzten Grenzfall -wenn die Abmessungen der Streuzentren wesentlich größer als die Wellenlänge sind- verschwindet die Wellenlängenabhängigkeit des Streuquerschnitts. Der Streuquerschnitt wird dann ausschließlich durch die Geometrie und die Materialeigenschaften des streuenden Objekts bestimmt. Im Übergangsbereich zwischen dieser sog. optischen Streuung und der Rayleigh-Streuung treten Resonanzeffekte in der Abhängigkeit des Streuquerschnitts von der Wellenlänge auf (siehe Bild 1-12). Die Berechnung der Streuquerschnitte in diesem Bereich der sog. Mie-Streuung ist nur numerisch mit Hilfe von Computern möglich.

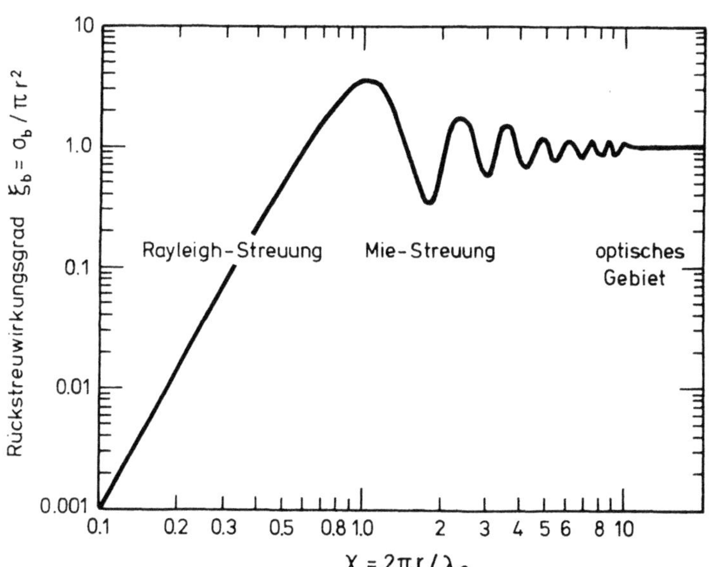

Bild 1-12: Rückstreuwirkungsgrad einer Metallkugel vom Radius r als Funktion des Verhältnisses zwischen Größe und Wellenlänge (nach Skolnik, 1980 [7]).

1.4 Ausbreitungsbedingungen in der Erdatmosphäre

Bei vielen Anwendungsbereichen der passiven Radiometrie (z.B. Radioastronomie, Erderkundung, Meteorologie) muß die vom Meßobjekt kommende Strahlung auf dem Weg zum Radiometer die Erdatmosphäre ganz oder teilweise durchdringen. Daher ist die Kenntnis der Ausbreitungsbedingungen in der Erdatmosphäre für die entsprechenden Anwendungsbereiche von großer Bedeutung. Im wesentlichen bewirkt die Erdatmosphäre eine frequenzabhängige Dämpfung der Strahlung. Nach Gleichung (1-62) erzeugt sie damit auch eine thermische Eigenstrahlung. Weiterhin können noch die Refraktion und die Szintillation eine gewisse Rolle spielen.

1.4.1 Frequenzgrenzen der Durchlässigkeit

Die untere Frequenzgrenze ist variabel. Sie hängt vom Zustand der hohen Atmosphärenschichten (der Ionosphäre) ab. Durch die Ultraviolett- und Röntgenstrahlung der Sonne wird die Atmosphäre oberhalb etwa 90 km Höhe zunehmend ionisiert. Die dabei erzeugten freien Elektronen verändern die Ausbreitungsbedingungen für elektromagnetische Wellen. Der Brechungsindex eines Plasmas ist:

$$n = \sqrt{1 - \frac{N_e\, e^2}{\varepsilon_o m\, \omega^2}} \qquad (1\text{-}102)$$

N_e: Elektronendichte [cm^{-3}]
e: Elementarladung
m: Elektronenmasse

Bei einem imaginären Brechungsindex hat die Wellengleichung keine periodische Lösung mehr, d.h. es ist keine Wellenausbreitung mehr möglich. Man kann daher mit (1-102) eine Grenzfrequenz angeben, unterhalb der die Ionosphäre undurchlässig wird:

$$f_o = \frac{1}{2\pi}\sqrt{\frac{N_{e(max)}\, e^2}{\varepsilon_o \; m}} \qquad (1\text{-}103)$$

In der Ionosphäre bilden sich in verschiedenen Höhen ausgeprägte Schichten ionisierten Gases aus, die als D-, E-, F_1- und F_2-Schicht bezeichnet werden. Entsprechend variiert die Elektronendichte N_e stark mit der Höhe. Für den Durchgang der Radiowellen durch die Erdatmosphäre ist die F_2-Schicht ausschlaggebend, da in ihr die maximale Elektronendichte $N_{e(max)}$ auftritt.

Da die Ionisierung in der oberen Erdatmosphäre stark von der Sonneneinstrahlung abhängt, unterliegt die maximale Elektronendichte und damit die Grenzfrequenz zeitlichen Schwankungen. So kann man einen täglichen Gang, einen jahreszeitlichen Gang und einen Gang mit dem 11jährigen Sonnenfleckenzyklus feststellen. In unseren Breiten hat die Grenzfrequenz den niedrigsten Wert in den Herbstnächten des Sonnenfleckenminimums mit etwa 3 MHz. Der größte Wert tritt im Sonnenfleckenmaximum an Frühlingstagen auf. Die Grenzfrequenz steigt dann auf etwa 20 bis 24 MHz an.

Wegen des niedrigen Wertes der unteren Frequenzgrenze wirkt sich diese kaum einschränkend auf die Radiometrie aus. Ganz anders ist die Situation am oberen Ende des Durchlässigkeitsbereiches, dem mm-Wellenbereich. Hier sind zur Zeit Bemühungen im Gange, das Frequenzband voll für die Radioastronomie und die Erderkundung auszunutzen. Die Begrenzung im mm-Wellenbereich entsteht durch Absorption der Moleküle der Luft, vorwiegend durch Wasserdampf und Sauerstoff. Durch Absorptionslinien bzw. ganze Bänder von Absorptionslinien wird der Durchlässigkeitsbereich stellenweise ganz unterbrochen. Mit steigender Frequenz folgen diese Absorptionsbereiche immer dichter aufeinander, und selbst in den dazwischenliegenden Fenstern steigt die Absorption durch die Linienflügel stark an. Als obere Frequenzgrenze kann man etwa 1000 GHz angeben. Allerdings sind z.B. radioastronomische Beobachtungen im Frequenzbereich von etwa 200 bis 1000 GHz nur von hohen Bergen aus und bei optimalen Wetterbedingungen möglich, da andernfalls die Dämpfung durch den Wasserdampfgehalt der Atmosphäre zu groß ist.

1.4.2 Absorption

In der Ionosphäre ist eine merkliche Absorption nur im Bereich der oben angegebenen Grenzfrequenz vorhanden. Sie spielt daher normalerweise keine Rolle. Der wesentliche Beitrag zur Gesamtdämpfung entsteht in der Troposphäre durch Moleküllinien-Absorption von Wasserdampf und Sauerstoff und durch Streuung und Beugung an kondensiertem Wasser (Nebel, Wolken, Regen, Schnee). Die Größe der Dämpfung ist dementsprechend stark wetterabhängig. Dies trifft auch auf die molekulare Absorption zu, da insbesondere der Wasserdampfgehalt starken wetterbedingten Schwankungen unterliegt. Allerdings treten hierbei keine so abrupten Änderungen der Dämpfung auf wie etwa beim Durchzug einer Regenwolke.

In Tabelle 1-1 sind die wichtigsten durch Moleküllinien bedingten Absorptionsbereiche im mm-Wellengebiet zusammengestellt. Die angegebenen Dämpfungswerte beziehen sich auf einen senkrechten Strahldurchtritt durch die Atmosphäre. Mit Ausnahme der ersten Wasserdampflinie bei 13,5 mm ist bei allen übrigen Linien und Liniengruppen die Absorption so stark, daß höchstens Messungen über kürzere Entfernungen möglich sind. In den Fenstern zwischen den Linien steigt die Dämpfung mit der Frequenz an, was durch die Linienflügel der zu höheren Frequenzen hin gehäuft auftretenden Wasserdampflinien verursacht wird. Entscheidend für diese Dämpfung ist somit die gesamte Wassermenge, die in der Luftsäule gebunden ist, die die Strahlung vom Meßobjekt zum Beobachtungsort durchdringen muß. Man gibt diese Wassermenge i. allg. als "ausfällbare Wassermenge" in mm Wassersäule an.

Tabelle 1-1

Atmosphärische Absorptionslinien im mm-Wellenbereich

Wellenlänge [mm]	Frequenz [GHz]	Molekül	Dämpfung [dB]
13,5	22,2	H_2O	ca.1
4,8-5,7	52,6-62,5	O_2	100
2,5-2,56	117,2-120	O_2	100
1,58-1,68	178,6-189,9	H_2O	70
0,93-0,96	312,5-322,6	H_2O	100

Bild 1-13 zeigt die Zenitdämpfung in Abhängigkeit der Frequenz für verschiedene ausfällbare Wassermengen. Im anschließenden Submillimeterwellenbereich gibt man anstelle der Dämpfung meistens die Transmission an, die dem Kehrwert der Dämpfung entspricht. In Bild 1-14 ist die Transmission im Frequenzbereich von 200 bis 1000 GHz dargestellt (nach [8]).

Bei manchen Anwendungen, wie z.B. der Erderkundung von einem hochfliegenden Flugzeug oder einem Satelliten aus, ist die optische Tiefe der Erdatmosphäre von Interesse, um damit nach Gleichung (1-62) auf die Strahlungstemperatur des Meßobjekts rückschließen zu können. Bei Zenitwinkeln unter etwa 70° kann man die Krümmung der Atmosphäre vernachlässigen. Die optische Tiefe ist dann unter Berücksichtigung des Zenitwinkels Θ mit (1-57):

$$\tau = \int_0^\infty \varkappa(h) / \cos\Theta \, dh \qquad (1\text{-}104)$$

$\varkappa(h)$: Absorptionskoeffizient [m^{-1}] in der Höhe h

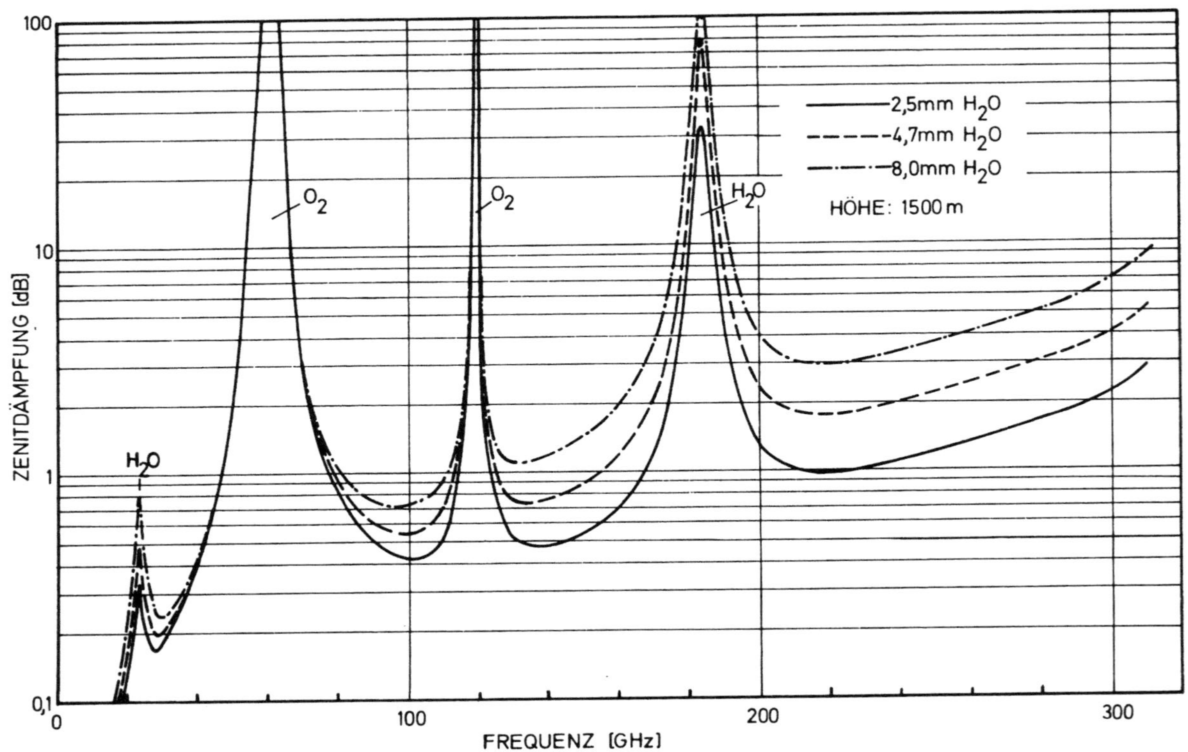

Bild 1-13: Zenitdämpfung in Abhängigkeit der Frequenz für verschiedene ausfällbare Wassermengen

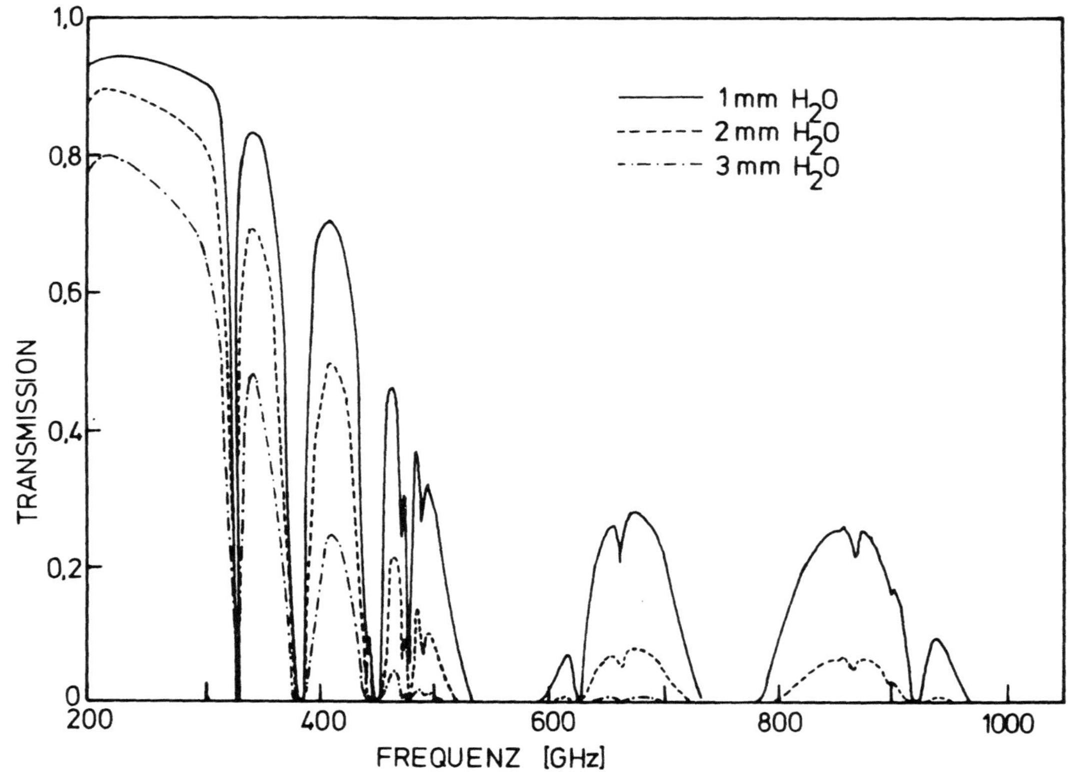

Bild 1-14: Zenittransmission der Atmosphäre im Submillimeterwellenbereich

Bei einer gegebenen Frequenz ist der Absorptionskoeffizient eine Funktion der Temperatur, des Druckes und des Wasserdampfgehalts. Da der Wasserdampf-Absorptionskoeffizient proportional dem Wasserdampfgehalt und der Sauerstoff-Absorptionskoeffizient proportional dem Druck ist, und beide Parameter exponentiell mit der Höhe abnehmen, kommt der wesentliche Beitrag des Integrals in (1-104) von den unteren Atmosphärenchichten. Von den beiden Parametern unterliegt der Wasserdampfgehalt weitaus größeren Schwankungen. Dies legt die Annahme nahe, daß sich die optische Tiefe etwa linear mit dem Wasserdampfgehalt am Boden ändert, was auch experimentell bestätigt worden ist.

1.4.3. Streuung und Absorption durch Wolken

Die bisherige Behandlung der atmosphärischen Dämpfung bezog sich auf die gasförmigen Anteile der Atmosphäre. Je nach Wetterbedingungen können noch Wassertropfen, Eispartikel und Schnee eine zusätzliche Dämpfung verursachen, die zum Teil auf Streuung der elektromagnetischen Wellen an den Partikeln zurückzuführen ist. In die Berechnung der Dämpfung gehen hier vor allem die folgenden drei Parameter ein: 1) die Wellenlänge, bzw. die Frequenz, 2) der Radius der Partikel und 3) der komplexe Brechungsindex n des Partikelmaterials. Bild 1-15 zeigt den Betrag des Brechungsindexes von Wasser im Frequenzbereich von 1 bis 300 GHz (nach [9]). Wie zu sehen ist, sinkt er im Millimeterwellenbereich stark ab.

Da der Durchmesser der Wassertropfen im Millimeterwellenbereich die Größenordnung der Wellenlänge erreichen kann, muß man hier zum Teil die Theorie der Mie-Streuung anwenden (siehe Kap.1.3.3). Als Beispiel sind in Bild 1-16 für die Wellenlänge von 1cm (30 GHz) die Streu- und Extinktionswirkungsgrade in Abhängigkeit des Tropfenradius angegeben (nach [10]).

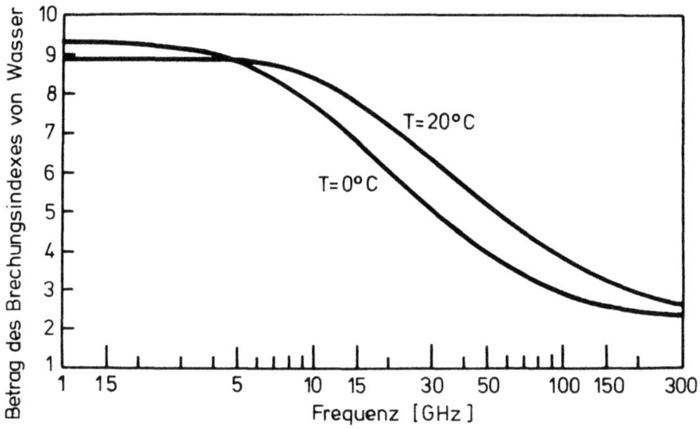

Bild 1-15: Frequenzabhängigkeit des Betrags des Brechungsindexes von Wasser

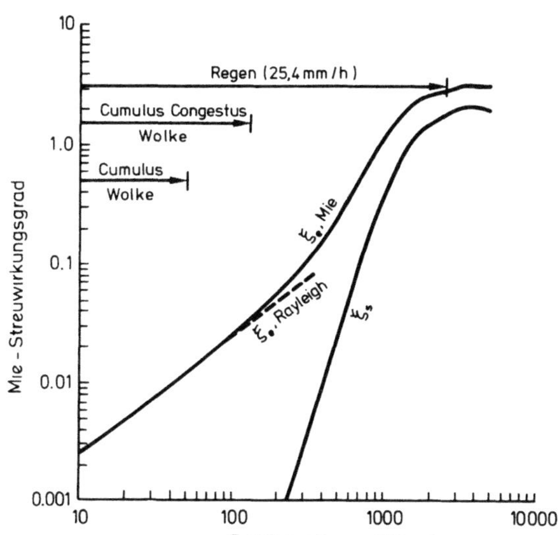

Bild 1-16: Mie-Wirkungsgrade für Streuung und Absorption eines Wassertropfens in Abhängigkeit des Tropfenradius bei 30 GHz (nach Fraser et al., 1975)

Wie aus Bild 1-16 zu erkennen ist, kann bei 30 GHz für die meisten Wolkenarten noch die Rayleigh-Näherung verwendet werden. Da für die Lage des Übergangsbereichs zwischen Rayleigh-Streuung und Mie-Streuung das Verhältnis von Wellenlänge zum Tropfenradius entscheidend ist, verschiebt sich die Grenze bei kürzeren Wellenlängen zu entsprechend kleineren Radien. So muß man z.B. bei 1mm Wellenlänge für Cumuluscongestus-Wolken mit Mie-Streuung rechnen, während z.B. bei 10cm Wellenlänge selbst Regenwolken noch mit guter Näherung durch die Rayleigh-Streuung beschrieben werden können.

In einer Wolke sind die Streuzentren statistisch verteilt, so daß zwischen den Phasen der an den einzelnen Streuzentren gestreuten Wellen keine Korrelation besteht. Weiterhin ist die Dichte der Streuzentren i. allg. so gering, daß man näherungsweise Effekte wie Abschattung und Mehrfachstreuung vernachlässigen kann. Der gesamte Streu- bzw. Absorptionsquerschnitt eines Volumenelements ergibt sich somit aus der Summe der Einzelstreuquerschnitte. Der Volumenstreukoeffizient $\varkappa_s$ ist dann der gesamte Streuquerschnitt pro Volumenelement. Bei der Berechnung des Volumenstreukoeffizienten $\varkappa_s$ und des Volumenextinktionskoeffizienten $\varkappa_e$ geht noch die Häufigkeitsverteilung p(r) der Größe der Tropfen in der Wolke ein. Damit ergibt sich für den Volumenstreukoeffizienten:

$$\varkappa_s = \int_{r_1}^{r_2} p(r)\; Q_s(r)\; dr \qquad (1\text{-}105)$$

p(r): Zahl der Tropfen pro m^3 pro Größenbereich des Radius r [m]

$Q_s(r)$: Streuquerschnitt eines Tropfens mit dem Radius r [m^2]

r_1, r_2: untere und obere Grenze der in der Wolke vorkommenden Tropfenradien

Manchmal ist es sinnvoller, mit dem normierten Streuquerschnitt (d.h. dem Streuwirkungsgrad nach Gleichung (1-78) und dem auf die Wellenlänge normierten Tropfenradius $\chi = 2\pi r/\lambda_o$ zu arbeiten. Gleichung (1-105) lautet dann:

$$\xi_s = \frac{\lambda_o^3}{8\pi^2} \int_0^\infty \chi^2 \, p(\chi) \, \xi_s(\chi) \, d\chi \qquad (1\text{-}106)$$

mit $p(\chi)=0$ für $r<r_1$ oder $r>r_2$

Die Gleichungen (1-105) und (1-106) gelten analog für den Volumenabsorptionskoeffizienten und den Volumenextinktionskoeffizienten, wenn man den Streuwirkungsgrad ξ_s durch den Absorptionswirkungsgrad ξ_a bzw. den Extinktionswirkungsgrad ξ_e ersetzt.

Die Verteilungsfunktion p(r) der Tropfengröße läßt sich recht gut durch folgende Funktion annähern:

$$p(r) = a\, r^\alpha \, \exp(-br^\gamma) \qquad (1\text{-}107)$$

$0 \le r \le \infty$

Die Größen a, b, α und γ sind positive reelle Konstanten, wobei γ eine ganze Zahl ist. Bild 1-17 zeigt die auf das Maximum der Verteilung normierte Verteilungsfunktion für verschiedene Wolken- und Nebelarten (nach [10]).

Im Bereich der Rayleigh-Näherung zeigt sich, daß der Extinktionskoeffizient linear vom Wassergehalt pro Volumenelement m_v [gm^{-3}] abhängt, d.h. es gilt:

$$\varkappa_e = \varkappa_1 \, m_v \qquad (1\text{-}108)$$

Bild 1-18 zeigt den Koeffizienten $\varkappa_1$ in Abhängigkeit der Frequenz (nach [11]).

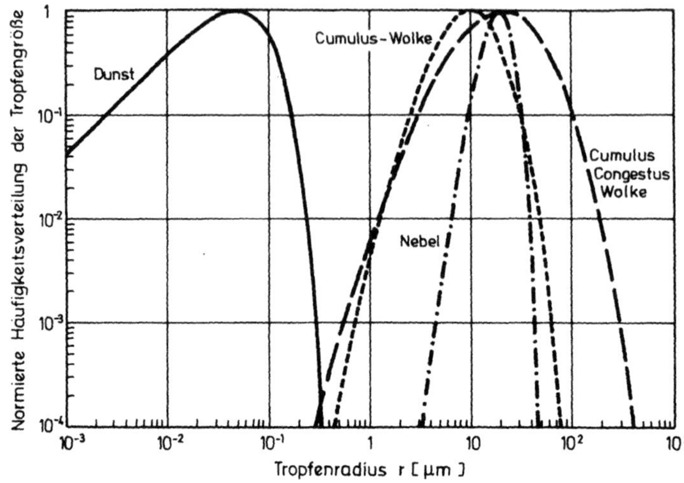

Bild 1-17: Normierte Häufigkeitsverteilung der Tropfengröße in verschiedenen Wolken- und Nebelarten

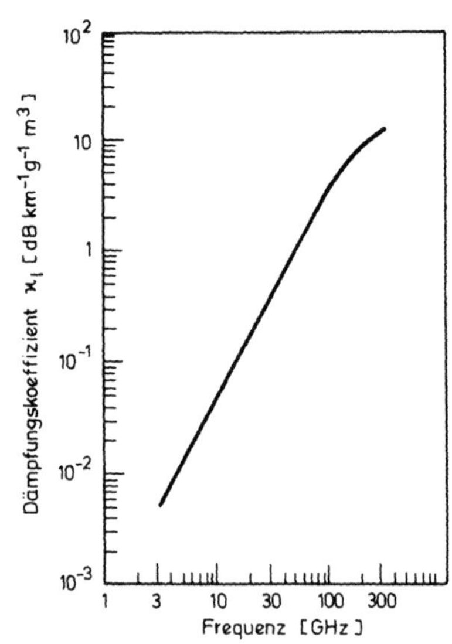

Bild 1-18: Frequenzabhängigkeit des Koeffizienten $\varkappa_l$ (nach Haroules und Brown, 1968)

1.4.4. Regen

Gegenüber den Wassertropfen in Wolken haben Regentropfen einen um etwa zwei Größenordnungen größeren Durchmesser, so daß hier i. allg. nicht mehr mit der Rayleigh-Näherung gearbeitet werden kann. Die Häufigkeitsverteilung der Tropfengröße kann für Niederschlagsraten von 1 bis 23 mm/h durch folgende Funktion beschrieben werden:

$$p(d) = N_o \exp(-bd) \qquad [m^{-4}] \qquad (1\text{-}109)$$

N_o: 8 10^6 $[m^{-4}]$
d: Tropfendurchmesser

Die Konstante b hängt folgendermaßen von der Niederschlagsrate R_r [mm/h] ab:

$$b = 4100\ R_r^{-0,21} \qquad [m^{-1}] \qquad (1\text{-}110)$$

In Bild 1-19 ist die normierte Verteilungsfunktion für verschiedene Niederschlagsraten dargestellt (nach [12]). Zur Berechnung der Streu-, Absorptions- und Extinktionskoeffizienten kann wieder Gleichung (1-105) bzw. (1-106) verwendet werden. Für die Praxis ist es auch hier wünschenswert eine Funktion zur Verfügung zu haben, die den Extinktionskoeffizienten direkt mit der Niederschlagsrate korreliert. Die üblicherweise benutzte Funktion ist:

$$e = 1\ R_r^{b'} \qquad (1\text{-}111)$$

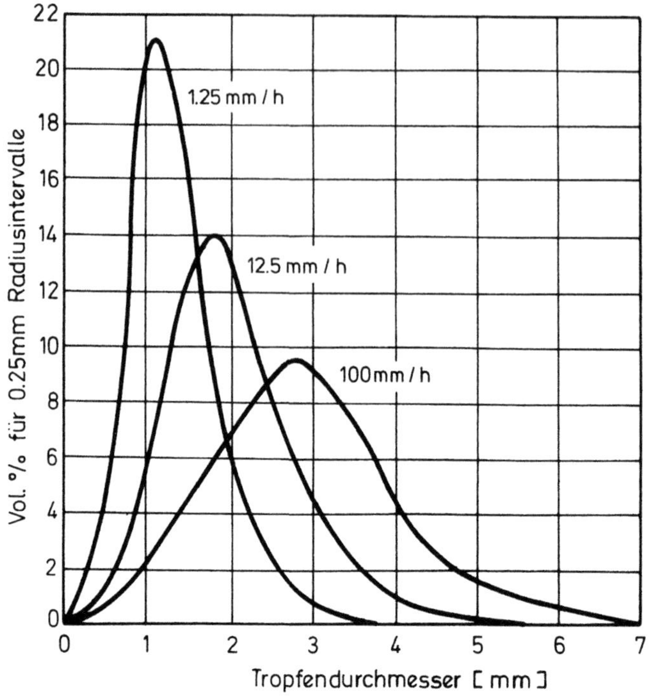

Bild 1-19: Häufigkeitsverteilung der Tropfengröße für verschiedene Niederschlagsraten (nach Chu und Hogg, 1968)

Die Werte von $\varkappa_1$ und b' sind abhängig von der Wellenlänge (siehe [9]). Bild 1-20 zeigt die Gesamtdämpfung in Abhängigkeit der Frequenz für verschiedene Niederschlagsraten (nach [13]).

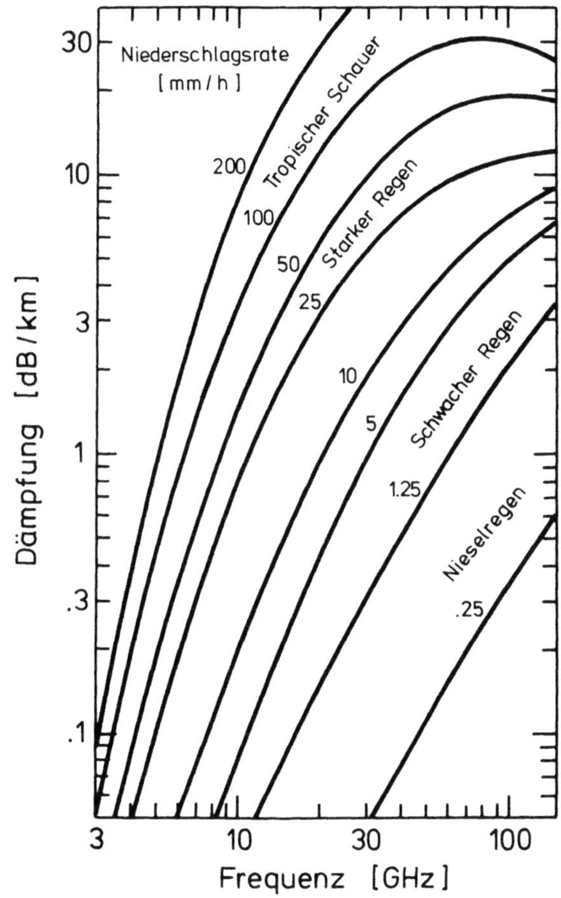

Bild 1-20: Gesamtdämpfung von Regen in Abhängigkeit der Frequenz für verschiedene Niederschlagsraten (nach Schanda, 1976)

1.4.5 Eis-Partikel und Schneeflocken

Der Gültigkeitsbereich der Rayleigh-Näherung hängt unter anderem von dem Betrag des Brechungsindexes des Dielektrikums ab, da er die Wellenlänge innerhalb der Streuzentren beeinflusst. Der Realteil des Brechungsindexes von Eis ist im Mikrowellenbereich etwa 1,78 und nur schwach frequenzabhängig. Er ist damit erheblich kleiner als der von Wasser (siehe Bild 1-15). Die Rayleigh-Näherung kann daher hier zu kürzeren Wellenlängen hin noch benutzt werden. So kann sie zur Berechnung des Absorptionswirkungsgrades in Eis-Wolken (in denen r typisch 0,2mm ist) bis etwa 70 GHz verwendet werden.

Obwohl Schneeflocken nicht kugelförmig sind, hat sich gezeigt, daß sie dennoch im Bereich der Rayleigh-Näherung als kugelförmige Streuzentren gleicher Masse behandelt werden können. Bei vergleichbaren Niederschlagsraten (in mm Wasser/h) ist die Dämpfung in Schneeschauern etwa 20 bis 50-mal geringer als in Regenschauern, was vor allem auf den niedrigeren Wert des Imaginärteils des Brechungsindexes von Eis im Vergleich zu Wasser zurückzuführen ist.

1.4.6. Eigenstrahlung der Atmosphäre

Nach dem Kirchhoffschen Gesetz ist das Emissionsvermögen für thermische Strahlung eines beliebigen Körpers proportional seinem Absorptionsvermögen. Das heißt auf die Atmosphäre angewandt, daß, sobald eine merkliche Dämpfung vorhanden ist, man auch mit einer thermischen Eigenstrahlung rechnen muß. Für die hierdurch verursachte Strahlungstemperatur gilt bei konstanter physikalischer Temperatur T_p der Atmosphäre über die Weglänge des Signals nach (1-62) und (1-57):

$$T_{Atm} = (1 - 1/d_A)\ T_p \qquad (1\text{-}112)$$

Bei einem nichthorizontalen Signalweg muß man zur genauen Berechnung der Strahlungstemperatur der Atmosphäre die höhenabhängige Temperaturverteilung T(h) berücksichtigen. Es ergibt sich dann für die Strahlungstemperatur der gesamten Atmosphäre in Abhängigkeit des Zenitwinkels:

$$T_{Atm}(\Theta) = \frac{1}{\cos\Theta} \int_0^\infty \kappa_a(h) T(h) \exp(-\tau(0,h)/\cos\Theta)\, dh \qquad (1\text{-}113)$$

Hierbei ist $\tau(0,h)$ die optische Tiefe der vertikalen Schicht zwischen der Erdoberfläche und der Höhe h. Bei wolkenfreiem Himmel können zur Berechnung von T_{Atm} tabellierte Standardwerte verwendet werden.

1.4.7 Refraktion

Analog zu den Verhältnissen im Optischen erfolgt beim Eintritt der Radiostrahlung in die einzelnen Schichten der Atmosphäre eine Brechung. Diese Refraktion bewirkt eine Richtungsänderung der Wellenausbreitung, die zu einer scheinbar größeren Elevation der Quellen am Himmel führt. Der Differenzwinkel zur wahren Position ist selbst vom Elevationswinkel abhängig.

Ein Anteil der Ionosphäre an der Refraktion ist nur im Bereich der Grenzwellenlänge (1-103) vorhanden. Im Mikrowellenbereich wird die Refraktion daher ausschließlich in der Troposphäre verursacht. Der für die Refraktion verantwortliche Realteil des Brechungsindexes der Luft läßt sich für Frequenzen unter 100 GHz durch folgende Funktion beschreiben:

$$Re(n-1)\cdot 10^6 = 79\cdot p/T + 3{,}79\cdot 10^5\; p_w/T^2 \qquad (1\text{-}114)$$

mit: p: Luftdruck [mb], p_w: Wasserdampfdruck [mb]
T: Temperatur [K]

Wie man sieht, ist der Brechungsindex abhängig von der Luftfeuchtigkeit. Wegen der Schwankungen des Wasserdampfdruckes, unterliegt damit auch der Brechungsindex ständigen Schwankungen. Ein exakter Wert für den Refraktionswinkel ist daher nur ableitbar, wenn man für den Beobachtungsort aus Radiosonden-Aufstiegen p(h), $p_w(h)$ und T(h) kennt. Den Refraktionswinkel berechnet man dann, indem man das Snelliussche Brechungsgesetz auf zwei benachbarte dünne Atmosphärenschichten mit den Brechungsindices n_i und n_{i+1} anwendet. Dabei ist zu beachten, daß der Eintrittswinkel in die i-te Schicht sich wegen der Krümmung der Schicht verkleinert. Es ist:

$$\sin\delta_{i+1} = \sin\delta_i \; \frac{r_i}{r_{i+1}} \frac{n_i}{n_{i+1}} \qquad (1\text{-}115)$$

r_i: Krümmungsradius der i-ten Schicht = Abstand der i-ten Schicht zum Erdmittelpunkt

Setzt man darin $\delta_{i+1} = \delta_i + \Delta\tau_i$, wobei $\Delta\tau_i$ die Zunahme des Refraktionswinkels in der i-ten Schicht bedeutet, so wird:

$$\Delta\tau_i = \tan\delta_i \; \frac{r_i}{r_{i+1}} \frac{n_i}{n_{i+1}} - \tan\delta_i \qquad (1\text{-}116)$$

bzw.: $$\Delta\tau_i = -\tan\delta_i \left(\frac{\Delta(r_i\, n_i)}{r_{i+1}\, n_{i+1}}\right) \qquad (1\text{-}117)$$

Den gesamten Refraktionswinkel erhält man durch Integration dieser Funktion über die gesamte Atmosphäre:

$$\tau = \int_{n_oR}^{R+H} \tan\delta \, \frac{d(rn)}{r\,n} + \Psi(H) \qquad (1\text{-}118)$$

$\Psi(H)$ ist der Winkelabstand des Fußpunktes des Strahlaustritts aus der Atmosphäre vom Beobachtungsort (siehe Bild 1-21).

Ein Mittelwert von τ ist in der folgenden Tabelle 1-2 für einige Werte des Zenitdistanzwinkels Θ angegeben. Zum Vergleich sind die Werte der optischen Refraktion hinzugefügt. Die durch das Wetter bedingte Variation in den Werten von τ beträgt ungefähr ±15% der angegebenen Mittelwerte.

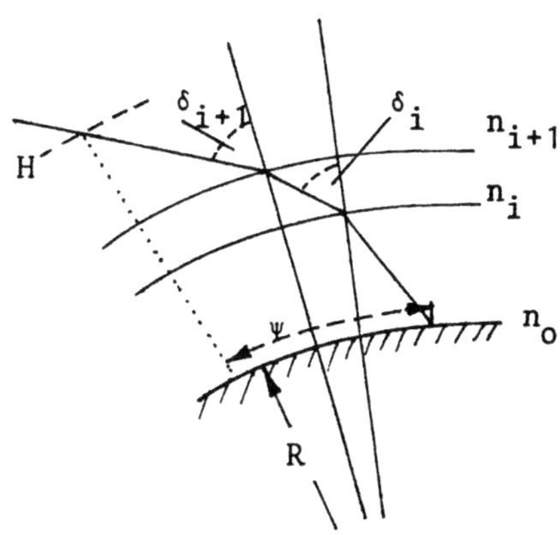

Bild 1-21: Refraktion in der Troposphäre

Tabelle 1-2

Mittelwerte der troposphärischen Refraktion

Zenitdistanz	τ optisch	τ Radiostrahlung
30°	0,57'	0,89'
40°	0,81'	1,26'
50°	1,15'	1,79'
60°	1,68'	2,62'
70°	2,65'	4,12'
80°	5,32'	8,27'
85°	9,87'	15,3'
90°	35,4'	55,0'

1.4.8 Szintillation

Als Szintillation bezeichnet man das unruhige Flackern der Sterne, wenn man sie mit dem bloßen Auge oder einem kleinen Fernrohr beobachtet. Einen ähnlichen Effekt findet man, wenn man z.B. ein Radioteleskop auf eine Radioquelle am Himmel richtet. Registriert man die Intensität über eine gewisse Zeit, so stellt man Schwankungen fest, die größer als die Schwankungen aufgrund des Eigenrauschens der Empfangsanlage sind.

Diese Erscheinung hat physikalisch zwei verschiedene Ursachen. Infolge der ständigen Luftbewegungen haben wir es in der unteren Atmosphäre mit Turbulenzelementen zu tun, die von unterschiedlicher Größe sind. Sie ziehen mit dem Wind durch den Empfangsbereich der Antenne. Infolge von Schwankungen des Brechungsindexes n in den einzelnen Turbulenzelementen kommen Teile der ursprünglich ebenen Welle mit Richtungs- und Phasenfehlern im Phasenzentrum der Antenne an. Sie bewirken bei ihrer Überlagerung Intensitätsschwankungen bei der Messung. Die zweite Ursache liegt in Temperaturunterschieden und Unterschieden im Feuchtigkeitsgehalt in den Turbulenzelementen, wodurch Schwankungen der Absorption hervorgerufen werden, die wiederum zu Intensitätsschwankungen führen.

Da der troposphärische Brechungsindex nach (1-114) von der Wellenlänge unabhängig ist, muß der Anteil der Szintillation, der durch die Variation des Brechungsindexes entsteht, ebenfalls wellenlängenunabhängig sein. Da aber die Amplitude der Szintillation im Millimeterwellenbereich mit zunehmender Frequenz zunimmt, muß der größere Anteil der Szintillation auf eine Zunahme der Absorption in den Turbulenzelementen zurückgeführt werden. Die Dauer der Schwankungen liegt zwischen etwa 10 und 50 Sekunden. Eine Reduzierung der Meßungenauigkeiten, die durch die Szintillation verursacht werden, ist dadurch möglich, daß man über einen längeren Zeitraum integriert, wobei die Integrationszeit größer als die mittlere Dauer der Schwankungen sein muß.

Literatur zum 1.Kapitel

[1] Van Vleck, J.H.; Weisskopf, V.F.: On the Shape of Collision-Broadened Lines. Rev. Mod. Phys.,17 (1945), S. 227-236.

[2] Heilmann, A.: Antennen I, II, III. Bibliographisches Institut, 1970.

[3] Jasik, H. (Editor): Antenna Engineering Handbook. Mc Graw-Hill, 1961.

[4] Kraus, J.D.: Antennas. McGraw-Hill, 1950

[5] Kraus, J.D.: Radio Astronomy. McGraw-Hill, 1966

[6] Landau, L.D.; Lifschitz, E.M.: Lehrbuch der theoretischen Physik, Band VIII. Akademie-Verlag Berlin, 1980.

[7] Skolnik; Merrill, I.: Radar Handbook. McGraw-Hill, 1980, S. 34.

[8] Waters, J.W.: Absorption and Emission of Microwave Radiation by Atmospheric Gases. In Methods of Experimental Physics, M.L. Meeks (Editor), 12, Part B, Radio Astronomy, Academic Press, Section 2.3.

[9] Ulaby, F.T.; Moore, R.K.; Fung, A.K.: Microwave Remote Sensing. Vol.1, Addison-Wesley Publishing Company, 1981.

[10] Fraser, K.S.; Gaut, N.E.; Reifenstein, E.C.;Sievering,H.: Interaction Mechanisms within the Atmosphere. In Manual of Remote Sensing I, Reeves, R.G. (Editor), American Society of Photogrammetry, 1975, Chapter 5, S.207-210.

[11] Haroules, G.G.; Brown, W.E.: The Simultaneous Investigation of Attenuation and Emission by the Earth's Atmosphere at Wavelengths from 4 cm to 8 mm. IEEE Trans. on Microwave Theory and Techniques, 1969, MTT-16, S.611-620.

[12] Chu, T.S.; Hogg, D.C.: Effects of precipitation on Propagation at 0.63, 3.5 and 10.6 Microns. Bell Sys.Tech. J.,47, 1968, S.723-759.

[13] Schanda, E.: Remote Sensing for Enviromental Sciences. Springer-Verlag, S.196.

2 RADIOMETER

2.1 Grenzempfindlichkeit

Ein Empfänger für die passive Mikrowellenradiometrie muß in der Lage sein, extrem kleine Signalleistungen nachzuweisen. Bei einer technisch festgelegten Empfangsbandbreite kann man aufgrund von Gleichung (1-33) auch sagen, daß der Empfänger möglichst kleine Änderungen der Antennentemperatur nachweisen können sollte. Das heißt, man kann die Grenzempfindlichkeit eines Empfängers durch die kleinste gerade noch nachweisbare Temperaturänderung der Antennentemperatur charakterisieren.

2.1.1 Eigenrauschen von Empfängern

Empfänger bestehen aus Bauteilen, die zum Teil selbst rauschen, d.h. eine elektromagnetische Rauschleistung erzeugen. Diese Rauschanteile entstehen teilweise als thermisches Rauschen in Widerständen oder, allgemeiner ausgedrückt, an ohmschen Anteilen von Bauelementen (Nyquist-Theorem) und als Schrotrauschen und Halbleiterrauschen in aktiven Bauelementen, wie z.B. Oszillatoren, Transistoren, Dioden, usw.. Reine Blindwiderstände (Induktivitäten, Kapazitäten) erzeugen dagegen keine Rauschleistung. Die erzeugte Eigenrauschleistung ist prinzipiell nicht von der über die Antenne empfangenen Signalleistung zu unterscheiden. Schreiben wir nun die Eigenrauschleistung des Empfängers einem ohmschen Widerstand zu, der sich am Empfängereingang befindet, und nehmen wir damit an, daß der Empfänger selbst nicht rauscht, so ist die gesamte Rauschleistung des Empfangssystems:

$$P_{sys} = P_R + P_A \qquad (2\text{-}1)$$

bzw. mit (1-33):

$$T_{sys} = T_R + T_A \qquad (2\text{-}2)$$

Hierbei nennt man T_{sys} die Systemrauschtemperatur, T_R die Empfängerrauschtemperatur und T_A die Antennentemperatur.

Wir können also dem Empfänger eine Eigenrauschtemperatur T_R zusprechen. Die Antennentemperatur T_A enthält neben dem nachzuweisenden Signal auch noch Rauschtemperaturanteile, die über den Streubereich der Antenne aufgenommen werden. Aufgrund ihrer statistischen Eigenschaften sind die einzelnen Rauschtemperaturanteile prinzipiell nicht voneinander zu unterscheiden. Man mißt also zunächst einmal nur die Systemrauschtemperatur. Der Anteil des nachzuweisenden Signals muß mit Hilfe von bestimmten Eichverfahren dann daraus ermittelt werden. Bereits hier ist einzusehen, daß dies umso genauer gelingt, je geringer die Eigenrauschtemperatur des Empfängers ist.

2.1.2 Nachweisgrenze

Befassen wir uns nun mit der Frage, wie die Systemrauschtemperatur die Grenzempfindlichkeit beeinflusst. Dazu betrachten wir zunächst einen besonders einfach aufgebauten Empfänger:

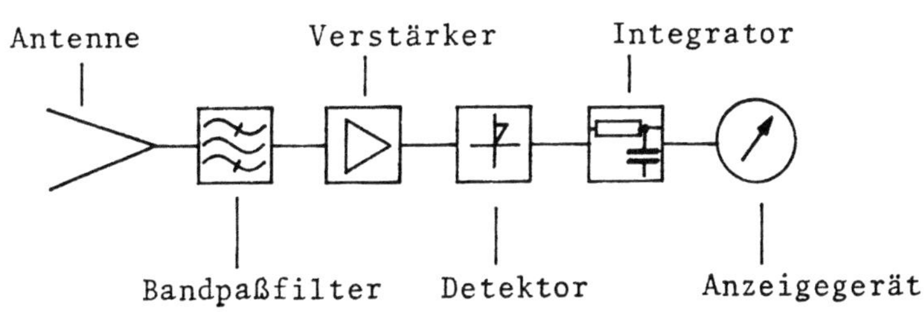

Bild 2-1: Total-power-Empfänger

Da i. allg. die Bandbreite des Empfängers klein gegen die Empfangsfrequenz ist, kann man die gesamte Eingangsrauschtemperatur über die Bandbreite als konstant betrachten. In diesem Frequenzband haben wir es also mit sogenanntem "weißen Rauschen" zu tun, d.h. alle Frequenzen sind gleich stark vertreten. Schneiden wir zunächst mit einem Tiefpaßfilter nur alle Frequenzen $f>f_0$ ab, so fehlen im zeitlichen Verlauf der

Spannung hinter dem Tiefpaßfilter alle Frequenzen über f_0. Eine genauere Charakterisierung des zeitlichen Verlaufs können wir nun erreichen, indem wir in gleichen zeitlichen Abständen a jeweils die Spannung U(t) messen und daraus die Häufigkeitsverteilung ermitteln. Der Abstand a muß dabei mindestens $1/f_0$ sein, damit zwei aufeinanderfolgende Werte voneinander statistisch unabhängig sind. Normieren wir die Spannungswerte noch auf den zeitlichen Effektivwert U_{eff}, so erhalten wir als Wahrscheinlichkeitsverteilung für einen bestimmten Wert der relativen Spannung U/U_{eff} eine Gaußverteilung (siehe Bild 2-2). Entgegen diesem einfachen Beispiel reicht das Empfangsband unserer Empfänger jedoch nicht bis 0 Hz herunter, sondern wir empfangen Frequenzen im Bereich $f_1<f<f_2$. Die Bandgrenzen werden durch ein Bandpaßfilter (siehe Bild 2-1) festgelegt. In diesem Fall können wir uns den zeitlichen Verlauf der Spannung zusammengesetzt denken aus einer sinusförmigen Schwingung der Mittenfrequenz f_m, der eine statistische Amplituden- und Phasenschwankung überlagert ist:

$$U(t) = U_0(t) \cos(\omega_m t + \varphi(t)) \tag{2-3}$$

Als Häufigkeitsverteilung der Hüllkurve $U_0(t)$ ergibt sich hier eine sogenannte Rayleigh-Verteilung (siehe Bild 2-2).

In dem hinter dem Bandpaßfilter folgenden Verstärker ändert sich an der Häufigkeitsverteilung der relativen Spannungswerte nichts, wenn die Verstärkung über die Empfangsbandbreite konstant ist, was wir hier zur Vereinfachung annehmen wollen. Die Ausgangsleistung des Verstärkers ist dann mit (1-33):

$$P_{HF} = G\, k\, (T_{sys} + \Delta T)\, \Delta\nu\ , \tag{2-4}$$

wobei $\Delta T \ll T_{sys}$ gelten soll.
ΔT: Signalrauschtemperatur; G: Leistungsverstärkung (Gain)

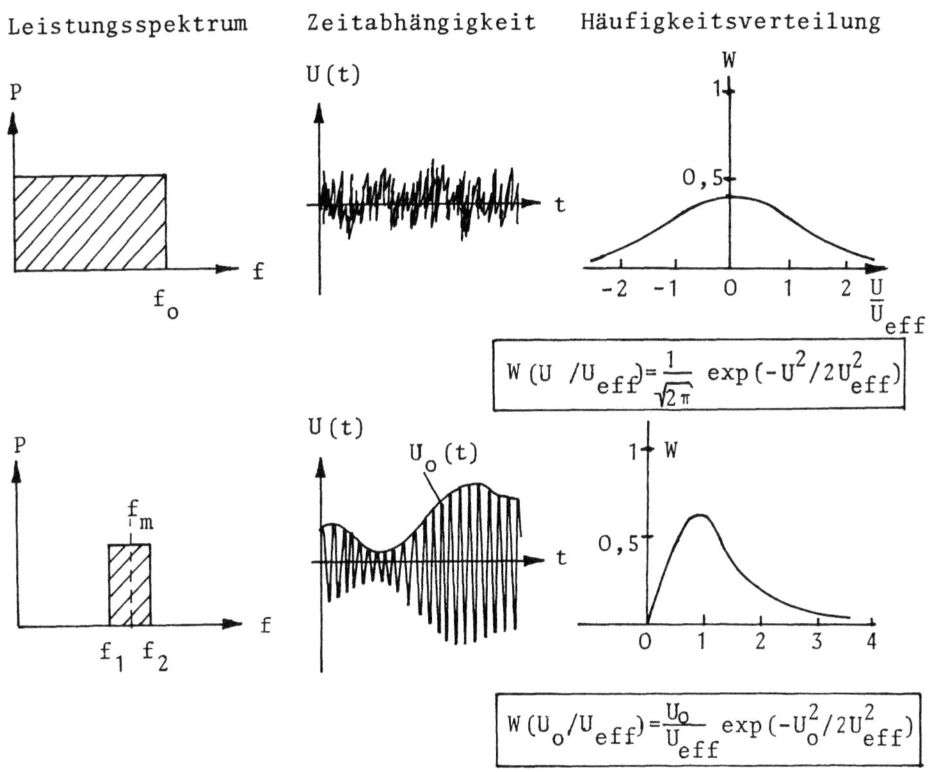

Bild 2-2: Häufigkeitsverteilungen von "weißem Rauschen" mit begrenzter Bandbreite

Diese Rauschleistung wird dann zur Gleichrichtung auf einen Detektor gegeben, der im Idealfall eine quadratische Kennlinie hat, d.h. es ist:

$$U_{det} = \alpha \, U_{HF}^2 \qquad (2\text{-}5)$$

U_{HF}: Rauschspannung am Verstärkerausgang
U_{det}: Spannung am Detektorausgang
α: Konversionskonstante

bzw. mit (2-3):

$$U_{det} = \frac{\alpha U_0^2(t)}{2} + \frac{\alpha U_0^2(t)}{2} \cos(2\omega_m t + 2\varphi(t)) \qquad (2\text{-}6)$$

Da U_{HF}^2 bzw. U_0^2 proportional der HF-Leistung sind, ist die Gleichspannungskomponente der Detektorausgangsspannung U_{det} mit (2-6) ebenfalls proportional der Systemrauschtemperatur:

$$U_{det} = c'Gk\,\Delta\nu\,(T_{sys} + \Delta T) = c\,(T_{sys} + \Delta T) \qquad (2\text{-}7)$$

c', c: Konstanten

Die Detektorausgangsspannung U_{det} besteht aus einem Gleichspannungsanteil, dem eine Rauschspannung überlagert ist. Entscheidend für die Genauigkeit, mit der die Rauschleistung P_{HF} bestimmt werden kann, ist offensichtlich das Verhältnis der Rauschkomponente zur Gleichspannungskomponente der Detektorspannung. Zur Bestimmung dieses Verhältnisses müssen wir uns ansehen, was mit der Häufigkeitsverteilung der HF-Spannung am Detektor geschieht. Da hinter dem Detektor immer ein Integrierglied bzw. Tiefpaßfilter folgt, das nur die niederfrequenten Schwankungen durchläßt, können wir hier bereits den hochfrequenten Term in Gleichung (2-6) vernachlässigen. Es bleibt daher:

$$U_{det} = \frac{\alpha\,U_0^2(t)}{2} \qquad (2\text{-}8)$$

Nun gilt für Funktionen von Wahrscheinlichkeitsverteilungen y(t) = g(x(t)) die Beziehung:

$$W_2(y_t) = W_1(x_t)\,\left|\frac{dx}{dy}\right| \qquad (2\text{-}9)$$

W_1, W_2: Wahrscheinlichkeitsverteilungen

Wenden wir diese Gleichung auf unseren Fall an, so ist:

$$W(U_{det}) = W(U_0)\,\frac{1}{\sqrt{2\alpha\,U_{det}}} \qquad (2\text{-}10)$$

Setzen wir nun für $W(U_0)$ die Rayleigh-Verteilung (Bild 2-2) ein, so bekommen wir für die Wahrscheinlichkeitsverteilung der Detektorausgangsspannung:

$$W(U_{det}) = \frac{1}{\alpha\, U_{eff}} \exp\left(\frac{-U_{det}}{\alpha\, U_{eff}^2}\right) \qquad (2\text{-}11)$$

Um daraus das Schwankungsspektrum der Leistung zu erhalten, muß man hiervon die Autokorrelationsfunktion bilden und diese dann fouriertransformieren. Die explizite Berechnung würde hier zu weit führen. Das Ergebnis ist in Bild 2-3 angegeben.

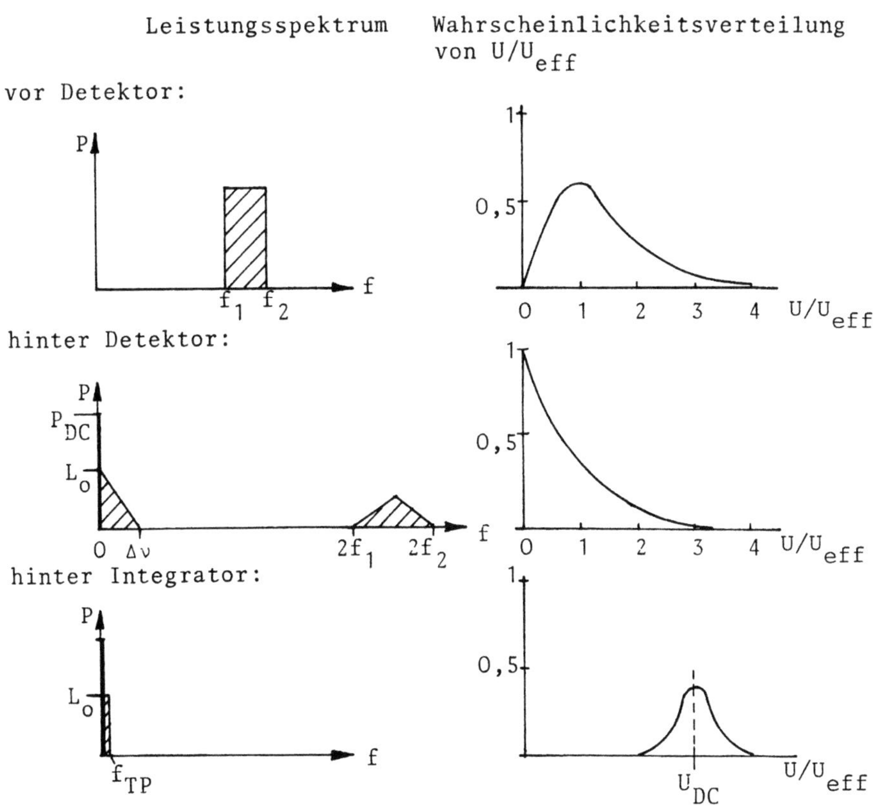

Bild 2-3: Eigenschaften des Signals an verschiedenen Punkten des Empfängers

Das in Bild 2-3 (Mitte) dargestellte Ergebnis kann man sich auch auf folgende Weise anschaulich klarmachen. An der quadratischen Kennlinie des Detektors werden Mischprodukte aller Frequenzen zwischen f_1 und f_2 erzeugt. Das heißt, es entstehen Frequenzen der Form f_k-f_i und f_k+f_i, wobei f_k und f_i Frequenzen aus dem Bereich f_1 bis f_2 darstellen. Unterteilt man den Frequenzbereich in gleich große Frequenzintervalle und zählt die möglichen Differenz- und Summenfrequenzen ab, so ergibt sich das dargestellte Spektrum.

In dem hinter dem Detektor folgenden Integrator bzw. Tiefpaßfilter werden alle Frequenzen über f_{TP} abgeschnitten. In der Praxis ist diese Frequenz i. allg. wesentlich niedriger als die Bandbreite $\Delta\nu$, so daß man die Rauschleistung zwischen 0 Hz und f_{TP} näherungsweise als konstant betrachten kann. Der verbleibende niederfrequente Schwankungsanteil der Detektorausgangsleistung ist damit (siehe Bild 2-3):

$$P_{NF} = L_0 \, f_{TP} \tag{2-12}$$

Die Berechnung, auf die hier nicht näher eingegangen werden soll, ergibt für L_0:

$$L_0 = 2 \, \frac{P_{DC}}{\Delta\nu} \tag{2-13}$$

Das Verhältnis von Schwankungsleistung P_{NF} zur Gleichspannungsleistung P_{DC} ist folglich:

$$\frac{P_{NF}}{P_{DC}} = 2 \, \frac{f_{TP}}{\Delta\nu} \tag{2-14}$$

oder in Spannungen ausgedrückt:

$$\frac{U_{NF}}{U_{DC}} = \sqrt{\frac{2 f_{TP}}{\Delta\nu}} \tag{2-15}$$

Unter U_{NF} wollen wir wieder den zeitlichen Effektivwert verstehen, d.h. die Wurzel aus dem Mittelwert der Schwankungsquadrate:

$$U_{NF} = \sqrt{\frac{1}{T} \int_0^T U_{NF}^2(t)\, dt} \qquad (2\text{-}16)$$

Da abgesehen von der Gleichspannungskomponente das Leistungsspektrum hinter dem Tiefpaßfilter die gleiche Form hat wie in Bild 2-2 oben, erhalten wir für die statistische Verteilung von $U_{NF}(t)$ wieder eine Gaußverteilung, die allerdings um U_{DC} verschoben ist. Als Nachweisgrenze definiert man nun ein Eingangssignal ΔT, das am Empfängerausgang eine Gleichspannung erzeugt, die genauso groß ist wie der Effektivwert der Schwankungen U_{NF}. Bei der Gaußverteilung ist die Sicherheit, daß eine solche Änderung von einem Eingangssignal herrührt und nicht von den statistischen Schwankungen, gleich 68%. Bei einer dreifach größeren Spannungsänderung (3 U_{NF}) ist die Nachweissicherheit bereits 99,7%. Ein solches Signal gilt dann als einigermaßen sicher nachgewiesen. Da die Detektorspannung nach (2-7) proportional der Gesamtrauschtemperatur am Empfängereingang ist, erhalten wir für die Nachweisgrenze (68% Sicherheit):

$$\frac{\Delta T}{T_{sys}} = \frac{U_{NF}}{U_{DC}} \qquad (2\text{-}17)$$

bzw. mit (2-15):

$$\Delta T = T_{sys} \sqrt{2\, f_{TP}/\Delta\nu} \qquad (2\text{-}18)$$

Bei der bisherigen Ableitung der Grenzempfindlichkeit wurde angenommen, daß das Tiefpaßfilter eine rechteckförmige Frequenzcharakteristik besitzt. Solche Filter sind in der Praxis jedoch nicht herstellbar. Bei einer von der Rechteckform abweichenden Charakteristik G(f) kann man allerdings eine effektive Grenzfrequenz angeben:

$$f_{TP} = \frac{\int_0^\infty G(f)\, df}{G(0)} \tag{2-19}$$

Wird als Tiefpaßfilter ein Integrator verwendet, so kann man anstelle der effektiven Grenzfrequenz f_{TP} die Integrationszeit τ zur Berechnung der Grenzempfindlichkeit verwenden. Ein idealer Integrator hat folgende Charakteristik:

$$G(\omega) = \frac{\sin^2(\omega\tau/2)}{(\omega\tau/2)^2} \tag{2-20}$$

Mit (2-19) erhält man für den idealen Integrator:

$$f_{TP} = \frac{1}{2\tau} \tag{2-21}$$

Eingesetzt in (2-18) bekommt man für die Grenzempfindlichkeit die sogenannte Radiometerformel:

$$\Delta T = \frac{T_{sys}}{\sqrt{\Delta\nu\,\tau}} \tag{2-22}$$

In der Praxis wird als Integrator häufig ein RC-Glied (Widerstand-Kondensator) verwendet. Die Frequenzcharakteristik ist hier:

$$G(\omega) = \frac{1}{1 + \omega^2\tau_{RC}^2} \tag{2-23}$$

mit $\tau_{RC} = R\,C$

Die Berechnung ergibt dann mit (2-21) und (2-19):

$$\tau = 2\,\tau_{RC} \tag{2-24}$$

und damit:

$$\Delta T = \frac{T_{sys}}{\sqrt{2\,\Delta\nu\,\tau_{RC}}} \tag{2-25}$$

Das Ergebnis (2-22) läßt sich auch auf folgende Weise leicht einsehen. Pro Sekunde werden im HF-Teil des Empfängers statistisch voneinander unabhängige Rauschbeiträge erzeugt. Innerhalb der Integrationszeit τ bekommt man dann $\Delta\nu\,\tau$ voneinander unabhängige Beiträge. Die relative Meßgenauigkeit (Standardabweichung) einer statistischen Größe mit gaußförmiger Verteilung ist bekanntlich: $\Delta x/x = 1/\sqrt{n}$, wenn n die Zahl der Meßwerte ist. Auf unseren Fall angewandt, erhält man: $T/T_{sys} = 1/\sqrt{\Delta\nu\,\tau}$, was Gleichung (2-22) entspricht.

2.1.3 Messung des Eigenrauschens

Nachdem im letzten Kapitel die Grenzempfindlichkeit abgeleitet wurde, stellt sich nun die Frage, wie diese für ein spezielles Radiometer meßtechnisch bestimmt werden kann. Die Bandbreite wird durch ein Bandpaßfilter festgelegt und ist damit bekannt. Das gleiche gilt für die Integrationszeit τ, die durch die Schaltelemente des Integrators bestimmt ist. Es bleibt also die Ermittlung der Systemrauschtemperatur T_{sys}, bzw. der Empfängerrauschtemperatur T_R.

Aus der Detektorspannung U_{det} ließe sich aufgrund der Gleichung (2-7) im Prinzip die Systemrauschtemperatur ermitteln, wenn die Proportionalitätskonstanten genügend genau bekannt wären. Das ist jedoch i. allg. nicht der Fall. Insbesondere die Verstärkung G kann sich mit der Zeit stark ändern. Man kann nun das Problem lösen, indem man die Gesamtrauschleistung bzw. die Detektorspannung für verschiedene, genau bekannte Antennentemperaturen T_A mißt (Hot-Cold-Verfahren). Nach (2-2) und (2-4) ist:

$$T_{sys} = T_R + T_A = c\ P_{HF} \qquad (2\text{-}26)$$

c: Konstante

Erzeugt man einmal eine hohe Antennentemperatur T_H und dann eine niedrigere T_C, so ist die jeweils entsprechende Rauschleistung:

$$P_H = (T_H + T_R)\ c \tag{2-27}$$

$$P_C = (T_C + T_R)\ c \tag{2-28}$$

Aus dem gemessenen Leistungsverhältnis $P_H/P_C = y$ kann man dann die Empfängerrauschtemperatur bestimmen:

$$T_R = \frac{T_H - y\ T_C}{y - 1} \tag{2-29}$$

Zur Erzeugung einer hohen Antennentemperatur verwendet man meistens Absorbermaterial auf Raumtemperatur, das vor die Antenne gehalten wird. Für die niedrige Antennentemperatur kühlt man das Absorbermaterial mit flüssigem Stickstoff (78K). Mit dieser sogenannten y-Faktor-Methode kann man natürlich auch die äquivalente Rauschtemperatur einzelner Komponenten (z.B. Verstärker) bestimmen. Anstelle einer Antenne kann hierbei ein angepaßter Abschlußwiderstand verwendet werden, der auf verschiedene Temperaturen gebracht wird.

Es sei hier noch darauf hingewiesen, daß häufig statt der Rauschtemperatur die Rauschzahl F angegeben wird. Man bezieht sich hierbei auf die Rauschleistung P_0 eines Abschlußwiderstandes auf Raumtemperatur T_0 (293 K). Die Definition ist:

$$F = \frac{P_0 + P}{P_0} = \frac{T_0 + T}{T_0} \tag{2-30}$$

bzw. in Dezibel:

$$F = 10 \log (1 + T/T_0) \tag{2-31}$$

T: Eigenrauschtemperatur des Meßobjektes

2.1.4 Beitrag einzelner Komponenten zur Gesamtrauschtemperatur

Ein Empfänger besteht aus mehreren Verstärkerstufen, Filtern und anderen Komponenten. Um den Rauschbeitrag der einzelnen Komponenten allgemein ableiten zu können, betrachten wir diese zunächst einmal als "black box" mit einem Ein- und Ausgang (Vierpol). Der Vierpol sei linear und habe die Verstärkung G. Bei Bauteilen, die eine Dämpfung besitzen, ist dementsprechend G<1. Die Rauschleistung, die der Vierpol aufgrund seiner inneren Rauschquellen erzeugt, sei P_N. Schreiben wir diese Rauschleistung einem Widerstand auf der Temperatur T' zu, so ist entsprechend (1-33):

$$P_N = k\ T'\ \Delta\nu \tag{2-32}$$

Nehmen wir nun an, daß der Vierpol selbst nicht rauscht, sondern daß P_N durch einen Widerstand erzeugt wird, der an den Eingang des Vierpols angeschlossen ist, so gilt:

$$P_N = G\ k\ T\ \Delta\nu \tag{2-33}$$

damit ist:

$$T = \frac{P_N}{G\ k\ \Delta\nu} = \frac{T'}{G} \tag{2-34}$$

Man bezeichnet T als äquivalente Eigenrauschtemperatur des Vierpols. Schaltet man N Vierpole mit verschiedenen Eigenrauschtemperaturen T_i und Verstärkungen G_i in Reihe (Kettenschaltung), so ist die gesamte Rauschleistung am Ausgang der Kette offensichtlich:

$$P_{GA} = k\ \Delta\nu\ (G_1G_2G_3...G_NT_1 + G_2G_3...G_NT_2 + G_3...G_NT_3 + ...G_NT_N) \tag{2-35}$$

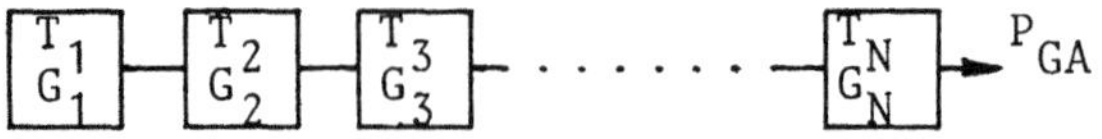

Bild 2-4: Kettenschaltung von Vierpolen

Die äquivalente Gesamtrauschtemperatur der Kette, bezogen auf den Eingang ist dann mit (2-34):

$$T = \frac{P_{GA}}{k \ \Delta\nu \ (G_1 G_2 G_3 \ldots G_{N-1} G_N)}, \qquad (2\text{-}36)$$

mit (2-35) erhält man daraus:

$$T = T_1 + \frac{T_2}{G_1} + \frac{T_3}{G_1 G_2} + \ldots + \frac{T_N}{G_1 G_2 G_3 \ldots G_{N-1}} \qquad (2\text{-}37)$$

Der wesentliche Beitrag zur Gesamtrauschtemperatur wird also i. allg. durch die erste Vertärkerstufe und die verlustbehafteten Komponenten davor (z.B. Leitungen) verursacht.

Bei einer verlustbehafteten Leitung oder - ganz allgemein - bei einem Bauteil mit Dämpfung (G<1) läßt sich die Rauschtemperatur direkt aus der physikalischen Temperatur T_P und der Dämpfung L = 1/G berechnen. In einem solchen Bauteil ist das Verhältnis der absorbierten Leistung zur Eingangsleistung gleich 1 - 1/L. Nun gilt nach dem Kirchhoffschen Gesetz für Wärmestrahlung, daß das Verhältnis von Emissionsvermögen zum Absorptionsvermögen eines beliebigen Strahlers gleich dem Emissionsvermögen des schwarzen Strahlers der gleichen Temperatur ist. Wenden wir das hier an, so erhalten wir für die thermisch erzeugte Rauschleistung am Ausgang des Bauteils:

$$P_L = (1 - 1/L)\ k\ T_P\,\Delta\nu \qquad (2\text{-}38)$$

Gleichzeitig gilt nach (2-33):

$$P_L = \frac{1}{L}\ k\ T_L\,\Delta\nu \qquad (2\text{-}39)$$

Damit ist die Eigenrauschtemperatur:

$$T_L = (L - 1)\ T_P \qquad (2\text{-}40)$$

Schalten wir ein verlustbehaftetes Bauteil vor einen Empfänger, dessen Rauschtemperatur T_R' ist, so ist die Gesamtrauschtemperatur (mit Bauteil) dann nach Gleichung (2-37):

$$T_R = (L - 1)\ T_P + L\ T_R' \qquad (2\text{-}41)$$

Befindet sich das Bauteil auf Raumtemperatur, so können bereits geringe Verluste zu einer erheblichen Verschlechterung der Gesamtrauschtemperatur führen.

2.1.5 Verbesserung der Grenzempfindlichkeit durch Kühlung

Die Ursache des Eigenrauschens eines Empfängers liegt, wie bereits erwähnt, im thermischen Rauschen verlustbehafteter Bauteile sowie dem Schrotrauschen und Halbleiterrauschen aktiver Bauelemente. Der thermische Rauschanteil ist nach dem Nyquist Theorem (1-33) direkt proportional der physikalischen Temperatur der entsprechenden Bauteile. Durch eine Senkung der physikalischen Temperatur kann also das thermische Rauschen und damit die Eigenrauschtemperatur verringert werden. Nach Gleichung (2-37) reicht es aus, wenn vor allem die Bauteile vor der ersten Verstärkerstufe sowie die ersten ein bis zwei Verstärkerstufen gekühlt werden.

Da die Besetzung des Leitfähigkeitsbandes bei Halbleitern stark temperaturabhängig ist, eignen sich nicht alle Halbleitermaterialien für gekühlte aktive Bauelemente. Besonders geeignet ist Galliumarsenid (GaAs) als Basismaterial. Dieses Material wird wegen der höheren Ladungsträgerbeweglichkeit gegenüber Silizium ohnehin im Mikrowellenbereich bevorzugt eingesetzt.

Zur Kühlung verwendet man z.B. Kryostate, die mit flüssigem Stickstoff oder flüssigem Helium arbeiten. Für Anwendungen, bei denen es auf einen längeren wartungsfreien Betrieb ankommt, bevorzugt man dagegen Kühlmaschinen mit einem geschlossenen Kühlmittelkreislauf. Als Kühlmittel wird hierbei meist Helium verwendet, weil es erst bei 4,2 K unter Normaldruck flüssig wird. Das Gas wird in einem Kompressor auf etwa 20 bar komprimiert, über flexible Schläuche zum Empfänger geleitet und dort in einem Expander-Modul mit Kolben entspannt. Hierdurch kühlt es sich auf etwa 10 bis 20 K ab und wird dann, nachdem es über Wärmetauscher wieder auf Raumtemperatur erwärmt worden ist, zum Kompressor zurückgeleitet (Stirling-Verfahren). Man erreicht mit diesem Verfahren eine Kühlung der entsprechenden Bauteile auf etwa 20K. Da bei diesen Temperaturen Luft kondensiert, müssen alle gekühlten Bauteile in eine Vakuumkammer eingebaut werden. Damit wird auch eine zu starke Wärmenachlieferung durch Konvektion verhindert. Die Anforderungen an das Vakuum liegen bei etwa 10^{-2}mbar, was leicht zu erreichen ist. Die Senkung der Empfängerrauschtemperatur durch Kühlung auf 20 K liegt bei einem Faktor von 2 bis 6 gegenüber vergleichbaren ungekühlten Empfängern.

2.2 Prinzipieller Aufbau von Radiometern

Die extremen Anforderungen der passiven Radiometrie bezüglich Temperaturauflösungsvermögen und Stabilität haben zur Entwicklung spezieller Empfängertypen geführt, die im folgenden etwas eingehender besprochen werden.

2.2.1 Superheterodynprinzip

Die erforderliche HF-Leistung am Eingang des Detektors beträgt etwa 10^{-5}W. Die Rauschleistung am Empfängereingang muß also auf diesen Wert verstärkt werden. Nach (1-33) ist die Eingangsrauschleistung:

$$P_{sys} = k\ T_{sys}\ \Delta\nu \qquad (2\text{-}42)$$

Nehmen wir einmal folgende Werte für den Empfänger an: T_{sys} = 100 K, $\Delta\nu$ = 200 MHz. Daraus ergibt sich: P_{sys} = 2,76 10^{-13}W. Die erforderliche Gesamtverstärkung liegt also in der Größenordnung von 80 dB. Bei einer festen Frequenz kann eine so große Verstärkung schon zu Problemen mit Rückkopplungseffekten führen. Man setzt daher meistens das Frequenzband nach einer gewissen Vorverstärkung auf einen niedrigeren Frequenzbereich um, bei dem dann die weitere Verstärkung erfolgt. Bei Empfangsfrequenzen über etwa 70 GHz gibt es derzeit keine genügend rauscharmen Verstärker. Daher wird hier das Empfangsfrequenzband direkt, ohne Vorverstärkung, auf einen Zwischenfrequenzbereich (z.B. um 1 GHz) umgesetzt, bei dem die Verstärkung erfolgt.

Die Frequenzumsetzung geschieht in einem Mischer, der von einem Festfrequenzoszillator (LO, von engl.: local oscillator) angesteuert wird. Der Mischer selbst besteht im wesentlichen aus einer Halbleiterdiode, die eine nichtlineare Strom-Spannungs-Charakteristik besitzt. Neben anderen Mischprodukten entsteht im Mischer vor allem die Differenzfrequenz aus LO- und Empfangsfrequenz, die sogenannte Zwischenfrequenz (ZF).

Das Blockschaltbild eines Superheterodynempfängers sieht damit folgendermaßen aus:

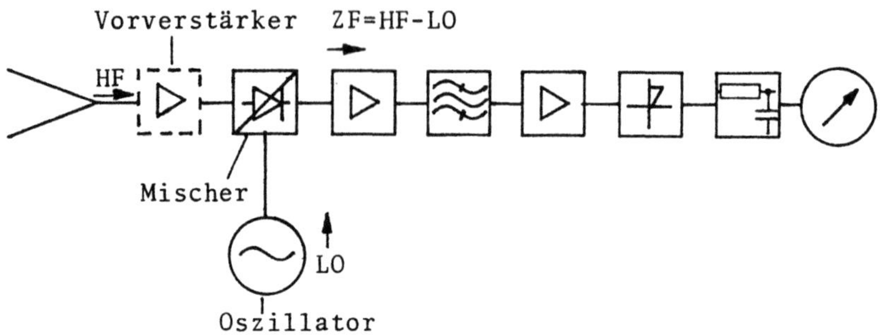

Bild 2-5: Superheterodynempfänger

Das Filter, das die Bandbreite des Empfängers festlegt, wird meistens hinter den ersten Verstärkerzug geschaltet, um eine Rauschtemperaturerhöhung durch die Dämpfung des Filters zu vermeiden.

Ein zusätzlicher Vorteil des Superheterodynprinzips ist, daß durch entsprechende Wahl der LO-Frequenz Empfänger unterschiedlicher Empfangsfrequenz bei der gleichen Zwischenfrequenz arbeiten können, wodurch hier standardisierte Bauteile verwendet werden können. Mit Hilfe von Schaltern kann man sogar erreichen, daß der gleiche ZF-Verstärkerzug für verschiedene HF-Empfangsteile verwendet werden kann.

2.2.2 Dicke-Prinzip

Bei der Ableitung der Grenzempfindlichkeit in Kapitel 2.1 hatten wir vorausgesetzt, daß die Grenzempfindlichkeit des Empfängers zeitlich konstant ist. In der Praxis zeigt sich jedoch, daß kleine Verstärkungsschwankungen unvermeidlich sind. Sie werden vor allem durch Temperaturschwankungen, Versorgungsspannungsschwankungen (Netzbrumm) und extrem niederfrequente Rauschanteile der aktiven Bauteile verursacht. Nehmen wir einmal an, daß der Empfänger eine Bandbreite von 200 MHz hat und die Integrationszeit auf eine Sekunde festgelegt ist. Nach Gleichung (2-22) erhalten wir dann für die relative Grenzempfindlichkeit: $\Delta T/T_{sys} = 7{,}1\ 10^{-5}$. Um diese Grenzempfindlichkeit nicht zu verschlechtern, müssen die Verstärkungsschwankungen noch kleiner als dieser Wert sein, d.h. die Stabilität muß besser als 0,007% sein, was an die Grenzen des technisch Machbaren stößt.

Da die Verstärkungsschwankungen und die Schwankungen, die durch die Systemrauschtemperatur verursacht werden, voneinander statistisch unabhängig sind, kann man die Verstärkungsschwankungen ΔG folgendermaßen in die Gleichung für die Grenzempfindlichkeit (2-22) einbeziehen:

$$\Delta T = T_{sys} \sqrt{\frac{1}{\Delta\nu\ \tau} + \frac{\Delta G}{G}^{2}} \qquad (2\text{-}43)$$

Aufgrund der Ursachen für die Verstärkungsschwankungen nehmen diese zu höheren Frequenzen hin sehr stark ab, d.h. man hat es i.allg. mit langsamen Schwankungen (unter 10 Hz) zu tun (Ausnahme: Netzbrumm 50 Hz und Harmonische).

Dicke entwickelte 1946 einen Empfängertyp, der die Verstärkungsschwankungen weitgehend eliminiert. Bei diesem sogenannten "Dicke-Empfänger" wird der Empfängereingang zwischen der Antenne und einem Abschlußwiderstand, der sich auf einer konstanten Temperatur befindet, hin- und hergeschaltet. Die jeweiligen Detektorausgangsspannungen werden in einem Synchrondetektor getrennt und voneinander subtrahiert.

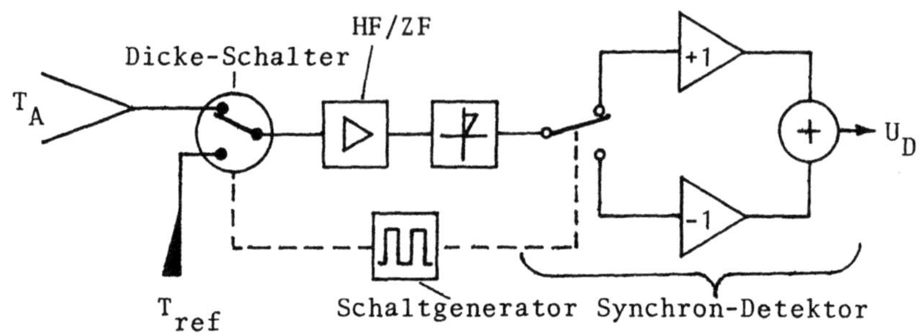

Bild 2-6: Dicke-Empfänger

Die Differenzspannung U_D am Ausgang des Empfängers ist mit (2-7) und (2-2):

$$U_D = c'G\ k\ \Delta\nu\,(T_A + T_R) - c'G\ k\ \Delta\nu\,(T_{ref} + T_R)$$

bzw.: $$U_D = c'G\ k\ \Delta\nu\,(T_A - T_{ref}) := G'T_D \qquad (2\text{-}44)$$

Zur Analyse der Schwankungen von U_D schreiben wir die Gleichung noch einmal etwas um:

$$U_D = G'(T_{AR} - T_{refR}) \qquad (2\text{-}45)$$

mit: $T_{AR} = T_A + T_R$ und $T_{refR} = T_{ref} + T_R$

Verstärkungsschwankungen $\delta G'$ und Schwankungen aufgrund der Systemrauschtemperatur bewirken dann folgende Schwankungen der Differenzspannung U_D:

$$\delta U_D = G'(\delta T_{AR} - \delta T_{refR}) + \delta G'(T_{AR} - T_{refR})$$

bzw.: $$\delta U_D/G' = \delta T_{AR} - \delta T_{refR} + T_D\ \delta G'/G' \qquad (2\text{-}46)$$

Wählt man nun T_{ref} so, daß T_D gleich Null ist, so verschwindet der zweite Term in obiger Gleichung. Damit wirken sich die Verstärkungsschwankungen, die langsamer als die Schaltfrequenz sind, nicht mehr auf die Differenzspannung U_D aus.

Bei der Berechnung der Grenzempfindlichkeit des Dicke-Empfängers muß man beachten, daß T_{AR} und T_{refR} nacheinander gemessen werden und daher voneinander statistisch unabhängig sind. Die Nachweisgrenze für die Differenztemperatur T_D ist daher:

$$\Delta T_D = \sqrt{\Delta T_{AR}^2 + \Delta T_{refR}^2} \approx \sqrt{2}\ \Delta T_{sys} \qquad (2\text{-}47)$$

hierbei ist vorausgesetzt, daß $T_{ref} \approx T_A$ und damit auch $T_{AR} \approx T_{refR} \approx T_{sys}$.

Weiterhin muß man noch berücksichtigen, daß die Antenne und damit auch das Meßobjekt nur die Hälfte der gesamten Integrationszeit auf den Empfänger geschaltet wird. Hierdurch ergibt sich eine weitere Verschlechterung der Grenzempfindlichkeit um den Faktor $\sqrt{2}$. Man erhält somit für die Grenzempfindlichkeit des idealen Dicke-Empfängers anstelle von Gleichung (2-22):

$$\Delta T = 2\ \frac{T_{sys}}{\sqrt{\Delta\nu\ \tau}} \qquad (2\text{-}48)$$

Sie ist also um den Faktor 2 schlechter als die Grenzempfindlichkeit eines idealen "Total-power-Empfängers" (Bild 2-5). Um diesen Nachteil zu verringern, kann man zwei getrennte HF/ZF Kanäle verwenden, von denen immer einer auf die Antenne und der andere auf den Referenzabsorber geschaltet wird. Die Grenzempfindlichkeit wird hierdurch wieder um den Faktor $\sqrt{2}$ verbessert.

Die Schaltfrequenz des Dicke-Empfängers liegt meistens zwischen 20 und 70 Hz, wobei der Bereich in der Nähe von 50 Hz wegen der Netzfrequenz vermieden wird. Als "Dicke-Schalter" am Empfängereingang werden fast ausschließlich Ferrit-Schalter verwendet.

2.2.3 Balancierte Empfänger

Die Unterdrückung der Verstärkungsschwankungen nach dem Dicke-Prinzip gelingt nur dann, wenn der Empfänger balanciert ist, d.h. $T_A = T_{ref}$. Bei kleinen Signalen kann man T_{ref} auf einen festen Wert so abgleichen, daß diese Bedingung weitgehend erfüllt ist. Bei größeren Signalen mit variierender Amplitude gilt das jedoch nicht mehr, so daß sich dann Verstärkungsschwankungen wieder bemerkbar machen.

Man kann nun dieses Problem umgehen, indem man die Referenzrauschquelle durch einen Regelkreis automatisch so einstellt, daß der Empfänger immer balanciert ist. Hierbei muß man die Regelspannung bzw. T_{ref} als Meßgröße verwenden, da ja das Ausgangssignal auf Null geregelt wird.

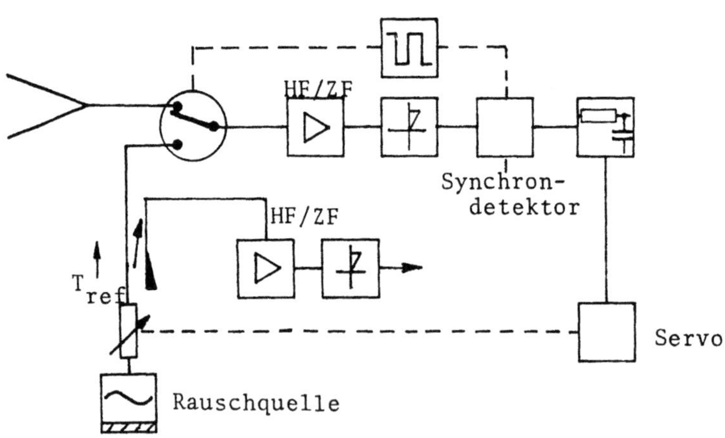

Bild 2-7: Balancierter Empfänger mit T_{ref}-Regelung

Eine andere Möglichkeit, den Empfänger zu balancieren, besteht darin, statt der Referenzrauschquelle die Verstärkung in einem Zweig so zu verändern, daß das Ausgangssignal auf Null geregelt wird (gain modulation). Die Verstärkungsänderung wird dabei häufig mit einem variablen Dämpfungsglied vorgenommen.

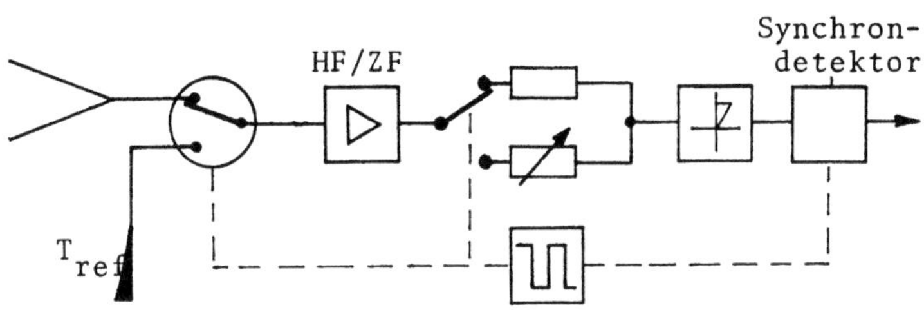

Bild 2-8: Balancierter Empfänger mit Verstärkungsmodulation

2.2.4 Korrelations-Empfänger

Da beim Dicke-Empfänger die Grenzempfindlichkeit um den Faktor 2 schlechter als beim Total-power-Empfänger ist, stellt sich die Frage, ob es eine andere Möglichkeit gibt, Verstärkungsschwankungen zu beseitigen, die sich weniger ungünstig auf die Grenzempfindlichkeit auswirkt. Tatsächlich erreicht man mit dem nachfolgend beschriebenen Korrelationsprinzip eine Verschlechterung von nur $\sqrt{2}$ gegenüber dem Total-power-Empfänger. Allerdings müssen hier wieder zwei getrennte Kanäle im HF/ZF-Teil verwendet werden. Das Blockschaltbild eines Korrelations-Empfängers sieht folgendermaßen aus:

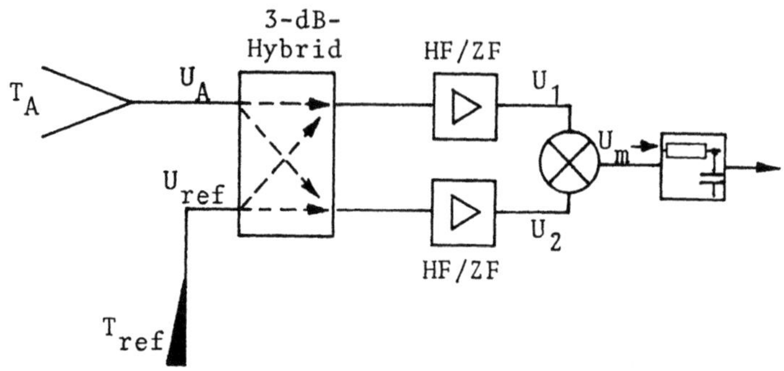

Bild 2-9: Korrelations-Empfänger

Der 3-dB-Hybrid teilt die zu T_A und T_{ref} proportionalen Rauschleistungen in jeweils zwei gleich große Anteile auf. Die Phasenverschiebungen werden dabei so gewählt, daß sich die Rauschspannungsanteile von T_A und T_{ref} in einem Zweig addieren, während sie im anderen Zweig voneinander subtrahiert werden. Hinzu kommen noch Rauschspannungsanteile aufgrund des Eigenrauschens. Die Gesamtrauschspannungen am Ausgang der Verstärker sind dann:

$$\begin{aligned} U_1 &= \sqrt{G_1}\ [(U_A + U_{ref})/\sqrt{2} + U_{R1}] \\ U_2 &= \sqrt{G_2}\ [(U_A - U_{ref})/\sqrt{2} + U_{R2}] \end{aligned} \qquad (2\text{-}49)$$

U_{R1} und U_{R2} sind die Rauschspannungen aufgrund des Eigenrauschens im jeweiligen Zweig. In dem Multiplizierer werden die beiden Rauschspannungen U_1 und U_2 miteinander multipliziert. Das Ergebnis lautet:

$$\begin{aligned} U_m = \sqrt{G_1 G_2}\ [&(U_A{}^2 - U_{ref}{}^2)/2 + U_{R1}(U_A - U_{ref})/\sqrt{2} \\ &+ U_{R2}(U_A + U_{ref})/\sqrt{2} + U_{R1}U_{R2}] \end{aligned} \qquad (2\text{-}50)$$

Da nun alle Rauschspannungen voneinander statistisch unabhängig sind, sind die statistischen Mittelwerte der jeweiligen Produkte in (2-50) gleich Null. Die einzige Ausnahme bildet der Term $U_A{}^2-U_{ref}{}^2$, da hier die Rauschspannungen jeweils mit sich selbst multipliziert werden. Der Mittelwert dieses Terms bzw. von U_m ist direkt proportional der Rauschtemperaturdifferenz T_A-T_{ref}. Verstärkungsschwankungen wirken sich daher, wie beim Dicke-Empfänger, nur noch auf diese Differenz aus, nicht aber auf die Absolutwerte. Um diesen Effekt voll ausnutzen zu können, müssen beide Empfängerzweige weitgehend identische Eigenschaften haben, d.h. $G_1 \approx G_2$ und $T_{R1} \approx T_{R2}$. Außerdem muß die Rauschtemperaturdifferenz T_A-T_{ref} möglichst klein gehalten werden. Unter diesen Voraussetzungen ergibt die Berechnung der Grenzempfindlichkeit für den Korrelations-Empfänger:

$$\Delta T = \sqrt{2}\,\frac{T_{sys}}{\sqrt{\Delta\nu\;\tau}} \qquad (2\text{-}51)$$

Auf die Ableitung dieser Gleichung wollen wir hier verzichten. Wie schon erwähnt ist die Grenzempfindlichkeit um den Faktor $\sqrt{2}$ besser als die des Dicke-Empfängers. Ein weiterer Vorteil des Korrelations-Empfängers gegenüber dem Dicke-Empfänger besteht darin, daß kein Schalter vor dem ersten Verstärker notwendig ist. Der hier zu verwendende 3-dB-Hybrid hat i. allg. eine relativ geringe Dämpfung.

2.2.5 Polarimeter

Bei manchen Messungen ist es wichtig, neben der Strahlungstemperatur auch Aussagen über die Polarisation der Strahlung zu machen. Thermische Strahlung ist bei ihrer Erzeugung zwar zunächst unpolarisiert, bei der Streuung an einem Dielektrikum kann sie aber teilweise polarisiert werden.

Die bisher besprochenen Empfänger messen die Strahlung zunächst nur in einer Polarisationsrichtung (meist linear). Die Richtung wird dabei z.B. durch die Lage des Rechteckhohlleiters zwischen Antennenhorn und Empfänger festgelegt, da dieser im Grundmode (TE_{10}) nur einen Wellentyp mit einer festgelegten Polarisationsrichtung weiterleitet (E-Vektor parallel zur schmalen Seite). Im Prinzip wäre es also möglich, durch Drehen des Hohlleiters bzw. des gesamten Empfängers um die Achse in Beobachtungsrichtung, Aussagen über die Linearpolarisation einer Strahlungsquelle zu bekommen. Dieses Verfahren ist jedoch unpraktisch und ungenau. Stattdessen mißt man gleichzeitig in zwei zueinander senkrecht stehenden Polarisationsrichtungen mit feststehendem Empfänger.

Um beide Polarisationsrichtungen weiterleiten zu können, muß man hier anstelle eines Rechteckhohlleiters einen Rundhohlleiter verwenden. Die Auskopplung der linear polarisierten Teilwellen aus dem Rundhohlleiter erfolgt dann getrennt mit z.B. zwei zueinander senkrecht stehenden Koppelstiften (Bild 2-10). Die Koppelstifte werden versetzt angebracht, damit sie sich möglichst wenig gegenseitig beeinflussen.

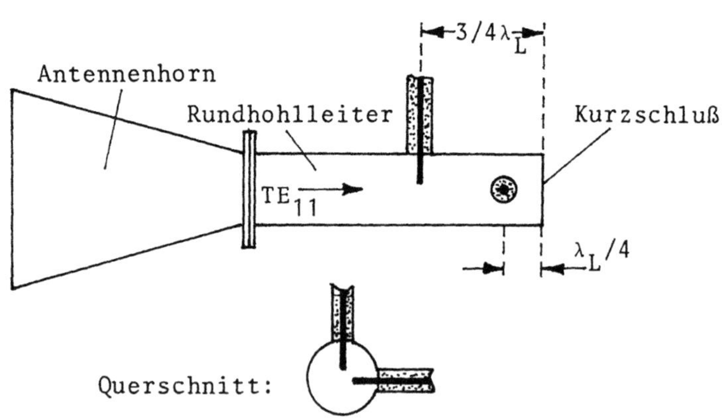

Bild 2-10: Polarisationsweiche

Die Strahlung mancher Meßobjekte ist nicht linear, sondern zirkular polarisiert. Um nun Zirkularpolarisation direkt messen zu können, muß man die zirkular polarisierte Welle in eine linear polarisierte umwandeln. Dies gelingt durch den Einbau einer sogenannten "λ/4-Platte" in den Rundhohlleiter. Man kann sich eine zirkular polarisierte Welle zusammengesetzt denken aus zwei zueinander senkrecht stehenden linear polarisierten Wellen, die gegeneinander um 90° bzw. λ/4 phasenverschoben sind (siehe auch (1-39)). Die λ/4-Platte verzögert nun eine der beiden Teilwellen so, daß die Phasendifferenz aufgehoben wird und eine insgesamt linear polarisierte Welle entsteht. Hierzu muß die λ/4-Platte in einem Winkel von 45° gegenüber den Auskoppelstiften angeordnet sein. Als Material eignet sich Kunststoff mit einer großen Dielektrizitätskonstanten und geringer Dämpfung.

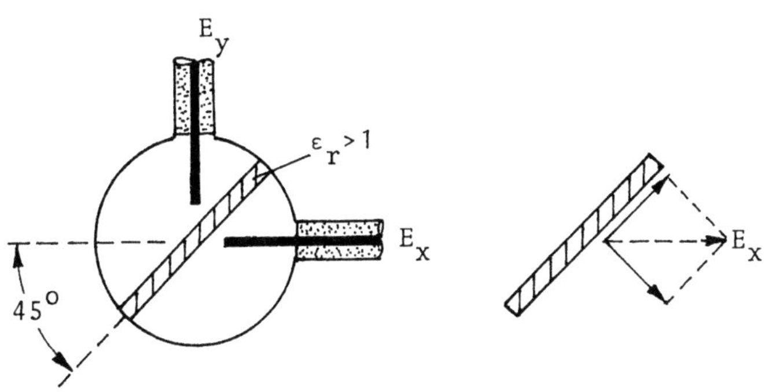

Bild 2-11: λ/4-Platte

Bei einem einkanaligen Polarisationsempfänger wird der Empfangskanal über einen Schalter abwechselnd auf die Ausgänge der Polarisationsweiche geschaltet. Meist verwendet man jedoch zwei Kanäle, so daß eine Umschaltung am Empfängereingang nicht notwendig ist. Zusätzlich ergibt sich damit auch die Möglichkeit über ein sogenanntes Zwischenfrequenzpolarimeter die beiden Kanäle miteinander zu korrelieren und damit Verstärkungsschwankungen zu eliminieren. Hierbei werden die Mischer in beiden Kanälen mit einem Oszillator so angesteuert, daß die

Phasendifferenz der Teilwellen im ZF-Teil erhalten bleibt. Durch entsprechende Korrelation kann dann neben der Linearpolarisation gleichzeitig der zirkulare Polarisationsgrad bestimmt werden. Das Blockschaltbild sieht folgendermaßen aus:

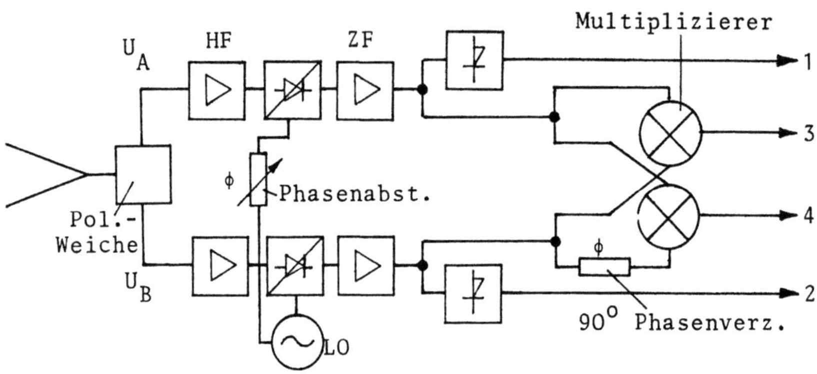

Bild 2-12: Empfänger mit ZF-Polarimeter

Die Ausgangsspannungen des Polarimeters sind folgenden Größen proportional:

Ausgang 1: $U_A{}^2$
Ausgang 2: $U_B{}^2$
Ausgang 3: $U_A U_B \cos \delta$
Ausgang 4: $U_A U_B \sin \delta$

δ: Phasendifferenz zwischen U_A und U_B

Ein Vergleich dieser Größen mit den Definitionsgleichungen der Stokesschen Parameter (1-44) zeigt, daß man daraus durch Integration und Normierung direkt die Stokesschen Parameter bekommt (mit $U_A = U_x$ und $U_B = U_y$):

Ausgang 1 + 2 = I
Ausgang 1 - 2 = Q
Ausgang 3 = U/2
Ausgang 4 = V/2

Das Polarimeter liefert also alle Stokesschen Parameter. Damit ist auch die Zirkularpolarisation bestimmt. Die Ausgänge 3 und 4 liefern korrelierte Ausgangsspannungen, d.h. hier werden durch das Korrelationsprinzip Verstärkungsschwankungen eliminiert. Da nun aber der für die Linearpolarisation wichtige Parameter Q aus den unkorrelierten Ausgängen 1 und 2 kommt, baut man bei Messungen der Linearpolarisation meistens eine $\lambda/4$-Platte zwischen Antennenhorn und Polarisationsweiche ein. Aus der Polarisationsweiche kommen dann die zirkular polarisierten Komponenten U_L und U_R (d.h. $U_A=U_R$ und $U_B=U_L$). Aufgrund der Definitionsgleichungen (1-51) erhält man damit folgende Zusammenhänge:

Ausgang 1 + 2 = I
Ausgang 2 - 1 = V
Ausgang 3 = Q/2
Ausgang 4 = U/2

Wie man sieht, bekommt man nun die Parameter Q und U, die den linearen Polarisationsgrad bestimmen, aus korrelierten Ausgängen.

2.2.6 Mehrkanalsysteme

Die Grenzempfindlichkeit eines Empfangssystems kann gesteigert werden, indem man das Meßobjekt gleichzeitig mit mehreren Empfängern bzw. Empfangskanälen beobachtet. Nimmt man an, daß alle Kanäle eines Mehrkanalsystems gleiche Eigenschaften besitzen, d.h. vor allem die gleiche Grenzempfindlichkeit haben, so ist die gesamte empfangene Signalleistung um die Zahl n der Kanäle größer als die eines Einkanalempfängers. Da die durch das Eigenrauschen verursachten Ausgangsspannungsschwankungen der einzelnen Kanäle voneinander statistisch unabhängig sind, ist die Gesamtspannungsschwankung gleich der Wurzel aus den Einzelschwankungsquadraten. Das heißt die Gesamtspannungsschwankung ist $\sqrt{n}$ mal größer als die eines einzelnen Kanals. Das Signal-zu-Rauschverhältnis und damit die Grenzempfindlichkeit ist also $\sqrt{n}$ mal besser gegenüber einem Einkanalempfänger.

Man kann natürlich auch, wie im vorigen Kapitel beschrieben, pro Antenne zwei voneinander unabhängige Polarisationsrichtungen auskoppeln und getrennt weiterverarbeiten, so daß man dann für n Kanäle nur n/2 Antennen braucht. Eine Verwertung der Polarisationsinformation ist hierbei jedoch recht aufwendig, da neben dem großen technischen Aufwand auch die Eichung schwierig ist.

Eine Möglichkeit, ein Mehrkanalsystem zu realisieren besteht darin, jedem Empfangskanal eine eigene Antenne zuzuordnen. In Verbindung mit einem größeren fokussierenden Reflektor (z.B. Parabolspiegel; Bild 2-13) bedeutet dies, daß jeder Empfangskanal einen anderen Raumwinkelbereich des Meßobjektes erfaßt. Beim Kartieren von ausgedehnten Objekten oder Gebieten ist das jedoch kein Nachteil; lediglich der Rechenaufwand zur Rekonstruktion der wahren Strahlungstemperaturverteilung ist etwas größer als bei einem Einkanalsystem. Ein Vorteil des Verfahrens ist, daß man Korrelationen zwischen den einzelnen Kanälen bilden kann und so atmosphärische Schwankungen und Verstärkungsschwankungen des Empfängers weitgehend eliminieren kann.

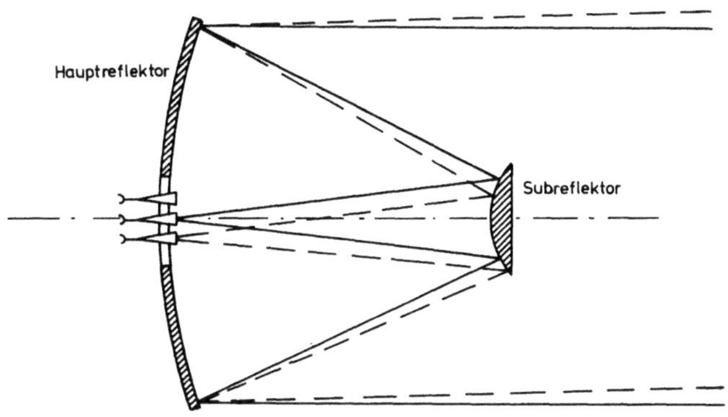

Bild 2-13: Mehrkanalsystem im Sekundärfokus eines Parabolspiegels

2.2.7 Eichung

Die Eichung der Rauschtemperatur eines Empfangssystems kann mit der in Kap. 2.1.3 beschriebenen Hot-Cold-Methode geschehen. Nach diesem Prinzip kann auch die Eichung der Ausgangsspannung des Radiometers in Rauschtemperaturen erfolgen. Kurzzeitige Verstärkungsschwankungen werden mit dieser Methode jedoch nicht erfaßt. Zwar wird der Einfluß der Verstärkungsschwankungen auf die Grenzempfindlichkeit mit dem Dicke-Prinzip und dem Korrelations-Prinzip stark reduziert, aber der Einfluß auf die Eichung der Temperaturskala wird hierbei nicht beseitigt. Es ist daher bei manchen Anwendungen notwendig, eine permanente Eichung vorzunehmen.

Eine häufig benutzte Methode für eine permanente Eichung ist die Einspeisung eines Rauschsignals mit genau bekannter Temperatur in den Empfängereingang. Dieses zusätzliche Rauschsignal erzeugt am Empfängerausgang eine entsprechende Spannung, woraus der Eichfaktor bestimmt werden kann. Bei Messungen, die über einen größeren Dynamikbereich erfolgen, muß die Eichung in gewissen zeitlichen Abständen über den gesamten ausgenutzten Dynamikbereich des Empfängers wiederholt werden, um Linearitätsabweichungen (z.B. im Detektor) zu erfassen. Die Einspeisung des Eichsignals kann z.B. über einen Richtkoppler oder bei Cassegrain-Systemen über den Subreflektor vorgenommen werden (siehe Bild 2-14).

Da absolute Rauschnormale wie z.B. Absorber in flüssigem Stickstoff meist unpraktisch im Dauerbetrieb sind, verwendet man sekundäre Rauschnormale, die an den absoluten Rauschnormalen geeicht werden. Für Frequenzen bis etwa 40 GHz kommen hierfür vor allem Halbleiterdioden in Frage, die im Bereich des Avalanchedurchbruchs betrieben werden. Für darüber liegende Frequenzen werden meist Gasentladungsröhren benutzt. Die äquivalente Rauschtemperatur für Halbleiterdioden liegt in der Größenordnung von 10^6K, während man mit Gasentladungsröhren nur etwa 10^4K erreicht. Die Röhren werden dabei schräg in einen Hohlleiter bzw. Koaxialleiter eingebaut, um die effektive Dicke der Plasmasäule zu vergrößern. Die Rauschtemperatur beider Rauschquellen hängt nicht sehr kritisch von den Betriebsdaten ab, so daß die Stabilität normalerweise recht gut ist. Um die Rauschtemperatur auf den gewünschten Wert einstellen zu können, schaltet man hinter die Rauschquelle ein einstellbares Dämpfungsglied. Ist die Dämpfung L und die Rauschtemperatur der ungedämpften Quelle T_G bekannt, so berechnet sich die Rauschtemperatur hinter dem Dämpfungsglied mit (2-35) und (2-40) zu:

$$T_G' = \frac{1}{L} T_G + (1 - \frac{1}{L}) T_0 = \frac{1}{L} (T_G - T_0) + T_0 \qquad (2\text{-}52)$$

T_0: physikalische Temperatur des Dämpfungsgliedes

Eine permanente Eichung im praktischen Betrieb kann man mit einem Dicke-Empfänger durchführen, indem man z.B. einen 4-Phasen-Zyklus schaltet:

Phase	Meßwert	Schalterstellung	
		S_1	S_2
1	Signal	1	0
2	Referenz	0	0
3	Signal+Eichs.	1	1
4	Referenz+Eichs.	0	1

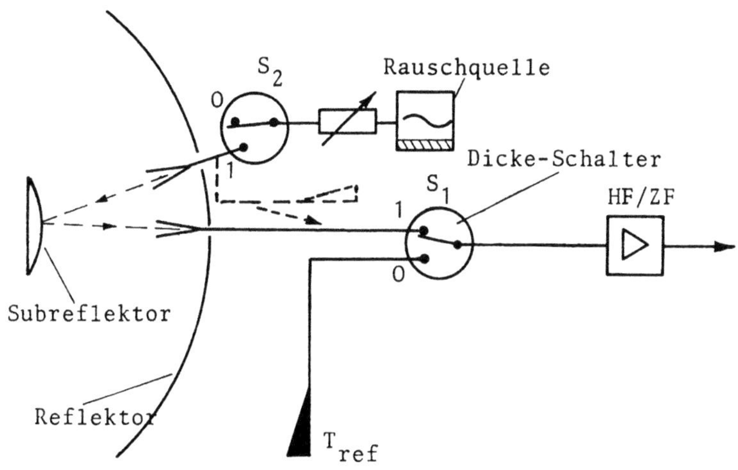

Bild 2-14: Eichsignaleinspeisung in einem Cassegrain-System

Die Werte für die einzelnen Phasen werden getrennt aufgezeichnet, so daß bei der späteren Auswertung der Messung mit einer Rechenanlage die Eichung erfolgen kann. Voraussetzung hierfür ist natürlich, daß der Wert des Eichsignals genau bekannt und absolut stabil ist. Die Größe des Eichsignals wird am besten so gewählt, daß sie in die Größenordnung des Meßsignals fällt. Hierdurch werden Abweichungen aufgrund von pegelabhängigen Nichtlinearitäten weitgehend vermieden. Da das Eichsignal aus den genannten Gründen relativ klein gegenüber der Systemrauschtemperatur ist, eignet es sich nicht sehr gut zur Bestimmung der Systemrauschtemperatur, denn hierzu braucht man eine möglichst große Temperaturdifferenz am Empfängereingang, um den Meßfehler klein zu halten. Stattdessen überprüft man die Systemrauschtemperatur in größeren zeitlichen Abständen mit dem Hot-Cold-Verfahren.

2.3 Rauscharme Verstärker und Mischer

Wie in Kapitel 2.1.4 gezeigt wurde, müssen der Empfangsmischer, sowie die ersten ein bis zwei Verstärkerstufen in einem Radiometer ein extrem niedriges Eigenrauschen besitzen, um eine gute Grenzempfindlichkeit zu erhalten. Die Verbesserung solcher Komponenten und insbesondere der darin verwendeten Halbleiterbauteile ist derzeit Gegenstand intensiver Forschungs- und Entwicklungsarbeit in vielen Laboratorien der Industrie und der Universitäten. Ein großer Fortschritt ist in den letzten Jahren durch die Verbesserung der Feldeffekttransistoren (FET) erreicht worden. Im Millimeter- und Submillimeter-Wellenbereich konnte durch die Weiterentwicklung gekühlter Schottky-Mischer und supraleitender Mischer die Grenzempfindlichkeit erheblich verbessert werden. Bild 2-15 zeigt eine Zusammenstellung der besten derzeit erreichbaren Empfängerrauschtemperaturen. Mit eingetragen ist die Hintergrundstrahlung bezogen auf Meereshöhe in Zenitrichtung. Im Bereich oberhalb 1 GHz wird sie hauptsächlich durch die atmosphärische Dämpfung verursacht (siehe Kap. 1.4.6), während im Bereich unterhalb 1 GHz das kosmische Rauschen aufgrund der Synchrotronstrahlung unserer Galaxis überwiegt. Grundsätzlich gilt bei allen Anwendungen, daß es wenig Sinn hat, die Empfängerrauschtemperatur wesentlich unter die Hintergrundstrahlung zu senken, da die Grenzempfindlichkeit bzw. die Systemrauschtemperatur (Gleichung 2-2) sonst durch das Hintergrundrauschen bestimmt wird.

Unterhalb etwa 1 GHz verwendet man für Verstärkerschaltungen fast ausschließlich Bipolar-Transistoren auf Siliziumbasis. Wegen der relativ großen Wellenlänge kann man hier noch mit diskreten Schaltungselementen arbeiten. Das heißt, der Frequenzbereich bis etwa 1 GHz kann mit konventioneller Rundfunktechnik abgedeckt werden. Wir wollen uns daher im folgenden nicht weiter mit diesem Bereich befassen.

Im Frequenzbereich bis etwa 50 GHz werden die niedrigsten Rauschtemperaturen mit dem Maser-Verstärker [1-3] erreicht. Er

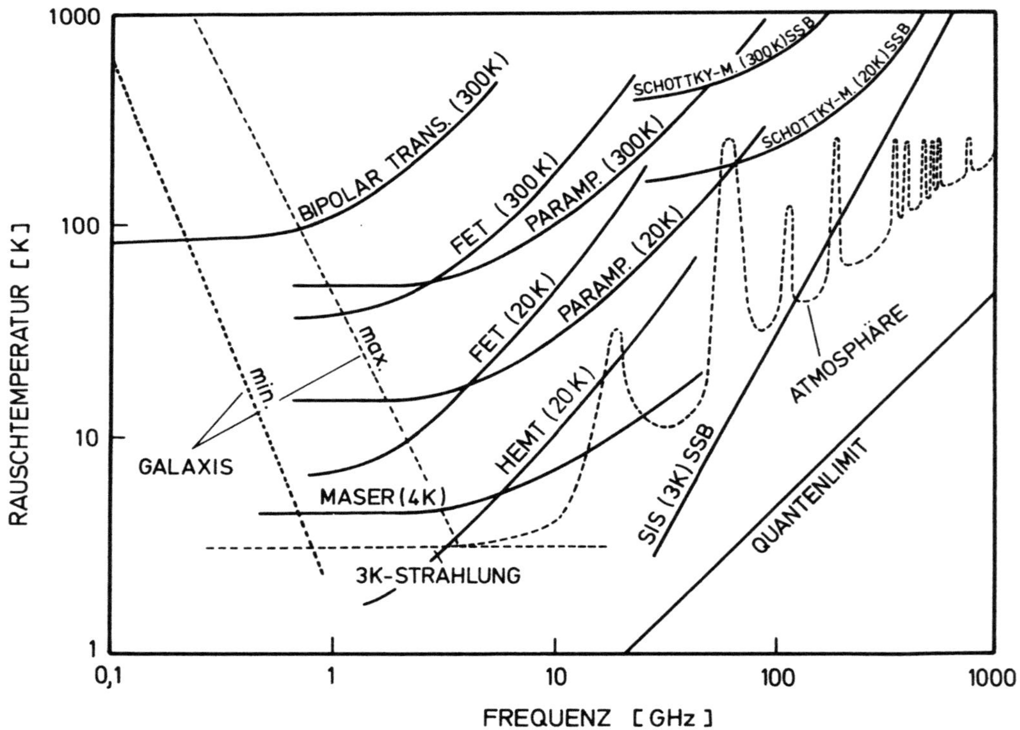

Bild 2-15: Zusammenstellung der besten derzeit erreichbaren Empfängerrauschtemperaturen

hat jedoch den Nachteil einer relativ geringen Bandbreite. Außerdem muß er grundsätzlich bei Temperaturen von 2 bis 4 K betrieben werden. Insgesamt ist der technische Aufwand verglichen mit gekühlten FET-Verstärkern sehr groß, während der Vorteil der besseren Rauschtemperatur durch die Weiterentwicklung der FET in Zukunft noch kleiner werden wird. Aus diesen Gründen wird er kaum noch eingesetzt. Der früher insbesondere in der Radioastronomie häufig benutzte parametrische Verstärker [4, 5] wird ebenfalls kaum noch verwendet, da er gegenüber den FET-Verstärkern praktisch nur noch Nachteile besitzt. In jüngster Vergangenheit konnte durch die Entwicklung der "High-electron-mobility-Transistoren" (HEMT) der Frequenzbereich bis etwa 60 GHz für Transistorverstärker erschlossen werden. Ein Ende dieser Entwicklung ist noch nicht abzusehen, so daß sich diese Frequenzgrenze in den nächsten Jahren noch weiter nach oben verschieben dürfte.

Bei den rauscharmen Mischern hat sich der Schottky-Mischer auf Gallium-Arsenid-Basis (GaAs) weitgehend durchgesetzt. Er kann gekühlt und ungekühlt betrieben werden. Dort, wo es auf eine extreme Grenzempfindlichkeit ankommt (z.B. Radioastronomie) werden neuerdings auch Mischer mit supraleitenden Elementen verwendet. Hier ist dann allerdings der Kühlaufwand recht groß, da bei Temperaturen um 4 K gearbeitet werden muß.

2.3.1 FET-Verstärker

Durch Fortschritte in der Halbleiter-Technologie und der Fotolithografie ist es vor einiger Zeit gelungen, Feldeffekttransistoren (FET) herzustellen, die sich zur Verstärkung von Mikrowellen eignen [6]. Inzwischen konnten sie so weit verbessert werden, daß sie für rauscharme Verstärker bis etwa 20 GHz verwendet werden können [7]. Die Bauform des "Metal-semiconductor-FET" (MESFET) hat sich hierbei als besonders günstig erwiesen. Als Halbleiterbasismaterial wird gegenwärtig fast ausschließlich Galliumarsenid (GaAs) verwendet, weil es eine besonders hohe Ladungsträgerbeweglichkeit besitzt. Außerdem besitzt es den Vorteil, daß es sich für gekühlte FET-Verstärker eignet [8,9].

Bild 2-16 zeigt den prinzipiellen Aufbau eines MESFET. Als Basismaterial dient ein nichtleitender GaAs-Kristall, in dessen Oberflächengrenzschicht (Epischicht) Fremdatome eingelagert sind, die als Donator dienen. Man erhält damit eine leitende Schicht von etwa 1 µm Dicke. Auf der Oberfläche sind drei getrennte Metallkontakte aufgebracht. Die beiden äußeren Kontakte (Source und Drain) werden so hergestellt, daß sie mit dem Halbleitermaterial einen ohmschen Kontakt bilden, während der mittlere Kontakt (Gate) so aufgebracht wird, daß sich hier ein Schottky-Kontakt bildet.

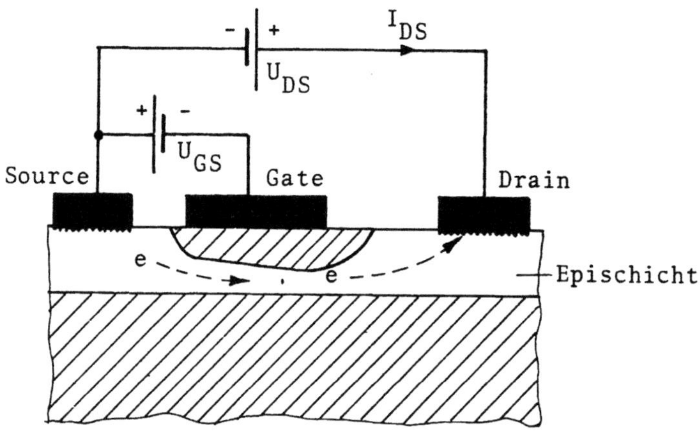

Bild 2-16: Prinzipieller Aufbau eines MESFET

Legt man nun eine positive Spannung U_{DS} zwischen Drain und Source an, so fließen Elektronen durch die Epischicht von Source zu Drain. Bei kleinen Spannungen verhält sich die leitende Epischicht wie ein ohmscher Widerstand. Bei größeren Spannungen nimmt jedoch die Driftgeschwindigkeit der Elektronen nicht mehr linear mit dem elektrischen Feld zu. Bei einer kritischen Feldstärke erreicht schließlich die Driftgeschwindigkeit einen Maximalwert, so daß der Strom nicht mehr weiter mit der Spannung U_{DS} zunimmt. Der Schottky-Kontakt des Gates erzeugt nun eine Schicht, die eine Verarmung von Leitungselektronen aufweist. Diese isolierende Schicht verengt den Querschnitt des Stromkanals zwischen Source und Drain. Die Dicke der Verarmungszone hängt von der Spannung zwischen Gate und Source U_{GS} ab. Der Strom zwischen Drain und Source ist damit:

$$I_{DS} = w\ e\ n(x)\ v(x)\ d(x) \qquad (2\text{-}53)$$

mit w: Breite des Gate-Kontaktes, n: Dichte der Leitungselektronen, v: Driftgeschwindigkeit der Elektronen, d: Dicke der leitenden Schicht, x: Koordinate in Driftrichtung

Da die Dicke d näherungsweise proportional zur Gate-Spannung U_{GS} ist, erhält man folgendes Kennlinienfeld, das für Transistoren typisch ist:

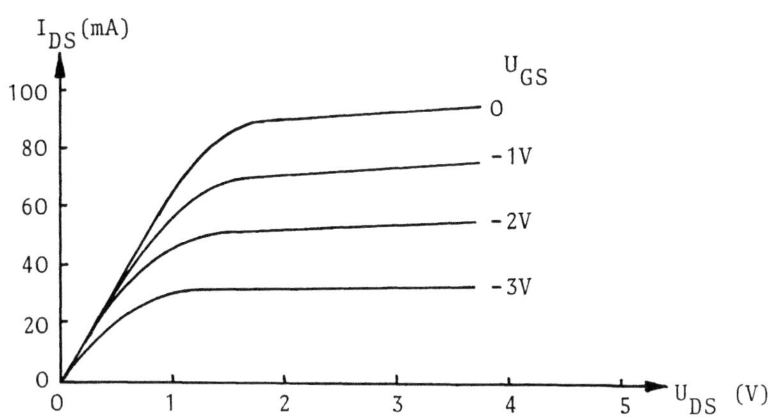

Bild 2-17: Kennlinienfeld eines GaAs-MESFET

Der prinzipielle Aufbau von Verstärkerschaltungen mit Feldeffekttransistoren ist vergleichbar mit der Emitter-Basis-Schaltung von Bipolar-Transistoren bei niedrigen Frequenzen. Das zu verstärkende Signal steuert hier über das Gate den

Drain-Strom I_{DS}. Dieser erzeugt dann über den Drain-Lastwiderstand eine im Vergleich zur Signalspannung verstärkte Ausgangsspannung. Bei Mikrowellen-Verstärkern stellt sich nun das Problem, daß die frequenzabhängige Ein- und Ausgangsimpedanz des Transistors auf den genormten Leitungswellenwiderstand von 50 Ohm transformiert werden muß. Hierzu verwendet man meistens Leitungselemente in Microstrip-Technik. Je nach gewünschter Bandbreite kann die Anpassungsschaltung z.B. mit $\lambda/4$-Transformatoren, kurzen Leitungselementen oder Stichleitungen realisiert werden. Bild 2-18 zeigt als Beispiel den Aufbau eines FET-Verstärkers in Microstrip-Technik für den Frequenzbereich von etwa 3 bis 5,5 GHz. Die Anpassung wurde hier mit kurzen ($< \lambda/8$) Leitungselementen vorgenommen. Die Vorspannungen für Gate und Drain werden über Tiefpaßfilter zugeführt. Der Source-Anschluß des Transistors ist mit dem Verstärkergehäuse verbunden und liegt daher auf Masse.

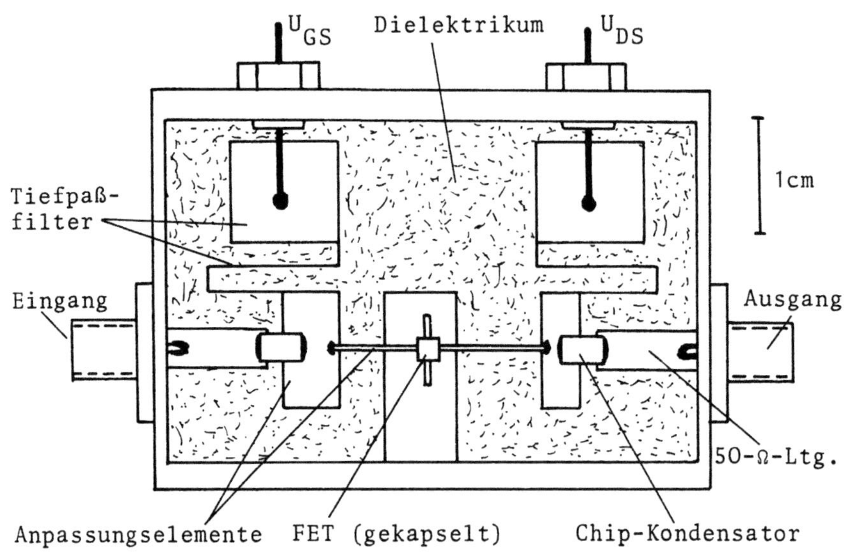

Bild 2-18: Aufbau eines FET-Verstärkers für 3 bis 4,5 GHz

Eine gewisse Schwierigkeit bei der Konstruktion von rauscharmen FET-Verstärkern ist, daß bei voller Eingangsanpassung der FET zwar optimal verstärkt, aber das Eigenrauschen bzw. das Signal-Rauschverhältnis schlechter ist als bei einer bestimmten phasengerechten Fehlanpassung. Die Ursache dafür ist, daß sich ein Teil des im Transistor erzeugten Stromrauschens bei der Fehlanpassung durch Interferenz weghebt und zwar so stark, daß das Signal-Rauschverhältnis besser wird, obwohl das Signal etwas gedämpft wird. Bei rauschoptimierten FET-Verstärkern muß also immer eine gewisse Eingangsfehlanpassung in Kauf genommen werden.

Die nutzbare Bandbreite eines FET-Verstärkers hängt im wesentlichen von der Bandbreite der Eingangsanpassung ab, da die Gate-Impedanz ungünstiger als die Drain-Impedanz ist. Mit einfachen Anpassungsnetzwerken erreicht man etwa 10 bis 20% relative Bandbreite. Auf Kosten der Verstärkung und der Rauschtemperatur kann die Bandbreite auf etwa eine Oktave vergrößert werden. Hierzu müssen dann allerdings kompliziertere Verstärkerschaltungen (z.B. balancierte Verstärker mit 3dB-Hybriden) verwendet werden.

Die Verstärkung einer FET-Stufe liegt je nach Frequenz zwischen etwa 8 und 16 dB. Die Stabilität der Verstärkung ist prinzipiell erheblich besser als die von parametrischen Verstärkern und Masern. Sie liegt in der Größenordnung von 0,001 dB/h. Bei manchen Anwendungen in der Radiometrie kann damit sogar auf das Dicke-Prinzip bzw. das Korrelationsprinzip verzichtet werden.

Das Eigenrauschen der FET's setzt sich aus thermischen Rauschanteilen und dem Schrotrauschen zusammen. Letzteres läßt sich nach dem Erzeugungsmechanismus noch einmal in verschiedene Anteile aufgliedern. Durch Kühlung auf etwa 20 K kann insbesondere der thermische Anteil stark verringert werden, so daß dann die Eigenrauschtemperatur um den Faktor 3 bis 6 niedriger als bei Zimmertemperatur ist. Man erreicht beispielsweise derzeit bei 4 GHz Mittenfrequenz und 500 MHz Bandbreite eine Rauschtemperatur von ca. 70 K ungekühlt und ca. 16 K gekühlt.

Für die obere Frequenzgrenze von FET's ist, neben der Ladungsträgerbeweglichkeit, die geometrische Länge des Gates der entscheidende Parameter, denn beide zusammen bestimmen weitgehend die minimale Laufzeit der Laungsträger im Stromkanal. Man verwendet derzeit FET's mit Gate-Längen bis herab zu 0,2 µm. Die Dicke der Epischicht darf jedoch nicht größer als die Gate-Länge sein. Bei der Größenordnung von 0,1 µm stößt man hier allerdings auf prinzipielle Schwierigkeiten, so daß damit auch der Verringerung der Gate-Länge Grenzen gesetzt sind. Die Herstellung von Strukturen unter etwa 0,5 µm ist mit der herkömmlichen Fotolithografie nicht mehr möglich, da diese dann in der Größenordnung der Lichtwellenlänge liegen. Man muß daher zur Belichtung des Fotolackes Röntgenstrahlen oder Elektronenstrahlen verwenden. Aus den genannten Gründen ist es im Moment nicht möglich, MESFET-Verstärker zu bauen, die über etwa 40 GHz arbeiten. Erst die Entwicklung der im folgenden beschriebenen HEMT's hat es möglich gemacht, diese Grenze zu überschreiten.

2.3.2 HEMT-Verstärker

Bei den High-electron-mobility-Transistoren (HEMT) handelt es sich im Prinzip ebenfalls um MESFET's. Der wesentliche Unterschied liegt in dem Aufbau der Epischicht [10, 11]. Sie besteht aus einer Aluminium-Gallium-Arsenid / Gallium-Arsenid (AlGaAs/GaAs)-Heterostruktur (Bild 2-19). Hergestellt werden diese Schichten derzeit fast ausschließlich mit Hilfe der Molekularstrahl-Epitaxie. Diese Technik erlaubt das Aufdampfen von dünnsten Schichten mit definierter Zusammensetzung.

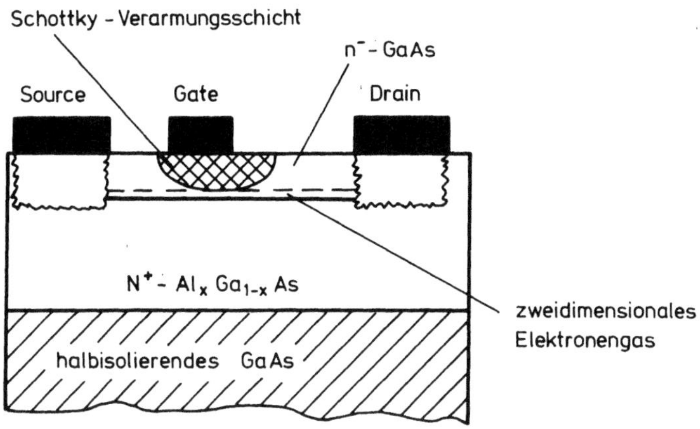

Bild 2-19: Aufbau eines HEMT

Der Aufbau bedingt eine physikalisch andere Arbeitsweise gegenüber den normalen MESFET's. So ist die Energielücke zwischen dem Valenzband und dem Leitfähigkeitsband bei AlGaAs größer als bei GaAs. An der Grenzfläche zwischen beiden Schichten (Heterojunction) ergibt sich damit das in Bild 2-20 gezeigte Energieniveauschema. In einer dünnen Schicht von etwa 150 Å Dicke entsteht hier ein eindimensionaler Potentialtopf der teilweise unterhalb des Ferminiveaus liegt. Elektronen in diesem Potentialtopf können sich parallel zur Grenzfläche weitgehend frei bewegen. Es bildet sich also hier ein zweidimensionales Elektronengas aus. Die Elektronen stammen hierbei aus der Al-haltigen Schicht. Die Steuerung des Kanalstromes erfolgt über die Breite der Schottky-Raumladungszone (Gate-Kontakt). Die Verarmungsschicht isoliert den Kanal von der Al-haltigen Schicht und beeinflusst damit die Ladungsträgerkonzentration.

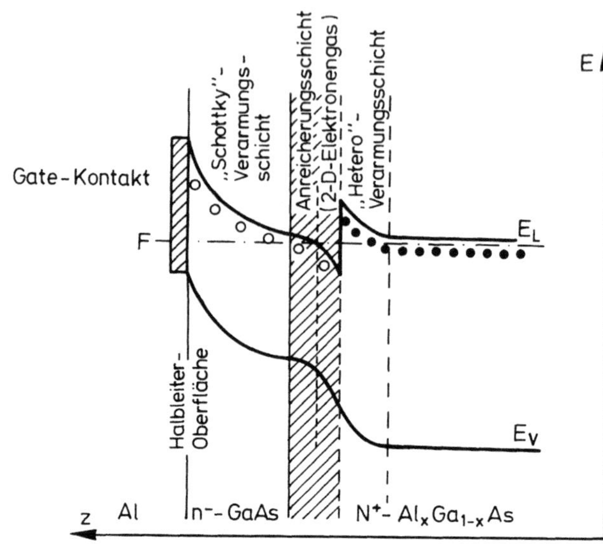

Bild 2-20: Energieverhältnisse an einer Heterojunction

In dem Bereich des Potentialtopfes ist die Dotierungsdichte von Fremdatomen sehr niedrig, was zu einer hohen Ladungsträgerbeweglichkeit führt. Bei niedrigen Temperaturen (4 K) kann sie Werte erreichen, die mehr als zwei Größenordnungen über der von normalen GaAs-FET's liegt. Die für die HF-Eigenschaften entscheidende Laufzeit t_l der Elektronen durch den vom Gate beeinflussten Kanal hängt unmittelbar mit der Ladungsträgerbeweglichkeit μ zusammen:

$$t_l = \frac{L}{v_D} = \frac{L}{\mu E} \approx \frac{L^2}{\mu \, U_{DS}} \qquad (2\text{-}54)$$

L: Gate-Länge, v_D: Driftgeschwindigkeit, E: Feldstärke

Aufgrund der erheblich geringeren Laufzeiten können mit HEMT's wesentlich höhere Grenzfrequenzen bei der Anwendung in Verstärkern erreicht werden, als mit herkömmlichen FET's. Diese Grenze liegt zur Zeit bei etwa 60 GHz. Die Rauschtemperaturen sind im gekühlten Betrieb um den Faktor 2 bis 3 niedriger als bei vergleichbaren Verstärkern mit herkömmlichen FET's [12, 13].

2.3.3 Arbeitsprinzip eines Mischers

Zum Mischen von zwei verschiedenen Frequenzen kann im Prinzip jedes Bauelement verwendet werden, das eine nichtlineare Strom-Spannungs-Charakteristik besitzt. Die genaue mathematische Ableitung der Vorgänge in einem Mischer würde hier zu weit führen. Wir wollen uns daher daher mit einer einfachen Ableitung begnügen, mit der sich die Vorgänge zumindestens qualitativ verstehen lassen.

Für kleine Aussteuerungen (δU) um eine konstante Vorspannung (U_0) kann man die Strom-Spannungs-Kennlinie in eine Taylor-Reihe entwickeln:

$$I(U_0+\delta U) = I(U_0) + \frac{dI}{dU}\,\delta U + \frac{1}{2}\frac{d^2I}{dU^2}\,(\delta U)^2 + \frac{1}{6}\frac{d^3I}{dU^3}\,(\delta U)^3 + \ldots \qquad (2\text{-}55)$$

oder anders geschrieben:

$$I(U_0+\delta U) = k_0 + k_1\delta U + k_2\delta U^2 + k_3\delta U^3 \qquad (2\text{-}56)$$

Für das Mischen ist hier vor allem der quadratische Term wichtig. Die Spannungsänderung δU wird von der Signalfrequenz f_S und der Lokaloszillatorfrequenz f_{LO} erzeugt:

$$\delta U = A \sin \omega_{LO}t + B \sin \omega_S t \qquad (2\text{-}57)$$

mit $\omega_{LO} = 2\pi\, f_{LO}$ und $\omega_S = 2\pi\, f_S$

In (2-55) eingesetzt, ergibt sich:

$$I = k_1 \, (A \sin \omega_{LO} t + B \sin \omega_S t) \qquad \text{Ursprungsfrequenzen}$$
$$+ k_2 \left(\frac{A^2}{2} + \frac{B^2}{2} \right) \qquad \text{Richtstrom}$$
$$- k_2 \left(\frac{A^2}{2} \cos 2\omega_{LO} t + \frac{B^2}{2} \cos 2\omega_S t \right) \qquad \text{höhere Harmon.}$$
$$+ k_2 \, (AB \cos (\omega_{LO} - \omega_S) \, t) \qquad \text{Differenzfrequenz}$$
$$- k_2 \, (AB \cos (\omega_{LO} + \omega_S) \, t) \qquad \text{Summenfrequenz} \tag{2-58}$$

Insgesamt erhält man ein Frequenzspektrum der Form:

$$f_k = | l \, f_{LO} \pm m \, f_S | \tag{2-59}$$

$l, m = 0, 1, 2, 3, \ldots$

Da die Signalleistung normalerweise klein gegenüber der Lokaloszillatorleistung ist, kann man sich zunächst auf die Frequenzen:

$$f_k = | l \, f_{LO} \pm f_S | \tag{2-60}$$

beschränken. Die Leistung der höheren Harmonischen des Lokaloszillators $l \, f_{LO}$ ist etwa proportional zu $1/l^2$, so daß in erster Näherung neben den Ursprungsfrequenzen nur die folgenden Mischprodukte berücksichtigt werden brauchen:

$$\begin{aligned} \text{Summenfrequenz} \quad & f_{LO} + f_S \\ \text{Differenzfrequenz (ZF)} \quad & |f_{LO} - f_S| = f_{ZF} \\ \text{Spiegelfrequenz} \quad & 2f_{LO} - f_S = f_i \end{aligned} \tag{2-61}$$

Man erkennt, daß im wesentlichen zwei verschiedene Frequenzen auf die Zwischenfrequenz umgesetzt werden, nämlich $f_{LO} + f_{ZF}$ und $f_{LO} - f_{ZF}$. Wenn keine besonderen Maßnahmen zur Unterdrückung einer der beiden Frequenzen getroffen werden, so empfängt ein Mischer-Empfänger offensichtlich gleichzeitig auf zwei sogenannten Seitenbändern. Man nennt diese Betriebsart den Doppelseitenbandbetrieb (DSB). Wird dagegen ein Seitenband (z.B. mit einem Filter) unterdrückt, so arbeitet man im sogenannten Einseitenbandbetrieb (Single-sideband, SSB). Beim SSB-Betrieb kann man als Signalfrequenz $f_{LO} + f_{ZF}$ oder $f_{LO} - f_{ZF}$ wählen. Die jeweils andere Frequenz ist dann die Spiegelfrequenz (siehe Bild 2-21).

Der SSB-Betrieb wird bei der Messung von Linienstrahlung häufig bevorzugt, da die zu messenden Linien immer nur in einem Seitenband erscheinen. Bei Kontinuumsmessungen ist dagegen der DSB-Betrieb günstiger, weil dann das Signal über beide Seitenbänder empfangen wird, und somit das Signal-Rauschverhältnis besser ist. Die zunächst naheliegende Annahme, daß ein DSB-Mischer die doppelte Empfangsbandbreite hat und damit nach Gleichung (2-22) um $\sqrt{2}$ empfindlicher als ein SSB-Mischer ist, ist jedoch falsch. Man muß hier nämlich berücksichtigen, daß ein SSB-Mischer auch in dem unterdrückten Band Eigenrauschen erzeugt. Daher ist das Signal-Rauschverhältnis beim DSB-Mischer im Prinzip um den Faktor 2 besser, da die doppelte Signalleistung bei sonst gleichem Eigenrauschen umgesetzt wird. In der Praxis sind die Verhältnisse noch etwas komplizierter, weil das Eigenrauschen eines SSB-Mischers noch von Art und Temperatur des Spiegelfrequenzabschlusses abhängt.

Es sei noch darauf hingewiesen, daß nach Gleichung (2-58) die auf die ZF umgesetzte Signalleistung linear von der LO-Leistung abhängt. Das hieße aber, daß mit entsprechend großer LO-Leistung die Mischverluste beliebig klein gemacht werden können. In der Praxis würde das dazu führen, daß sich die Aussteuerung durch den LO über einen großen Bereich der Kennlinie des nichtlinearen Mischelements erstreckt. Damit entfällt aber die Voraussetzung für die Entwicklung der Kennlinie in eine Taylor-Reihe nach (2-55), so daß Gleichung (2-58) nicht mehr in dieser Form gilt. Es zeigt sich vielmehr ab einer gewissen LO-Leistung eine Sättigung des Mischers, ab der die Mischverluste nicht weiter absinken. Die Größe der verbleibenden

Mischverluste hängt von den Eigenschaften des Mischelements und dessen Anpassungsnetzwerk ab.

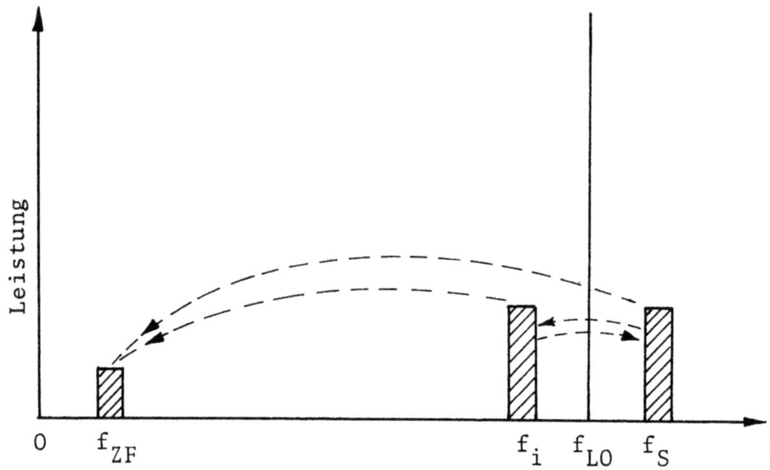

Bild 2-21: Frequenzumsetzung mit einem Mischer

Zur Beschreibung des Eigenrauschens eines Mischers wollen wir hier auf das vereinfachte Modell des ohmschen Mischers zurückgreifen. Hierbei wird angenommen, daß der Mischverlust L ohmscher Natur sei. Das Rauschverhalten des Mischers ist dann vergleichbar mit einer verlustbehafteten Leitung der Dämpfung L und der physikalischen Temperatur T. Entsprechend zur Temperatur T schreiben wir dem Mischer eine äquivalente Temperatur $T_{äq}$ zu. Auf den Mischereingang bezogen haben wir dann nach Gleichung (2-40):

$$T_M = T_{äq} \; (L - 1) \qquad (2\text{-}62)$$

Im Betrieb als DSB-Mischer mit unterschiedlichen Mischverlusten in den Seitenbändern ergibt sich dann (Parallelschaltung):

$$T_{M(DSB)} = T_{äq} \; \left(\frac{L_S \; L_i}{L_S + L_i} - 1 \right) \qquad (2\text{-}63)$$

L_S: SSB-Mischverlust im Signalband
L_i: SSB-Mischverlust im Spiegelfrequenzband

bzw. falls $L_S = L_i = L$:

$$T_{M(DSB)} = T_{äq} \left(\frac{L}{2} - 1 \right) \tag{2-64}$$

Ist nun ein Seitenband vom Mischer her reflexionsfrei gesperrt, und hat das Sperrglied die physikalische Temperatur T_i, so ist offensichtlich:

$$T_{M(SSB)} = T_{äq} (L_S - 1) + \frac{L_S}{L_i} (T_i - T_{äq}) \tag{2-65}$$

Da meist T_i ungefähr gleich $T_{äq}$ ist, gilt für diese Fälle:

$$T_{M(SSB)} = T_{äq} (L_S - 1) \tag{2-66}$$

Wäre dagegen $T_i = 0$, so hätte man:

$$T_{M(SSB)} = T_{äq} (L - 2) = 2\, T_{M(DSB)} \tag{2-67}$$

Wie man sieht, gilt der Faktor 2 nur für den extremen Sonderfall $T_i = 0$ exakt.

Ist das Spiegelfrequenzband reaktiv abgeschlossen (volle Fehlanpassung), so ändern sich die Verhältnisse noch einmal. Beim Mischen wird ein Teil der Signalleistung immer auf die jeweilige Spiegelfrequenz umgesetzt. Ist die Spiegelfrequenz jedoch reaktiv gesperrt, so wird die Leistung bei optimaler Phasenlage zwischen Mischer und Seitenbandfilter von der Spiegelfrequenz wieder teilweise auf die ZF umgesetzt. Damit erhält man hier etwas geringere Mischverluste als beim DSB-Betrieb (bezogen auf ein Seitenband). Gleichzeitig kann sich hierbei $T_{äq}$ gegenüber dem DSB-Wert ändern. Es ist dann:

$$T_{M(SSB)}' = T_{äq}' (L_S' - 1) \tag{2-68}$$

wobei i. allg. $T_{äq}' = T_{äq}$ und $L_S' = L_S$ gilt.

2.3.4 Schottky-Mischer

Bei Schottky-barrier-Dioden wird die nichtlineare Strom-Spannungscharakteristik eines Metall-Halbleiter-Übergangs zum Mischen ausgenutzt. Sie entsteht durch das Auftreten einer spannungsabhängigen Potentialbarriere im Bereich der Halbleitergrenzschicht. Die Energieverhältnisse sind in Bild 2-22 vereinfacht dargestellt.

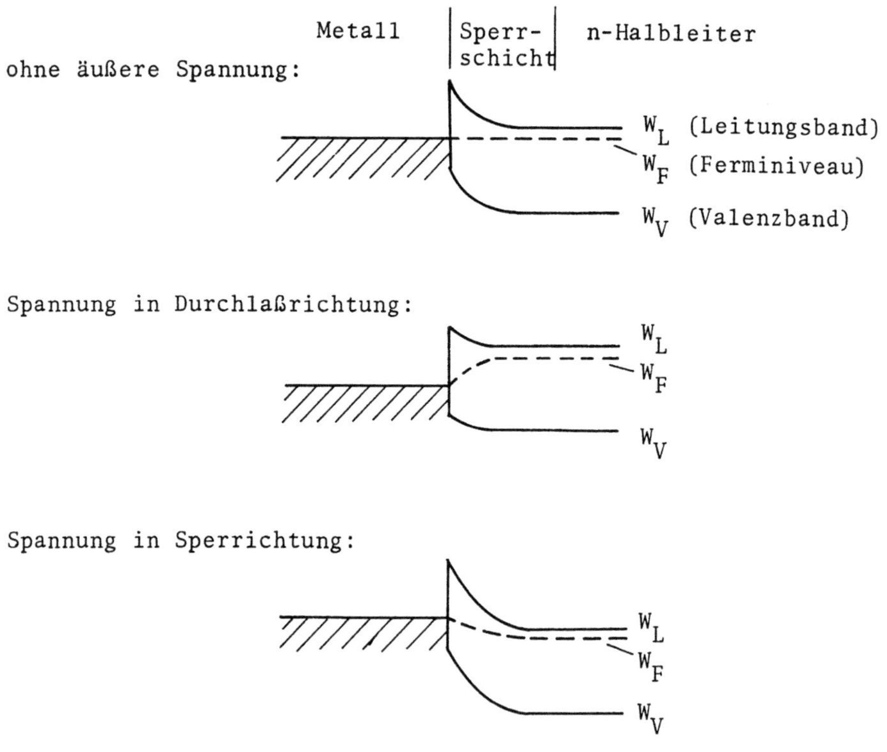

Bild 2-22: Energieverhältnisse an einem Schottky-Kontakt

Durch Grenzflächeneffekte am Metall-Halbleiter-Übergang werden die Bandkanten des Leitungs- und des Valenzbandes des n-dotierten Halbleiters aufgewölbt. Wegen des hier vergrößerten Abstandes des Leitungsbandes zum Ferminiveau entsteht eine Verarmungszone von freien Ladungsträgern bzw. eine Potentialbarriere. Wird nun durch eine äußere Spannung das Ferminiveau im Halbleiter gegenüber dem Metall angehoben, so können Elektronen die Potentialbarriere zum Metall hin leichter überwinden, und es fließt ein Strom in diese Richtung. Wird dagegen durch eine entgegengesetzte Spannung das Ferminiveau abgesenkt, so können die Halbleiterelektronen die Barriere praktisch nicht mehr überwinden, so daß kein merklicher Strom mehr fließen kann, d.h. die Diode sperrt.

Die Theorie, auf die wir hier nicht näher eingehen wollen, liefert für einen Schottky-Kontakt folgende Strom-Spannungscharakteristik:

$$I = I_S \left(\exp\left(\frac{e\,U}{\eta kT}\right) - 1\right) \qquad (2\text{-}69)$$

Hierbei ist I_S der sogenannte Sperrsättigungsstrom und η ein temperaturabhängiger Korrekturfaktor. Er ist ein Maß für die Kennliniensteilheit und hat bei Zimmertemperatur einen theoretischen unteren Grenzwert von 1. Aufgrund von Tunnel- und Streueffekten, sowie durch herstellungsbedingte Zwischenschichten zwischen Metall und Halbleiter erreicht man jedoch meist nur Werte über etwa 1,05.

Im Bereich der Sperrschicht bilden die ionisierten Donatoratome eine unbewegliche positive Raumladung und damit eine Kapazität, die infolge der Spannungsabhängigkeit der Sperrschichtweite ebenfalls spannungsabhängig ist. Aus der Theorie ergibt sich hierfür folgender Zusammenhang:

$$C_S = A\sqrt{\frac{e\,\varepsilon\,N_D}{2\,(U_D - U)}} \qquad (2\text{-}70)$$

mit A: Fläche des Kontaktes, C_S: Sperrschichtkapazität,
ε: Dielektrizitätskonstante des Materials,
N_D: Dotierungsdichte, U_D: Barrierenhöhe,
U: äußere Spannung

Die Sperrschichtkapazität stellt für die hochfrequente Signalspannung einen Nebenschluß zum differentiellen Sperrschichtwiderstand dar und vergrößert daher die Mischverluste. Aus diesem Grund muß die Kontaktfläche A extrem klein gehalten werden. Mit speziellen Techniken, wie z.B. der Elektronenstrahl-Lithografie, gelingt es inzwischen, Kontaktflächen von weniger als 1 μm^2 herzustellen. Die Sperrschichtkapazität solcher Kontakte liegt in der Größenordnung von 0,005 pF.

Eine weitere ungünstige Beeinflussung der HF-Eigenschaften tritt durch einen zusätzlichen Serienwiderstand auf, der sich aus ohmschen Verlusten durch den Skin-Effekt und dem Engewiderstand in der Umgebung der Halbleitergrenzschicht zusammensetzt. Um den Serienwiderstand klein zu halten, muß die Leitfähigkeit des Halbleiters außerhalb der Sperrschicht möglichst groß sein, damit eine verlustarme Ableitung des HF-Stroms möglich ist. Die Leitfähigkeit eines dotierten Halbleiters ist:

$$\delta = N_D \, e \, \mu \qquad (2\text{-}71)$$

μ: Beweglichkeit der Ladungsträger

Sehr günstige Werte für μ werden mit n^+-dotiertem GaAs erreicht. Die Beweglichkeit nimmt mit wachsender Dotierung etwas ab. Für die Dotierungsdichte N_D erreicht man Werte von $4 \cdot 10^{18}/cm^3$. Im Bereich der Sperrschicht muß die Dotierungsdichte niedriger liegen. Je nach Betriebstemperatur der Diode liegt hier das Optimum zwischen $3 \cdot 10^{16}/cm^3$ und $3 \cdot 10^{17}/cm^3$. Das gewünschte Dotierungsprofil läßt sich durch unterschiedliche Konzentration der Dotierungsatome (meist Schwefel) beim Herstellungsprozeß erreichen. Die Dicke der Schicht mit niedriger Dotierung (Epitaxieschicht) muß in der Größenordnung der

Sperrschichtweite liegen, d.h. bei etwa 0,2 bis 0,5 µm. Insgesamt erhält man damit den in Bild 2-23 dargestellten schematischen Aufbau einer Schottky-Diode.

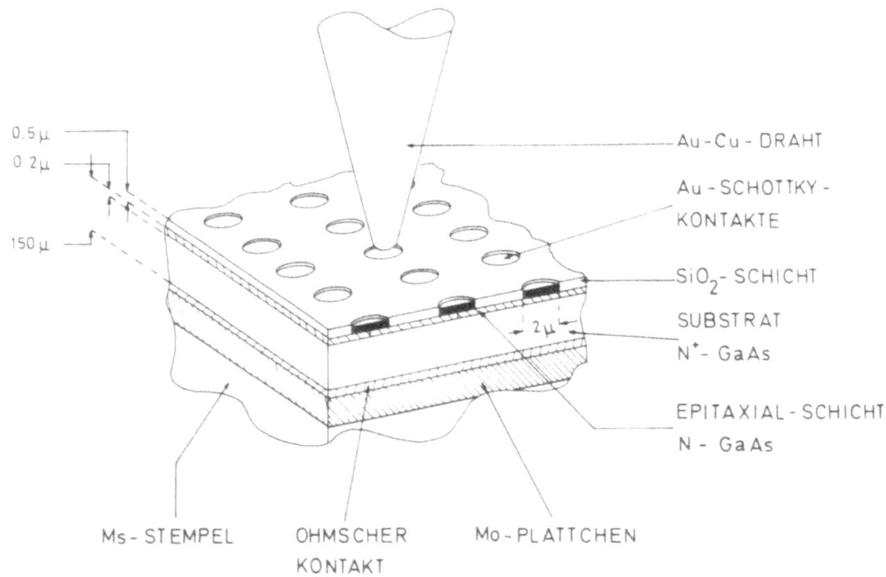

Bild 2-23: Schematischer Aufbau einer Schottky-barrier-Diode mit Whisker-Kontakten

Da die Schottky-Kontakte extrem klein sind (Durchmesser 0,5 bis 2 µm), wird auf der Kristalloberfläche ein Kontaktfeld von einigen tausend Kontakten angelegt. Zwischen den Kontakten ist die Oberfläche mit einer dünnen Quarzschicht abgedeckt. Die Verbindung zu einem der Kontakte wird mit einem dünnen Metalldraht (Whisker) vorgenommen, der einen Durchmesser von etwa 15µm hat und elektrochemisch angespitzt wird. Der Durchmesser der Drahtspitze muß dabei kleiner als der Durchmesser der Schottky-Kontakte sein, um die Gesamtkapazität des Kontakts nicht zusätzlich zu vergrößern. Der Draht selbst wird S-förmig gebogen, damit aufgrund seiner Federwirkung die notwendige mechanische Stabilität des Kontakts gewährleistet ist. Zur Vermeidung eines zweiten Schottky-Übergangs auf der Rückseite des Kristalls wird hier ein ohmscher Kontakt eindiffundiert.

In letzter Zeit kommen auch zunehmend Dioden in Planartechnik, sogenannte Beam-lead-Dioden, in mm-Wellen-Mischern zum Einsatz. Bei ihnen ist die Diode einschließlich der Anschlüsse in einer Ebene aufgebaut, so daß ein Whisker zur Kontaktierung entfällt. Bedingt durch die zweidimensionale Geometrie ist hier allerdings die Kapazität der Diode größer als bei den herkömmlichen Dioden. Aus diesem Grund eignen sich diese Dioden nur für den Frequenzbereich bis etwa 150 GHz.

Beim Aufbau eines Mischers in Hohlleitertechnik muß die HF-Impedanz der Diode möglichst reflexionsfrei an den Leitungswellenwiderstand des Hohlleiters angepaßt werden, um die Mischverluste klein zu halten. Normalerweise ist der Realteil der Dioden-Impedanz um den Faktor 3 bis 4 kleiner als der Leitungswellenwiderstand eines genormten Hohlleiters (ca. 450 Ohm). Man kann jedoch den Leitungswellenwiderstand für in der Mitte angebrachte Elemente durch Reduzierung der Höhe des Hohlleiters verkleinern. In der Praxis benutzt man meistens stufenlose Hohlleiterübergänge, deren Höhe sich linear oder exponentiell vom genormten Maß auf das gewünschte Maß an der Diode reduziert. Die weitere Optimierung der Anpassung erfolgt dann mit einem verschiebbaren Hohlleiterkurzschluß hinter der Diode. Die Zwischenfrequenz wird über ein Tiefpaßfilter ausgekoppelt, das bei der Signalfrequenz sperrt. Häufig wird die Diode direkt auf dieses Filter aufgelötet. Die ZF-Impedanz der Diode muß mit einer Anpassungsschaltung ebenfalls transformiert werden, und zwar auf den Leitungswellenwiderstand der nachfolgenden ZF-Leitung (normalerweise 50 Ohm). Hier kann man Anpassungsnetzwerke in Microstrip-Technik verwenden. Die Vorspannung zum optimalen Betrieb der Diode wird über ein weiteres Tiefpaßfilter über den ZF-Zweig zugeführt. Insgesamt ergibt sich damit der in Bild 2-24 gezeigte schematische Aufbau eines mm-Wellen-Mischers in Hohlleitertechnik.

Die Einkopplung der Lokaloszillatorfrequenz in den Signalzweig wird bei Frequenzen bis etwa 120 GHz meistens mit einem Ringfilter oder einem Richtkoppler vorgenommen. In dem darüberliegenden Frequenzbereich sind die Verluste von solchen Bauteilen zu groß, so daß man hier bereits zu quasioptischen Einkoppelfiltern übergeht (siehe Kap. 2.5). Um einen Schottky-Mischer in Sättigung betreiben zu können, benötigt man an der Mischdiode eine LO-Leistung von 0,05 bis 1mW, je nach Eigenschaften und Betriebstemperatur der Diode.

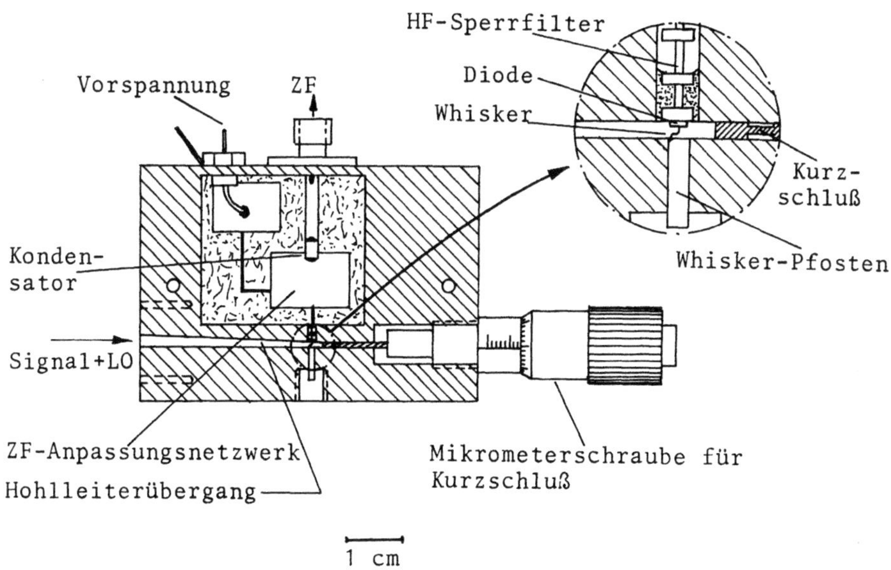

Bild 2-24: Aufbau eines Schottky-Mischers in Hohlleitertechnik

Bei einer Signalfrequenz um 100 GHz erreicht man mit Schottky-Mischern etwa 6 dB Mischverluste (SSB) und eine SSB-Mischerrauschtemperatur von ca. 600 K [14-16]. Bei Kühlung auf 20 K sinkt das Eigenrauschen auf ca. 100 K, wobei die Mischverluste nahezu unverändert bleiben. Die gesamte Empfängerrauschtemperatur eines Empfängers mit einem Schottky-Mischer liegt etwa um den Faktor 2 höher, wegen des Rauschbeitrags der ZF-Verstärkerkette (siehe (2-37)) und den Verlusten des LO-Kopplers. Für die ersten ein bis zwei ZF-Verstärkerstufen bieten sich FET-Verstärker an. Da sie relativ klein sind, können sie sogar direkt in den ZF-Teil des Mischergehäuses mit eingebaut werden.

Mischerkonstruktionen in Hohlleitertechnik eignen sich höchstens bis etwa 600GHz, da die Abmessungen der Grundmode-Hohlleiter sonst zu klein werden. Bei höheren Frequenzen benutzt man daher quasioptische Bauformen, wobei sich vor allem die Langdrahtantenne mit 90°-Winkelreflektor (Corner-cube-Mischer) durchgesetzt hat (Bild 2-25) [17]. Diese Bauform hat den Vorteil einer annähernd gaußförmigen Hauptkeule (Bild 2-26) bei vergleichsweise einfachem Aufbau. Die Langdrahtantenne dient dabei gleichzeitig als Kontaktdraht zur Diodenoberfläche. Das Optimum der Drahtlänge liegt bei etwa 4λ , da hier die Hauptkeule annähernd symmetrisch ist. Ein gewisser Nachteil ist der relativ geringe Hauptkeulenwirkungsgrad von 0,5-0,6 [18].

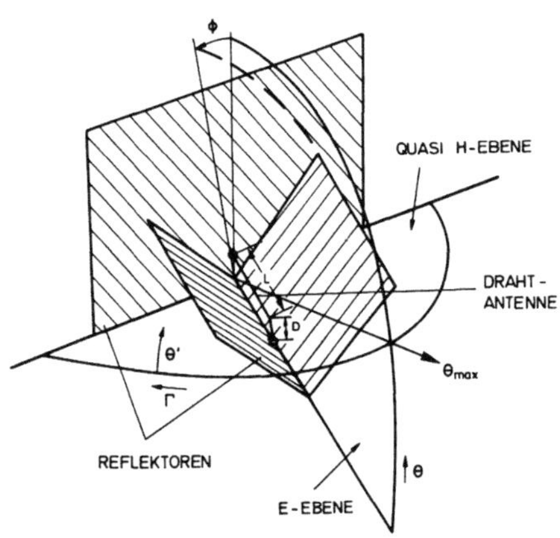

Bild 2-25: Corner-cube-Mischer

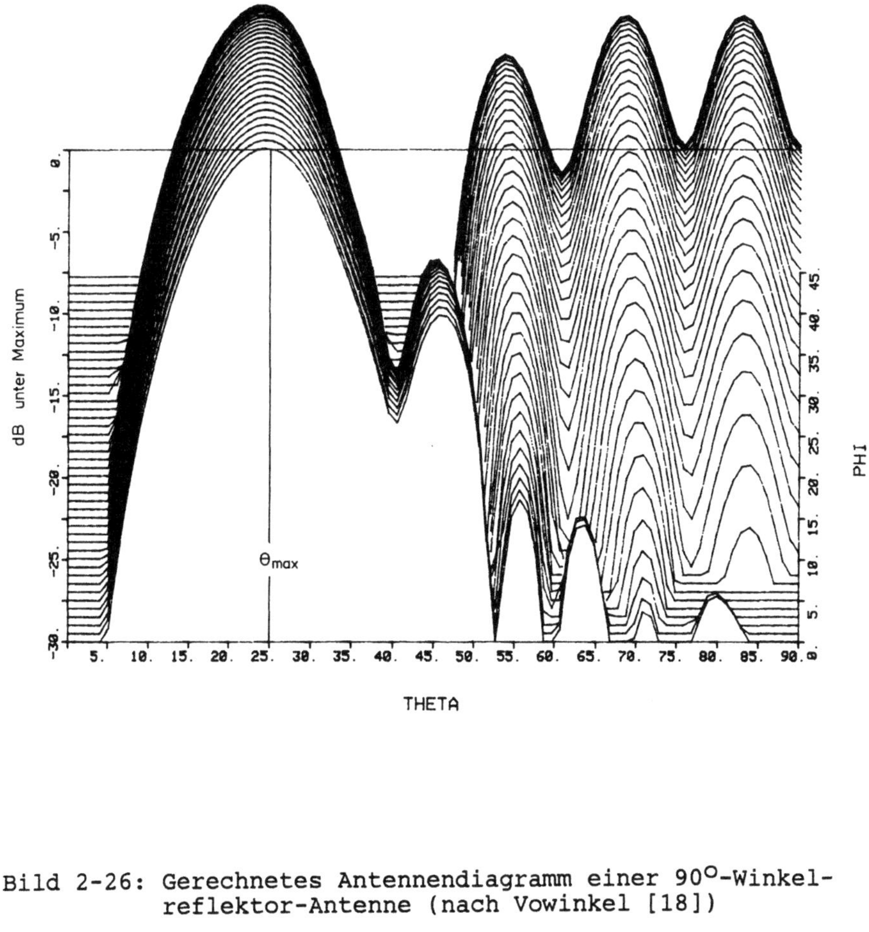

Bild 2-26: Gerechnetes Antennendiagramm einer 90°-Winkelreflektor-Antenne (nach Vowinkel [18])

2.3.5 SIS-Mischer

Bei einem SIS-Übergang wird der Photonen-unterstützte Tunneleffekt zum Mischen ausgenutzt [19, 20]. Bild 2-27 zeigt das vereinfachte Energieschema (Für T=0K). In den Supraleitern sind alle Niveaus bis zum Wert W_F aufgefüllt, wobei W_F die Fermienergie ist und Δ die halbe Bindungsenergie eines Cooper-Paares. Wird nun eine äußere Spannung U angelegt, so kann für Werte $U<2\Delta/e$ kein Strom fließen, denn die durch die Spannung angehobenen Elektronen finden keine freien Zustände im benachbarten Supraleiter. Erst bei der Spannung $U=2\Delta/e$ beginnt plötzlich ein Strom zu fließen (siehe Bild 2-27). Das heißt, anders ausgedrückt, daß die zu Cooper-Paaren gebundenen Elektronen erst freigesetzt werden müssen, um die durch die Isolationsschicht erzeugte Barriere durchtunneln zu können. Bei Spannungen, die kleiner als die Energielücke sind, kann die noch fehlende Energie durch Absorption eines oder mehrerer Photonen aus einem elektromagnetischen Strahlungsfeld aufgebracht werden (Photonen-unterstütztes Tunneln). Die Bedingung hierfür ist offensichtlich:

$$n\hbar\omega = 2\Delta - eU \quad n = 1,2,3... \qquad (2\text{-}72)$$

Bei einer festen Frequenz des Strahlungsfeldes ergibt das zusätzliche Stufen in der Strom-Spannungs-Charakteristik (siehe Bild 2-28).

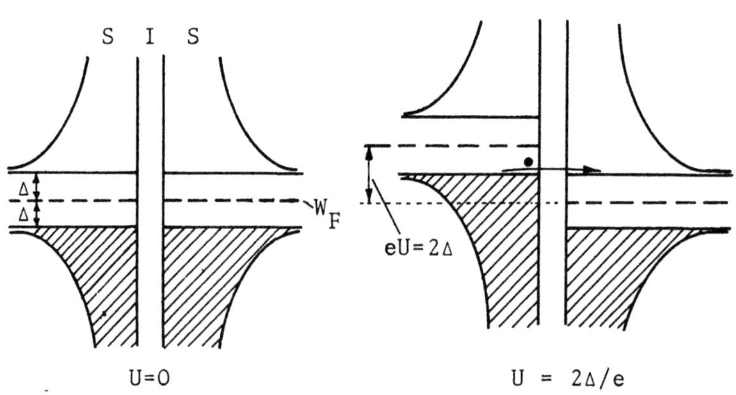

Bild 2-27: Energieniveau-Schema eines SIS-Übergangs bei T=0K

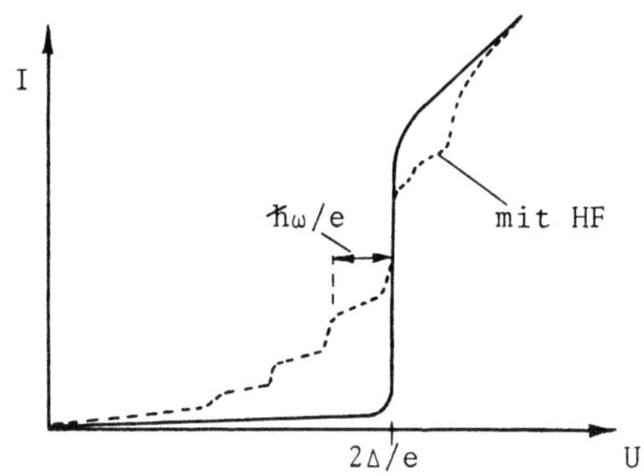

Bild 2-28: Strom-Spannungs-Kennlinie eines SIS-Übergangs

Die Herstellung der SIS-Übergänge erfolgt in Aufdampftechnik, wobei sich eine Sandwich-Struktur ergibt. Als supraleitendes Material wird derzeit meist eine Legierung aus Blei, Wismut und Indium benutzt. Nach Gleichung (2-72) ist zu erwarten, das SIS-Mischer nur bis zu Frequenzen funktionieren, die etwa der Energielücke entsprechen ($f=2\Delta/h$). Für die oben erwähnte Legierung ergibt sich eine Frequenz von etwa 800GHz. Es ist im Moment jedoch noch unklar, inwieweit diese Grenze auch praktisch erreicht werden kann. Mit anderen supraleitenden Materialien (Niob) lassen sich höhere Werte erreichen. Ein weiteres Problem im Submm-Bereich ist auch hier die Größe der Kontaktfläche. Um die hierdurch verursachte Parallelkapazität zum SIS-Übergang klein zu halten, sind Strukturen mit Abmessungen unter 1µm erforderlich, was entsprechenden technologischen Aufwand erfordert. Wegen des planaren Aufbau eines SIS-Übergangs bieten sich im Submm-Bereich entsprechende planare Strukturen zur Einkopplung der Strahlung, wie z.B. die

Vivaldi-Antenne. Es kann jedoch auch ein modifizierter Winkelreflektor verwendet werden. Die erreichbaren Rauschtemperaturen liegen erheblich unter den Werten für gekühlte Schottky-Mischer. So wurden z.B. bei 145 GHz Werte um 80K (DSB) erreicht [21] und bei 230 GHz 230 K (DSB) [22].

2.4 Rauscharme Oszillatoren

Die Verfügbarkeit von rauscharmen, kohärenten Oszillatoren war lange Zeit eines der größten Probleme im Millimeter- und Submm-Bereich. Erst seit wenigen Jahren gibt es Elektronenröhren in Form der Rückwärtswellen-Oszillatoren (engl. Backward Wave Oszillator; BWO), die Leistungen im mW-Bereich über ein größeres Frequenzband bis in den Submm-Bereich hinein erzeugen. Für den kompakten Aufbau von Heterodynsystemen ist die Entwicklung von Halbleiter-Oszillatoren von besonderem Interesse. Hier kann inzwischen der Frequenzbereich bis etwa 160 GHz mit Gunn-Oszillatoren auf Basis der Halbleiter Galliumarsenid und Indiumphosphid abgedeckt werden. Bei einer weiteren Verbesserung der Halbleiteroszillatoren im Millimeterwellenbereich ergibt sich auch die Möglichkeit, mit Frequenzvervielfachern zumindest den langwelligeren Teil des Submm-Bereichs zu überdecken. Die älteste verfügbare Quelle von kohärenter Submm-Strahlung ist der optisch gepumpte Molekülaser, der allerdings eine Reihe erheblicher Nachteile hat. Bild 2-29 zeigt eine Zusammenstellung der verfügbaren Leistung verschiedener Oszillator-Prinzipien in Abhängigkeit der Frequenz.

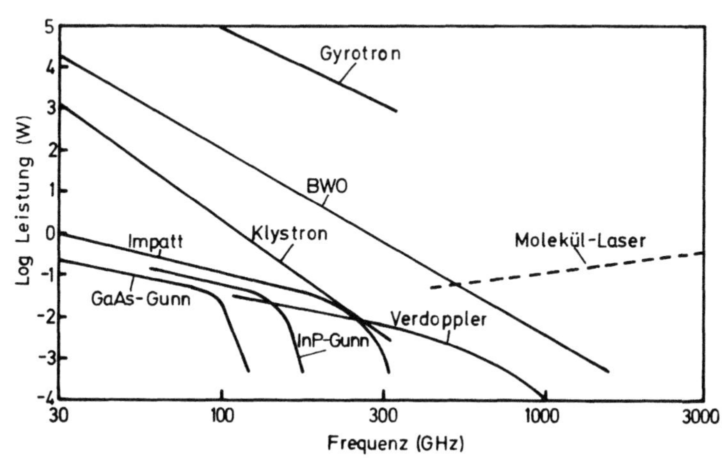

Abb.2-29: Verfügbare Leistungen verschiedener Oszillator-Prinzipien in Abhängigkeit der Frequenz.

2.4.1 Gunn-Oszillator

J.B. Gunn entdeckte 1963, daß beim Anlegen einer Spannung von einigen Volt an ein Blättchen aus Gallium-Arsenid-Kristall Schwingungen im Mikrowellenbereich auftreten [23]. Es zeigte sich, daß sich die Schwingungen auf eine negative differentielle Beweglichkeit der Leitungselektronen in dem Material zurückführen lassen. Mißt man die Driftgeschwindigkeit der Elektronen in Abhängigkeit eines äußeren elektrischen Feldes, so ergibt sich der in Bild 2-30 dargestellte Zusammenhang.

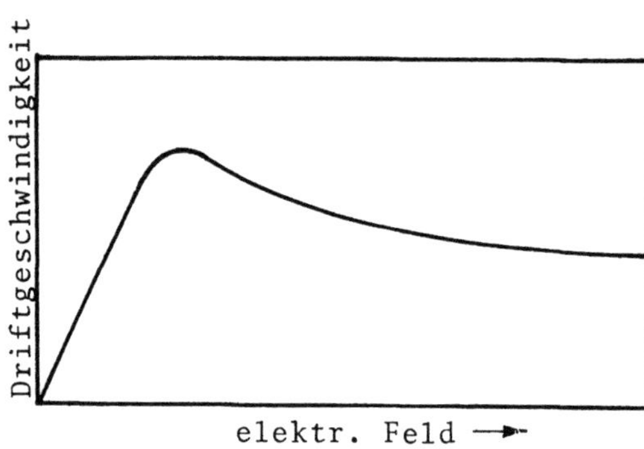

Bild 2-30: Driftgeschwindigkeit der Elektronen in GaAs

Wie man sieht, nimmt die Driftgeschwindigkeit zunächst bis zu einem bestimmten Maximalwert zu und bei höheren Feldstärken wieder etwas ab. Dort ist die differentielle Beweglichkeit negativ. Die Folge davon ist, daß sich keine stabile, gleichmäßige Verteilung des elektrischen Feldes ausbilden kann, sondern es entstehen Zonen erhöhter Raumladung, die sich im Kristall mit der Driftgeschwindigkeit der Ladungsträger fortbewegen. Das bedeutet aber, daß eine Schwingung erzeugt wird, deren Frequenz $f = v/d$ ist. Die Driftgeschwindigkeit v ist in GaAs etwa 10^8mm/s. Für eine Oszillationsfrequenz von z.B. 50GHz erhält man damit für die Dicke $d = 2\mu m$. Man erzeugt solche dünnen aktiven Schichten indem man eine hochohmige

Epitaxieschicht auf niederohmiges Basismaterial aufbringt. Die Leitfähigkeit wird hierbei durch die Dichte der Dotierungsatome bestimmt. Die erforderliche Spannung zur Anregung der Schwingung beträgt je nach Frequenz etwa 2 bis 6 Volt.

Zur Ankopplung der Mikrowellenschwingung an einen Hohlleiter wird häufig ein zylindrischer Stift verwendet, über den gleichzeitig die Versorgungsspannung zugeführt wird. Neben der Epischichtdicke bestimmt dann die Dimensionierung des Stiftes und die Position des Kurzschlußschiebers die genaue Lage der Oszillatorfrequenz. Oberhalb etwa 70 GHz arbeiten GaAs-Gunn-Oszillatoren im harmonischen Mode d.h. es wird die erste Harmonische der Grundschwingung ausgekoppelt [24, 25]. Bild 2-31 zeigt den typischen Aufbau eines solchen Oszillators. Die Frequenz der Grundschwingung wird hier durch die Kapazität der Scheibe über der Diode und der Induktivität des Stiftes zum Tiefpaßfilter bestimmt. Durch mechanische oder elektrische Beeinflussung der Kapazität der Scheibe oder der Induktivität des Stiftes kann die Oszillatorfrequenz über einen weiten Bereich durchgestimmt werden [26]. Die Versorgungsspannung wird über einen koaxialen Tiefpaßfilter zugeführt.

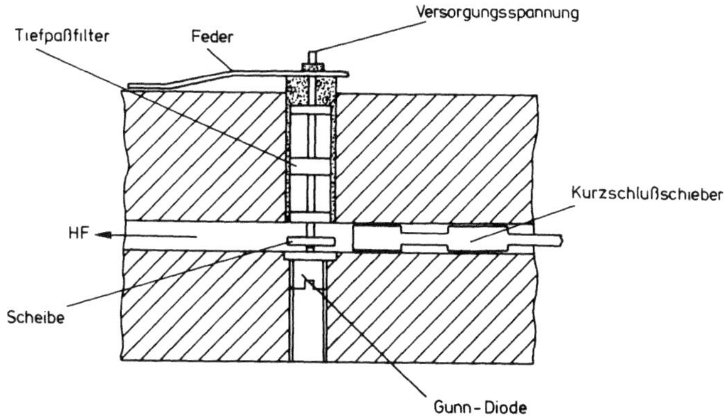

Bild 2-31: Mechanischer Aufbau eines Gunn-Oszillators, bei dem die erste Harmonische ausgekoppelt wird

Die obere Frequenzgrenze für GaAs-Gunn-Oszillatoren liegt bei etwa 120 GHz. Die verfügbare Ausgangsleistung nimmt allerdings zu dieser Grenze hin sehr stark ab. Durch Verwendung anderer Halbleitermaterialien mit höherer Ladungsträgerbeweglichkeit wie z.B. Indiumphosphid ist es inzwischen gelungen, diese Grenze auf etwa 160 GHz zu erhöhen.

Der große Vorteil von Gunn-Oszillatoren gegenüber den Elektronenröhren liegt in den geringen Abmessungen, der einfacheren Stromversorgung und der längeren Lebensdauer. Aus diesen Gründen haben sie die Elektronenröhren bei der Anwendung als Oszillator zum Betrieb von Mischern im Frequenzbereich bis etwa 100 GHz weitgehend verdrängt.

2.4.2 Reflexklystron

Das Klystron ist eine Elektronenröhre, bei der Laufzeiteffekte der Elektronen zur Schwingungserzeugung ausgenutzt werden. Der prinzipielle Aufbau ist in Bild 2-32 dargestellt.

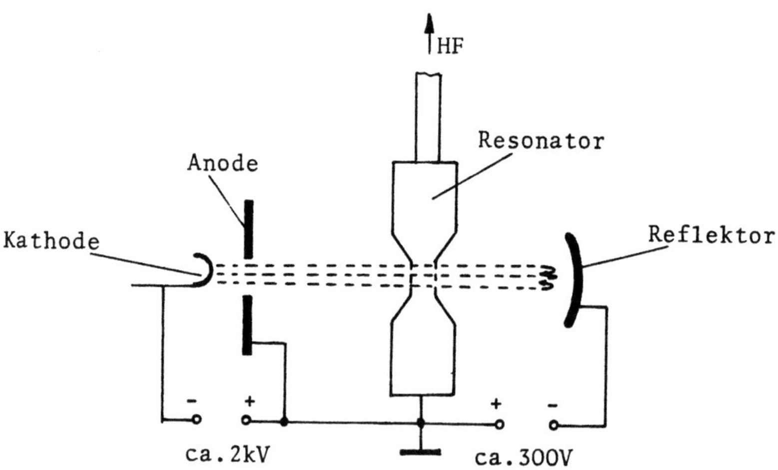

Bild 2-32: Reflexklystron

Die Elektronen werden nach Verlassen der Kathode durch die Anode beschleunigt und fliegen anschließend durch den Resonator. Ein im Resonator vorhandenes elektromagnetisches Schwingungsfeld bewirkt nun je nach Phasenlage eine Beschleunigung oder Verzögerung der Elektronen. Nach einer gewissen Laufzeit führt dies zu einer Paketbildung im Elektronenstrahl. Das Potential am Reflektor ist so eingestellt, daß der ankommende Elektronenstrahl reflektiert wird und so zum Resonator zurückkehrt. Da sich inzwischen die Paketbildung voll entwickelt hat, wird das Feld im Resonator durch die Wechselwirkung mit dem Elektronenstrahl verstärkt. Durch diese Rückkopplung wird selbst bei ursprünglich nicht vorhandener Schwingung eine solche angefacht. Ein Teil der somit erzeugten Hochfrequenzleistung kann dann aus dem Resonator ausgekoppelt werden. Da durch die Abmessungen die Resonanzfrequenz des Resonators festliegt, schwingt das Klystron nur bei dieser Frequenz. Über die Reflektorspannung kann man zwar in geringen Grenzen die Oszillationsfrequenz beeinflussen, jedoch auf Kosten der Ausgangsleistung. Für größere Frequenzänderungen muß die Länge des Resonators mechanisch verändert werden.

Reflexklystrons werden derzeit für Frequenzen bis etwa 250 GHz gebaut. Die Ausgangsleistung ist für den Betrieb eines Mischers selbst bei hohen Frequenzen fast immer ausreichend. Wegen der notwendigen Hochspannung und der Heizspannung ist die Stromversorgung jedoch recht aufwendig. Die mittlere Lebenserwartung eines Klystrons nimmt im Millimeterwellenbereich mit der Frequenz ab. Das Rauschverhalten entspricht etwa dem von Gunn-Oszillatoren.

2.4.3 Rückwärtswellenoszillatoren

Rückwärtswellenoszillatoren sind Elektronenröhren, bei denen die Wechselwirkung zwischen einem Elektronenstrahl und einer Wanderwellenstruktur zur Verstärkung bzw. Oszillation ausgenutzt wird. Bild 2-33 zeigt den prinzipiellen mechanischen Aufbau. In der Elektronenkanone wird ein gebündelter Elektronenstrahl erzeugt, der sich anschließend entlang einer Wanderwellen-Struktur ausbreitet und schließlich in einem

Kollektor aufgefangen wird. Wenn die Phasengeschwindigkeit der Wanderwelle etwa so groß wie die Geschwindigkeit der Elektronen ist, wird die Elektronengeschwindigkeit über die elektrische Feldkomponente der Wanderwelle moduliert, was schließlich zu einer Dichtemodulation des Elektronenstrahls führt. Ein Teil der kinetischen Energie des Elektronenstrahls wird dann wieder in die Wanderwelle übergeführt, was zu einer Verstärkung der Wanderwelle führt. Zur Bündelung des Elektronenstrahls wird entlang der Wanderwellen-Struktur ein Magnetfeld in Richtung des Strahls angelegt. Da die ungenutzte Energie im Kollektor in Wärme umgewandelt wird, ist hier eine entsprechende Kühlung (z.B. Wasserkühlung) notwendig. Durch Variation der Beschleunigungsspannung können BWOs über einen Frequenzbereich von etwa 20% kontinuierlich durchgestimmt werden.

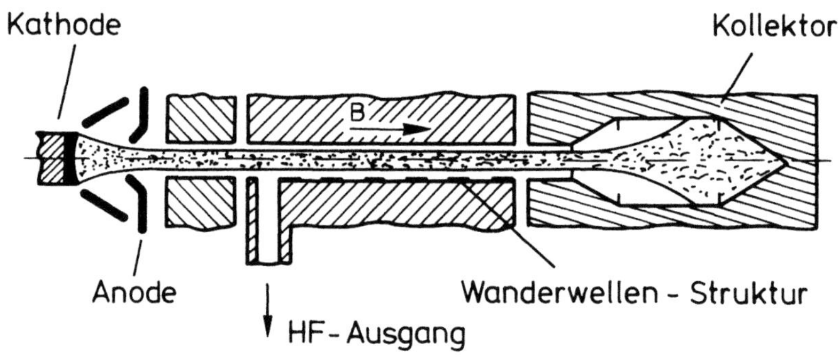

Bild 2-33: Prinzipieller Aufbau eines BWO.

Im Submm-Bereich treten besondere Probleme bei der Konstruktion eines BWOs auf. So ist es wegen der kleinen Wellenlänge notwendig, den Durchmesser des Elektronenstrahls sehr klein zu halten. Da der Bündelungsfaktor der Elektronenkanone bei durchstimmbaren BWOs auf etwa 100 begrenzt ist, führt das zu extrem hohen Stromdichten an der Kathode, was recht hohe Temperaturen des Kathodenmaterials ergibt. Dieses wiederum schränkt die Lebensdauer der Kathode ein. Es muß hier also ein Kompromiß aus Lebensdauer, Ausgangsleistung und Durchstimmbarkeit gewählt werden.

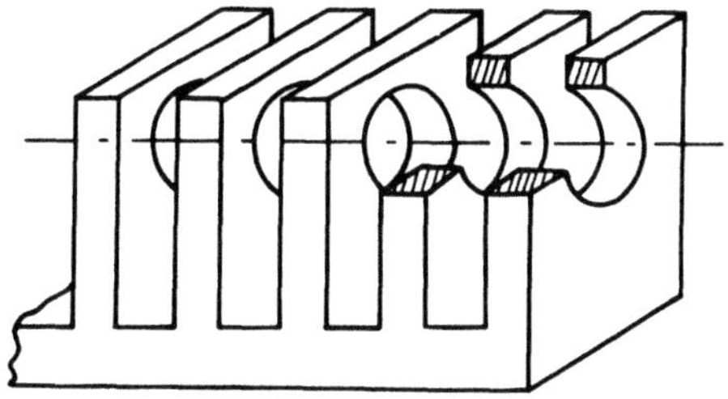

Bild 2-34: Wanderwellen-Struktur für Submm-BWOs.

Auch bei der Wanderwellen-Struktur treten wegen der kleinen Wellenlängen erhebliche technische Probleme auf. So sind die im mm-Bereich meist verwendeten Interdigital- oder Hohlraum-Strukturen hier nicht mehr mit der notwendigen Präzision herstellbar. Stattdessen benutzt man die in Bild 2-34 dargestellte Fähnchen-Struktur. Um die durch die kleinen Skintiefen (unter 0,1µm) ohnehin großen ohmschen Verluste in der Wanderwellen-Struktur nicht noch weiter zu erhöhen, muß die Oberflächenrauhigkeit so klein wie möglich gehalten werden. Ein gewisses Problem stellt auch die Wärmeableitung dar. Als Ergebnis der dargestellten Probleme muß man mit einer starken Abnahme der verfügbaren Ausgangsleistung mit der Frequenz rechnen. Als Faustformel gilt:

$$P \sim \lambda^{5/2} \text{ bis } \lambda^3 \qquad (2\text{-}73)$$

So liegt z.B. bei derzeit verfügbaren BWOs mit Durchstimmbereichen um 20% die Ausgangsleistung in der Größenordnung von 20mW bei 500GHz und etwa 2mW bei 1THz. Der Gleichspannungs-Leistungsbedarf beträgt dabei etwa 300W, was einen recht niedrigen Leistungswirkungsgrad ergibt.

Um die genannten Schwierigkeiten bei kleinen Wellenlängen zu überwinden, wurden bereits vor einigen Jahren Vorschläge für BWOs mit einem anderen Aufbau der Wanderwellen-Struktur gemacht. Diese Röhren werden je nach Wirkungsweise mit Ledatron bzw. Orotron bezeichnet. Der entscheidende Unterschied zum BWO ist, daß hier ein flacher Elektronenstrahl erzeugt wird, der sich in einem überdimensionierten offenen Resonator entlang einer flachen Wanderwellen-Struktur ausbreitet. Das Problem dabei ist jedoch, daß dann eine Vielzahl von Wellenmoden ähnliche Ausbreitungsbedingungen haben, was hohe Anforderungen an die Justage stellt. Insgesamt sind die bisher erzielten Ergebnisse ungünstiger als bei den BWOs, so daß hier nicht weiter auf diese Oszillator-Typen eingegangen werden soll.

2.4.4 Moleküllaser

Im Submm-Bereich gibt es ein reichhaltiges Spektrum von Moleküllinien, die hauptsächlich durch Übergänge zwischen verschiedenen Rotationsenergieniveaus von polaren Molekülen erzeugt werden. Für den Molekül-Laser können z.B. Methylalkohol (CH_3OH) oder 1,1-Difluorethylen (CH_2CF_2) benutzt werden. Bild 2-35 zeigt das typische Energieniveau-Schema für ein sog. Symmetric-top-Molekül. Im thermodynamischen Gleichgewicht sinkt die Besetzungsdichte mit zunehmender Energie nach der Boltzmann-Statistik ab. Um Laserwirkung zu erreichen, muß eine Besetzungsinversion zwischen zwei Energieniveaus erzeugt werden. Im vorliegenden Fall geschieht dies, indem man das Laser-Medium mit einer kräftigen kohärenten Infrarotquelle (CO_2-Laser) bestrahlt, und damit die Moleküle von einem bestimmten Vibrationsenergieniveau zu einem höherliegenden Niveau pumpt. In diesem höherliegenden Vibrationsenergieniveau bekommt man damit eine Besetzungsinversion zwischen dem gepumpten Niveau (J,K) und dem nächst tiefer liegenden Rotationsenergieniveau (J-1,K) (siehe Bild 2-35).

Der mechanische Aufbau besteht meistens aus einem überdimensionierten metallischen Rundhohlleiter von etwa 2m Länge, der an den Enden mit ebenen Reflektoren versehen ist (siehe Bild 2-36). Zur Auskopplung des Laserstrahls wird ein Reflektor mit einer Öffnung versehen. Der Pumplaserstrahl wird über ein Loch im gegenüberliegenden Reflektor eingekoppelt. Der Druck des gasförmigen Lasermediums im Rundhohlleiter wird auf etwa 0,1 bis 1 Torr reduziert, um die Stoßverbreiterung der Linien zu reduzieren. Der Leistungswirkungsgrad des Moleküllasers liegt in der Größenordnung von 1%. Je nach gewünschter Ausgangsleistung erfordert dies eine Pumpleistung des CO_2-Lasers in der Größenordnung von 10-80W. Vom CO_2-Laser stehen etwa 130 verschiedene Linien im Wellenlängenbereich um 10µm zur Verfügung, um bestimmte Übergänge des Molekül-Lasers zu pumpen. Der CO_2-Laser selbst wird über die Stoßanregung der CO_2-Moleküle durch eine Gasentladungsstrecke gepumpt. Die hierzu erforderliche Hochspannung liegt zwischen 10kV und 20kV.

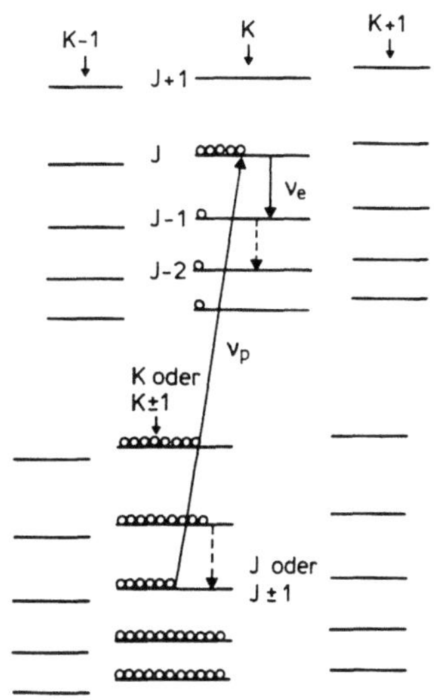

Bild 2-35: Energieniveau-Schema eines Moleküllasers

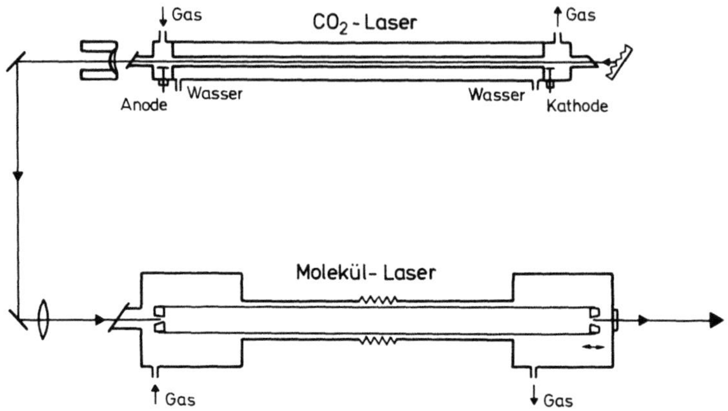

Bild 2-36: Aufbau eines optisch gepumpten Moleküllasers (nach Röser [27])

Der große Vorteil des optisch gepumpten Moleküllasers liegt in der relativ großen verfügbaren Ausgangsleistung über den gesamten Submm-Bereich. Bei manchen Anwendungen ist von Nachteil, daß der Laser nicht kontinuierlich durchstimmbar ist, sondern an die diskreten Energieniveaus der Moleküle gebunden ist. Durch Austausch des Lasermediums können jedoch größere Frequenzlücken vermieden werden. Ein erheblicher Nachteil ist auch der recht große Leistungsbedarf des Pumplasers, sowie die Empfindlichkeit des gesamten Systems gegenüber Temperaturschwankungen und mechanischen Erschütterungen. Letzteres führt in der Praxis zu teilweise erheblichen Instabilitäten in der Ausgangsleistung.

2.4.5 Frequenzvervielfacher

Dort, wo nur relativ kleine Leistungen (<10mW) benötigt werden, können Frequenzvervielfacher eingesetzt werden. Gerade in Verbindung mit Halbleiter-Oszillatoren im mm-Wellen-Bereich ergeben sich dann recht kompakte Quellen, die besonders als Lokaloszillatoren in Heterodynsystemen geeignet sind. Als Vervielfacher-Dioden kommen derzeit vor allem Varactor-Dioden auf Gallium-Arsenid-Basis in Frage. Bei diesen Dioden ändert sich die Sperrschichtkapazität C_j stark mit der Sperrspannung:

$$C_j(U) = C_j(0) \left(\frac{\varphi}{\varphi-U}\right)^{1/2} \tag{2-74}$$

Hierbei ist φ eine Konstante, die etwa dem Kontaktpotential entspricht. Theoretisch sind Konversionswirkungsgrade von 100% möglich. Bei hohen Frequenzen machen sich jedoch zunehmend ohmsche Verluste bemerkbar, die als parasitärer Serienwiderstand R_S berücksichtigt werden müssen. Zur Bewertung der Qualität einer Varactor-Diode wird häufig die sog. "Dynamische Grenzfrequenz" herangezogen:

$$f_c = \frac{S_{max}-S_{min}}{2\,\pi\,R_S} \tag{2-75}$$

Wobei S_{max} und S_{min} die Maximal- bzw. Minimalwerte der Elastanz (inverse Sperrschichtkapazität), gemessen über eine Periode der Pumpfrequenz sind. Bei einem optimalen Aufbau des Vervielfachers, d.h. Anpassung bei Pump- und Ausgangsfrequenz, sowie Vorhandensein eines verlustarmen Idlerkreises, wenn eine höhere als die zweite Harmonische ausgekoppelt werden soll, bekommt man für den Konversionswirkungsgrad eines idealen Vervielfachers:

$$\eta = \exp(-\alpha\, f_{out}/f_c) \tag{2-76}$$

f_{out} ist die Ausgangsfrequenz und α ein Parameter, der von der Ordnung der Harmonischen und der Pumpleistung abhängt. Normalerweise wird der Vervielfacher so betrieben, daß sich die HF-Spannung zwischen 0V und der Rückwärts-Durchbruchspannung bewegt. Der Wert für α liegt bei etwa 10 für einen Verdoppler und 16,5 für einen Verdreifacher. Die besten erreichten Wirkungsgrade bei einer Ausgangsfrequenz um 300GHz liegen bei etwa 10% für Verdoppler und 6% für Verdreifacher bei mittleren Pumpleistungen [28]. Die maximalen Pumpleistungen liegen knapp unter 100mW. Bis etwa 500GHz benutzt man meistens das Prinzip der gekreuzten Hohlleiter für den mechanischen Aufbau. Bei noch höheren Ausgangsfrequenzen geht man zu quasioptischen Strukturen über.

2.4.6 Stabilisierungsverfahren

Bei der Messung von Linienstrahlung ist es von großer Bedeutung, die Frequenz der Linien möglichst genau bestimmen zu können. Da das Signal meist ein- bis zweimal mit Hilfe von Mischern auf jeweils andere Frequenzen umgesetzt wird, müssen die Frequenzen der entsprechenden Oszillatoren sehr genau bestimmt, bzw. konstant gehalten werden. Die Stabilisierung kann über eine Frequenzregelung oder eine Phasenregelung (Phase-locked loop, PLL) des Oszillators erreicht werden. Das nachfolgend beschriebene Beispiel einer Stabilisierungsschaltung vereinigt beide Regelungsverfahren.

Zur absoluten Frequenzbestimmung vergleicht man die Frequenz des Oszillators mit dem vervielfachten Signal eines Frequenzstandards. Hierzu geht man zunächst von einem Quarz-Oszillator oder, bei extremen Genauigkeitsanforderungen, von einer Atom-Uhr (Rubidium oder Cäsium) aus. Mit einem sogenannten Synthesizer erzeugt man dann eine Frequenz im Mikrowellenbereich, die an die Referenzfrequenz des Standards angebunden ist. Der Synthesizer läßt sich in kleinen definierten Schritten über einen größeren Frequenzbereich durchstimmen, ohne dabei die Anbindung an den Frequenzstandard zu verlieren. In einem Harmonischen-Mischer wird dann die Ausgangsfrequenz des Synthesizers vervielfacht und mit der Frequenz des zu stabilisierenden Oszillators gemischt. Die Frequenz des Synthesizers und die Harmonischen-Zahl wird dabei so gewählt, daß die Differenzfrequenz zum Oszillator im Frequenzbereich von etwa 400MHz liegt. Diese Zwischenfrequenz wird über ein frequenzselektives Netzwerk (Triplexer) ausgekoppelt, verstärkt und einem Phasen- und Frequenzdifferenzdetektor (Quadricorrelator) zugeführt (siehe Bild 2-37). In diesem wird das ZF-Signal mit einem Referenzsignal verglichen, das etwa die gleiche Frequenz hat. Der Quadricorrelator erzeugt daraus eine Spannung, die proportional der Frequenzdifferenz und eine weitere, die proportional der Phasendifferenz ist. Diese Spannungen regeln dann über einen Servo-Verstärker den Oszillator nach.

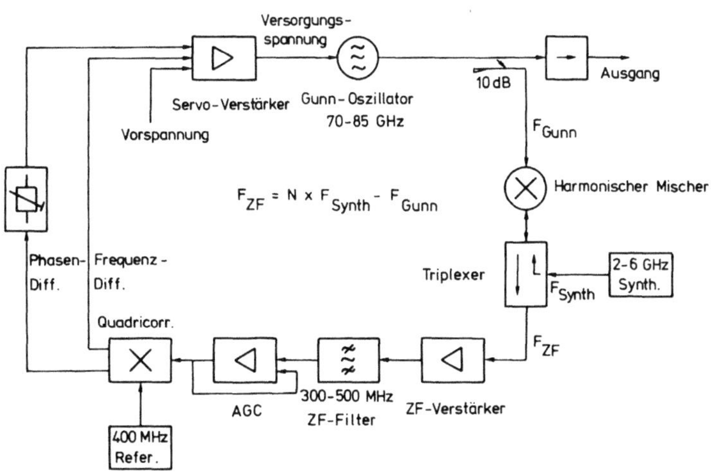

Bild 2-37: Blockschaltbild eines Heterodyn-PLL-Systems für Millimeterwellen-Gunn-Oszillatoren (nach [29])

Neben einer festen Anbindung und Stabilisierung der Mittenfrequenz des Oszillators wird durch die PLL auch das Phasenrauschen stark reduziert. Bild 2-38 zeigt einen Vergleich des Phasenrauschens mit und ohne Stabilisierung. Die 3dB-Breite beträgt mit Stabilisierung nur etwa 1 Hz, was eine relative Breite von 10^{-11} ergibt.

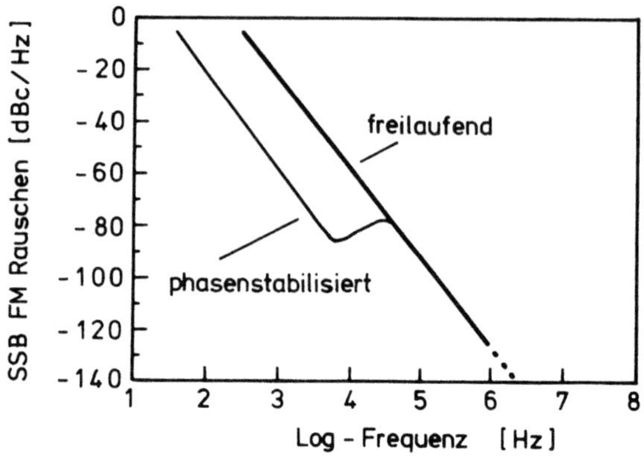

Bild 2-38: SSB-FM-Rauschen eines phasenstabilisierten und freilaufenden Gunn-Oszillators bei 78 GHz

2.5 Verlustarme Oszillatoreinkopplungen

Bei Radiometern in denen das Empfangssignal ohne Vorverstärkung direkt auf das ZF-Band umgesetzt wird, d.h. also vor allem bei Radiometern für den Millimeter- und Submillimeter-Bereich, spielt die verlustarme Einkopplung der Pumposzillatorfrequenz eine wichtige Rolle. Da diese Einkopplung in der Kettenschaltung der einzelnen Komponenten vor dem Mischer und den ersten ZF-Verstärkerstufen liegt, können die Verluste nach Gleichung (2-41) die Gesamtrauschtemperatur erheblich verschlechtern.

Eine einfache Methode der Einkopplung ist die Verwendung eines Richtkopplers. Sie hat allerdings den Nachteil daß entweder eine hohe Dämpfung im Signalzweig oder im LO-Zweig in Kauf genommen werden muß. Wenn genügend LO-Leistung zur Verfügung steht, spielt das aber keine wesentliche Rolle. Im Millimeter- und besonders im Submillimeter-Bereich ist die verfügbare LO-Leistung jedoch meistens recht gering, so daß hier andere Methoden der Einkopplung angewandt werden müssen. Die meisten verlustarmen Einkoppelmethoden beruhen auf der Anwendung frequenzselektiver Bauelemente. In Hohlleitertechnik wird häufig der Ringfilter bis zu Frequenzen von etwa 150 GHz eingesetzt. Bei fest abgestimmten Radiometern kann stattdessen auch eine selektive Einkopplung über einen Bandpassfilter vorgenommen werden, der außerhalb der Resonanzfrequenz den Hohlleiterkurzschluß ersetzt (In-Line-Kopplung). Im darüberliegenden Frequenzbereich verwendet man dagegen meist Bauteile in quasioptischer Technik, d.h. mit offenen Strahlengängen, die nach dem Interferometer-Prinzip arbeiten.

Weitere Möglichkeiten der LO-Einkopplung ergeben sich bei der Verwendung von mehr als einer Mischdiode. So kann man, wie z.B. beim Korrelationsempfänger ein 3dB-Hybrid vor zwei getrennte Mischer setzten, über das dann auch die LO-Einspeisung erfolgt. Die zunächst getrennt vorliegenden ZF-Signale müssen dann wieder phasengerecht überlagert werden. Bei subharmonisch gepumpten Mischern kann die Einkopplung besonders einfach über ein Tiefpaßfilter vorgenommen werden. Einige der besonders häufig angewandten Verfahren wollen wir im folgenden etwas ausführlicher besprechen.

2.5.1 Ringfilter

Das Ringfilter ist im Prinzip ein frequenzselektiver Richtkoppler. Bild 2-39 zeigt den prinzipiellen Aufbau. Es besteht aus zwei Richtkopplern und einem ringförmigen Hohlleiter, der als Resonator arbeitet.

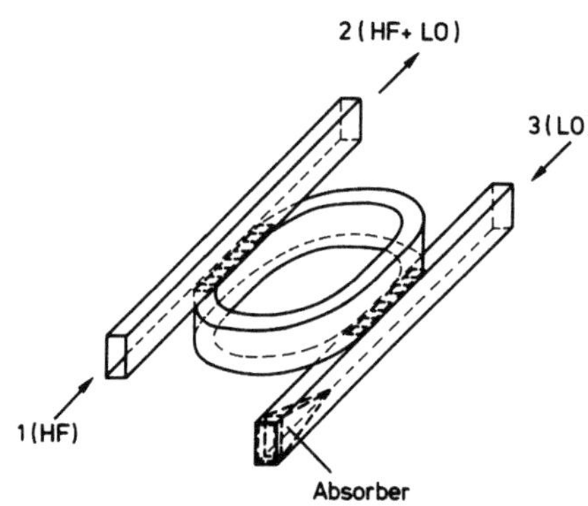

Bild 2-39: Ringfilter

Die effektive Länge des Resonators wird so gewählt, daß sie bei der gewünschten Frequenz einem ganzzahligen Vielfachen der Hohlleiterwellenlänge entspricht. Bei Frequenzen, bei denen diese Bedingung nicht erfüllt ist, tritt Auslöschung der Welle durch Interferenz auf. Deswegen findet die Überkopplung von einem in den anderen Hohlleiterzweig nur bei den Resonanzfrequenzen des Rings statt, während die beiden Zweige in den dazwischenliegenden Frequenzbereichen fast vollkommen voneinander entkoppelt sind (siehe Bild 2-40). So bietet sich die Möglichkeit zwei Signale unterschiedlicher Wellenlänge in einen gemeinsamen Hohlleiter zu koppeln.

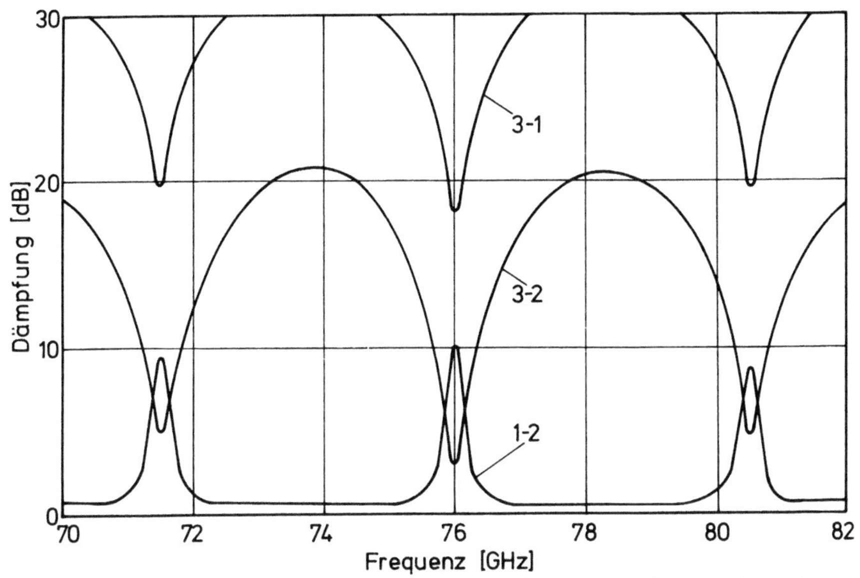

Bild 2-40: Frequenzabhängigkeit der Dämpfung eines Ringfilters

Für Anwendungen, bei denen die LO-Frequenz durchstimmbar sein soll, muß auch die Resonanzfrequenz des Ringfilters abstimmbar gemacht werden. Man erreicht dies, indem man den Hohlleiterring längs der Mitte des Hohlleiterquerschnitts aufschneidet und die beiden Ringhälften mechanisch gegeneinander verschiebbar aufbaut. Mit der Veränderung der Breite des Hohlleiters wird dann die Grenzwellenlänge verändert und damit auch die Resonanzfrequenz. Die Verluste durch den entstehenden Schlitz längs des Hohlleiters sind gering, da senkrecht zum Schlitz im Grundmode keine Wandströme fließen.

2.5.2 In-Line-Kopplung

Die In-Line-Kopplung eignet sich besonders bei festabgestimmten Empfängern zur LO-Einkopplung. Im einfachsten Fall ist sie so aufgebaut, daß anstelle eines Kurzschlußschiebers ein Bandpaßfilter in den Hohlleiter eingebaut wird. Das Filter kann z.B. aus einem Hohlraumresonator bestehen (Bild 2-41).

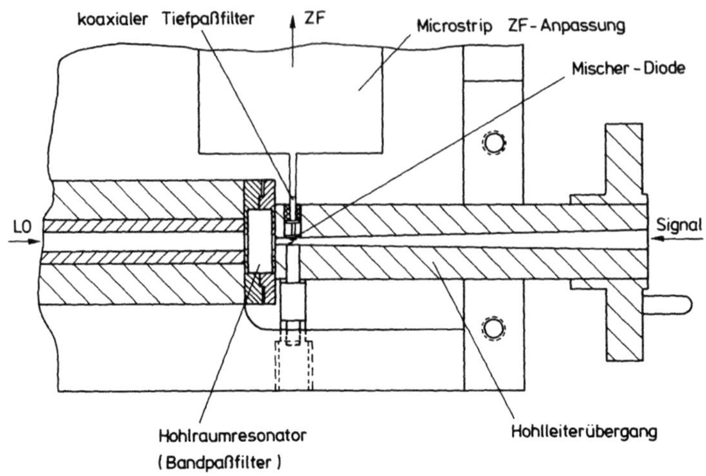

Bild 2-41: Beispiel einer In-Line-Kopplung (nach [30])

Im Bereich der Resonanzfrequenz ist das Filter durchlässig, d.h. hier kann die Pumpfrequenz eingespeist werden. Außerhalb der Resonanz, d.h. für die Signalfrequenz wirkt das Filter wie ein Kurzschluß. Ein Nachteil der Anordnung ist, daß die Lage dieses Kurzschlusses zur Diode nicht ohne weiteres verändert werden kann. Die Anpassung der Diode ist also festgelegt. Auf der anderen Seite ist der Aufbau dieser Einkopplung besonders einfach und außerdem auch recht verlustarm.

2.5.3 Quasioptische Techniken

Oberhalb etwa 300 GHz werden die Abmessungen von Grundwellen-Hohlleitern so klein, daß einerseits die mechanische Herstellung sehr schwierig wird, und andererseits die ohmschen Verluste extrem groß werden. Hohlleiterbauteile sind daher bei noch höheren Frequenzen zur Oszillatoreinkopplung nicht mehr praktikabel. Im Infrarotbereich arbeitet man dagegen meist mit offenen Strahlengängen nach den Prinzipien der geometrischen Optik. Aber auch dieses Leitungsprinzip ist nicht ohne weiteres auf den Submm-Bereich anwendbar, da hier die

Wellenlänge nur ein bis zwei Größenordnungen kleiner als die Aperturen der optischen Bauelemente ist. Man arbeitet in diesem Frequenzbereich deshalb mit der sog. "Quasi-Optik". Dabei berücksichtigt man eine gaußförmige Intensitätsverteilung der "Strahlen" und erhält so wieder recht einfache Berechnungsverfahren.

Zur Behandlung der Wellenausbreitung von Strahlen mit gaußförmiger Intensitätsverteilung gehen wir von der Wellengleichung für den freien Raum, unter Vernachlässigung der Zeitabhängigkeiten aus:

$$\nabla^2\psi + k^2\psi = 0 \tag{2-77}$$

mit $k = 2\pi/\lambda$

Als Lösungsansatz betrachten wir eine in erster Näherung ebene Welle, die sich in z-Richtung ausbreitet:

$$\psi = u(x,y,z)\, e^{-jkz} \tag{2-78}$$

wobei u eine nur langsam veränderliche Funktion von z ist. Gleichung (2-78) in Gleichung (2-77) eingesetzt ergibt:

$$\frac{\partial^2 u}{\partial x^2} + \frac{\partial^2 u}{\partial y^2} + \frac{\partial^2 u}{\partial z^2} - 2jk\,\frac{\partial u}{\partial z} = 0 \tag{2-79}$$

Unter der Annahme, daß die wesentliche Abhängigkeit der Amplitude von z durch die e-Funktion (2-78) gegeben ist, können wir die zweite Ableitung nach z gegenüber der ersten in Gl.(2-79) vernachlässigen und erhalten die einfachere Gleichung:

$$\frac{\partial^2 u}{\partial x^2} + \frac{\partial^2 u}{\partial y^2} - 2jk\,\frac{\partial u}{\partial z} = 0 \tag{2-80}$$

Eine Lösung dieser Gleichung kann geschrieben werden als Produkt eines Hermite-Polynoms, einer gaußförmigen transversalen Amplitudenvariation und einem Phasenfaktor. In Zylinderkoordinaten treten anstelle der Hermite-Polynome die Laguerre-Polynome auf. Die Orthogonalität jeder dieser Polynom-Sätze erlaubt es, eine beliebige Feldverteilung auf der Basis dieser Polynome zu definieren. Entsprechend kann man den einzelnen Lösungen Ausbreitungsmoden der Strahlung zuordnen. Von Interesse ist hier vor allem der Grundmode. Die Konversion von Energie in höhere Moden kann dann als Verlust betrachtet werden.

Der Grundmode ist in kartesischen und Zylinderkoordinaten identisch und kann folgendermaßen geschrieben werden:

$$\psi = A \frac{w_0}{w(z)} \exp\left(\frac{-r^2}{w^2(z)}\right) \exp(-jkz) \exp\left(\frac{-j\pi r^2}{\lambda R(z)}\right) \exp\left(j \arctan\frac{\lambda z}{\pi w_0^2}\right) \qquad (2\text{-}81)$$

Hierbei ist $r = \sqrt{x^2+y^2}$, A und w_0 sind Konstanten, w und R sind langsam veränderliche Funktionen von z. Wie man sieht, hat das Feld eine gaußförmige Verteilung senkrecht zur Ausbreitungsrichtung. Der Radius zum 1/e-Punkt entspricht w, welcher als Strahlradius bezeichnet wird. Aus Gleichung (2-80) lassen sich die Funktionen w(z) und R(z) berechnen:

$$w(z) = w_0 \left[1 + (\lambda z/\pi w_0^2)^2\right]^{1/2} \qquad (2\text{-}82)$$

Die Stelle z=0 mit dem kleinsten Strahlradius w_0 wird mit Strahltaille (engl. beam waist) bezeichnet. Die Konturen von w sind Rotationshyperboloide (siehe Bild 2-42). Bei großen Abständen von der Strahltaille ist der asymptotische Winkel, mit dem der Strahlradius wächst:

$$\Theta_{w0} = \lambda/\pi w_0 \qquad (2\text{-}83)$$

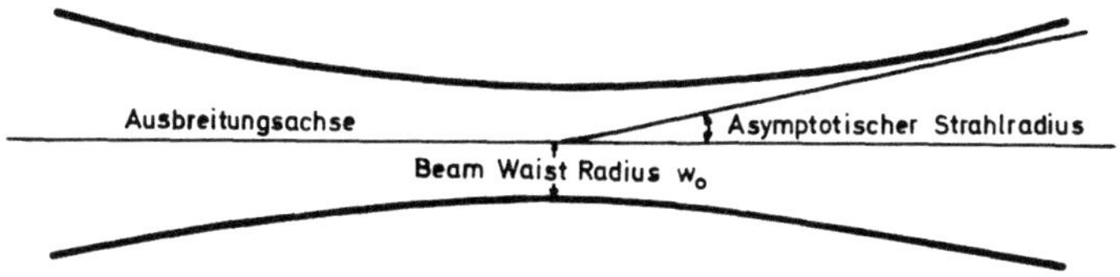

Bild 2-42: Ausbreitung eines gaußförmigen Strahls.

Die Flächen mit gleicher Phase sind kugelförmig und haben den Radius R(z):

$$R(z) = z\,[1 + (\pi w_0{}^2/\lambda z)^2] \qquad (2\text{-}84)$$

Wie man sieht, ist die Wellenfront eben in der Strahltaille und bei großen Abständen von der Strahltaille. Das Minimum von R wird bei einem Abstand von $z_c = \pi w_0{}^2/\lambda$ erreicht, wo es den Wert $\sqrt{2z_c}$ hat. Der Strahlradius ist an dieser Stelle gleich $\sqrt{2w_0}$.

Bei den oben angegebenen Gleichungen wurde davon ausgegangen, daß der Strahl senkrecht zur Ausbreitungsrichtung eine gaußförmige Verteilung hat, und damit genaugenommen eine unendliche Ausdehnung hat. In der Praxis stellt sich also die Frage, wie sich begrenzte Aperturen auf die Feldverteilung auswirken. Genaue Ergebnisse erfordern hier aufwendige Berechnungen. Als Faustformel gilt, daß eine kreisförmige Apertur an der Strahltaille mit dem Radius $a=2w_0$ Veränderungen von weniger als 4% gegenüber dem unbehinderten Strahl im Nahfeld verursacht. Die Apertur führt hierbei zu einer Verbreiterung des Hauptmaximums um den Faktor 1,03. Bei dem genannten Aperturradius liegt die Leistungsdichte im Feld 35dB unter dem Maximum. In der Praxis bedeutet dies, daß Bauteile (Linsen, Spiegel usw.) deren Aperturradius größer als $2w_0$ ist, keine wesentlichen Veränderungen bzw. Verluste im Strahl erzeugen.

Die oben dargestellten theoretischen Überlegungen sind nur dann von praktischem Wert, wenn gaußförmige Strahlverteilungen auch ohne großen Aufwand mit guter Näherung erzeugt werden können. Geht man von Grundmode-Hohlleitern aus, so bieten hier Hybrid-Hornantennen eine einfache Möglichkeit der Strahlerzeugung. Diese Antennen erzeugen eine annähernd gaußförmige Feldverteilung bis etwa 20dB unter dem Hauptmaximum. Das Phasenzentrum des Horns ist hierbei identisch mit der Position der Strahltaille. Für Wellenlängen unter etwa 0,5mm sind Hornantennen kaum noch herzustellen, so daß man hier zu anderen Antennentypen greifen muß. Für Detektoren und Mischer hat sich die 90°-Winkel-Reflektorantenne durchgesetzt (siehe Kap. 2.3.4).

Die Fokussierung von gaußförmigen Strahlen kann, ähnlich wie in der geometrischen Optik, mit Linsen vorgenommen werden. Dünne Linsen bewirken eine Phasentransformation der Form:

$$\Delta\varphi = \frac{\pi r^2}{\lambda\ f} \qquad (2\text{-}85)$$

wobei f die Brennweite der Linse ist und r der Abstand von der Ausbreitungsachse. Diese Phasentransformation bewirkt eine Änderung der Krümmung (Kehrwert des Krümmungsradius) einer sphärischen Welle um einen Wert, der dem Kehrwert der Brennweite entspricht. Dies gilt näherungsweise auch für gaußförmige Strahlen.

Den Effekt einer Linse auf einen gaußförmigen Strahl zeigt Bild 2-43. Die Strahltaille w_{01} im Abstand d_1 von der Linse wird in eine neue Strahltaille w_{02} im Abstand d_2 fokussiert. Wenn wir annehmen, daß die Linse die Amplitudenverteilung nicht beeinflusst, so gilt mit (2-82):

$$w_{01}\ [1 + (\lambda d_1/\pi w_{01}^2)^2]^{1/2} = w_{02}\ [1 + (\lambda d_2/\pi w_{02}^2)^2]^{1/2} \qquad (2\text{-}86)$$

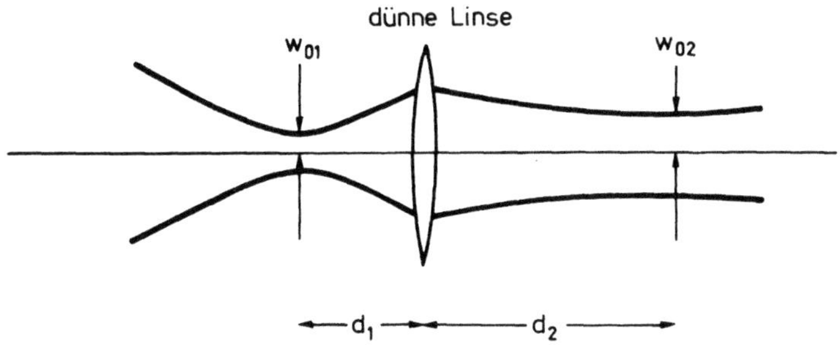

Bild 2-43: Fokussierung mit einer Linse

Für die Krümmung der Wellenfront erhält man mit (2-84):

$$\frac{1}{d_1[1 + (\pi w_{01}{}^2/\lambda d_1)^2]} + \frac{1}{d_2[1 + (\pi w_{02}{}^2/\lambda d_2)^2]} = \frac{1}{f} \qquad (2\text{-}87)$$

Diese beiden Gleichungen können so gelöst werden, daß die Ausgangsparameter mit Hilfe der Eingangsparameter berechnet werden können:

$$\frac{d_2}{f} = 1 + \frac{(d_1/f) - 1}{[(d_1/f) - 1]^2 + (\pi w_{01}{}^2/\lambda f)^2} \qquad (2\text{-}88)$$

$$\left(\frac{w_{02}}{w_{01}}\right)^2 = \frac{1}{[(d_1/f) - 1]^2 + (\pi w_{01}{}^2/\lambda f)^2} \qquad (2\text{-}89)$$

Ein interessanter Sonderfall ist der, wenn der Abstand der ersten Strahltaille gleich der Brennweite der Linse ist (d_1=f). Dann gilt:

$$d_2 = f \qquad \text{und} \qquad w_{02}/w_{01} = \lambda f/\pi w_{01}{}^2 \qquad (2\text{-}90)$$

Die Position der Ausgangs-Strahltaille ist also frequenzunabhängig. Ein Linsenpaar, das im Abstand der Summe der beiden Brennweiten angeordnet ist, und bei dem sich die Eingangs-

Strahltaille im Abstand der Brennweite befindet, erzeugt eine Ausgangs-Strahltaille, deren Position frequenzunabhängig ist, und deren Radius durch das Brennweitenverhältnis gegeben ist:

$$w_{out}/w_{in} = f_2/f_1 \qquad (2\text{-}91)$$

Diese Beziehung ist wichtig für die Dimensionierung von frequenzunabhängigen Abbildungssystemen. Generell ist zu den angegebenen Ableitungen noch zu sagen, daß sie mit guter Näherung nur für Systeme mit großem f/D-Verhältnis (f/D>0,6) gelten.

2.5.4 Zweistrahl-Interferometer

Ein Zweistrahl-Interferometer besteht aus zwei Strahlteilern und einem Winkelreflektor. Bild 2-44 zeigt den prinzipiellen Aufbau eines speziellen Typs, das sog. Mach-Zehnder-Interferometer. Die beiden Strahlteiler sind identisch aufgebaut und haben den gleichen komplexen Reflexionskoeffizienten r für das elektrische Feld.

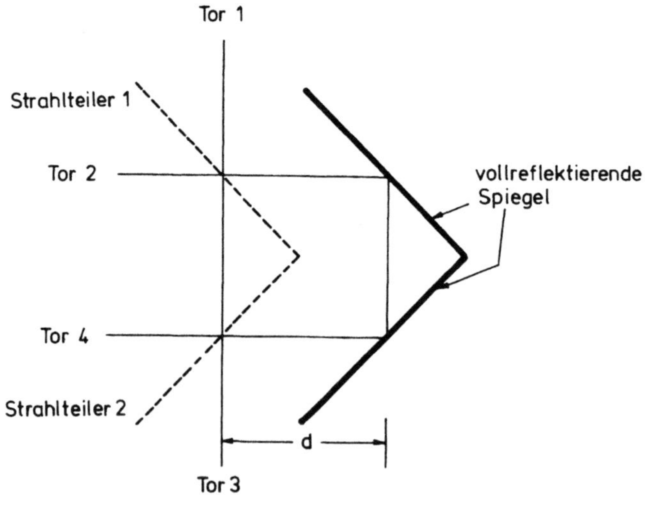

Bild 2-44: Mach-Zehnder-Interferometer

Unter der Annahme, daß der Strahlteiler verlustlos ist, gilt, daß die Phasendifferenz zwischen Reflexions- und Transmissionskoeffizient t gleich 90° ist. Prinzipiell gilt außerdem:

$$|t|^2 + |r|^2 = 1 \qquad (2\text{-}92)$$

Die normierte Amplitude $A_{1\to3}$ der durchgehenden Welle von Tor 1 nach Tor 3 ist unter Vernachlässigung von Verlusten:

$$A_{1\to3} = |t|^2 - |r|^2 \exp(2\pi j\Delta/\lambda) \qquad (2\text{-}93)$$

wobei Δ die Weglängendifferenz ist. Der Leistungstransmissionskoeffizient $P_{1\to3} = A_{1\to3}\, A_{1\to3}^{*}$ ist dann:

$$P_{1\to3} = 1 - 2R\,(1-R)\,[1 + \cos(2\pi\Delta/\lambda)] \qquad (2\text{-}94)$$

mit $R = |r|^2$. Der Teil der Leistung, der nicht über Tor 3 geht, wird über Tor 4 ausgekoppelt. Analog dazu ergibt sich für den Leistungstransmissionskoeffizienten $P_{2\to3}$:

$$P_{2\to3} = 2R\,(1-R)\,[1 + \cos(2\pi\Delta/\lambda)] \qquad (2\text{-}95)$$

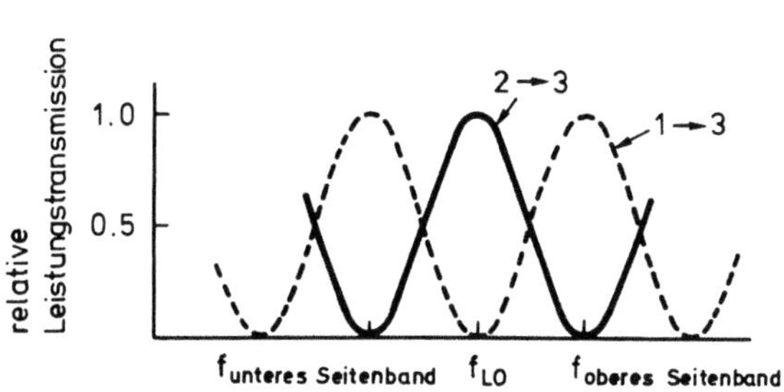

Bild 2-45: Transmissionsspektrum eines Zweistrahl-Interferometers.

Bild 2-45 zeigt das resultierende Transmissionsspektrum. Wie man sieht, eignet sich das Zweistrahl-Interferometer gut zur Kombination von Signal- und Pumposzillator-Frequenz. Für diese Anwendung als Diplexer gilt für die erforderliche Weglängendifferenz mit (2-94) und (2-95):

$$\Delta_{Dip} \approx (2K - 1)\ (\lambda_{ZF}/2) \quad K = 1,2,3,\ldots \qquad (2\text{-}96)$$

Um eine kleine Dämpfung in den Signalbändern bei gleichzeitig geringen Verlusten für die LO-Einkopplung zu erreichen, muß der Reflexionskoeffizient R für die Strahlteiler in der Nähe von 0,5 liegen. Die Strahlteiler können aus Metallgittern oder Kunststoffolien hergestellt werden.

Eine Sonderform des Zweistrahl-Interferometers ist in Bild 2-46 dargestellt (Martin-Puplett-Interferometer). Hier wird zur Strahlteilung ein um 45° gedrehtes Polarisationsgitter verwendet. Ein horizontal polarisierter Strahl wird dann in zwei gleichen Teilstrahlen aufgeteilt. Beide Teilstrahlen werden jeweils nach einer gewissen Wegstrecke an einem 90°-Winkelspiegel reflektiert. Die Winkelspiegel bewirken eine Polarisationsdrehung um 90°, so daß der vorher transmittierte Teilstrahl nun am Gitter reflektiert wird, und der vorher reflektierte Strahl durchgelassen wird.

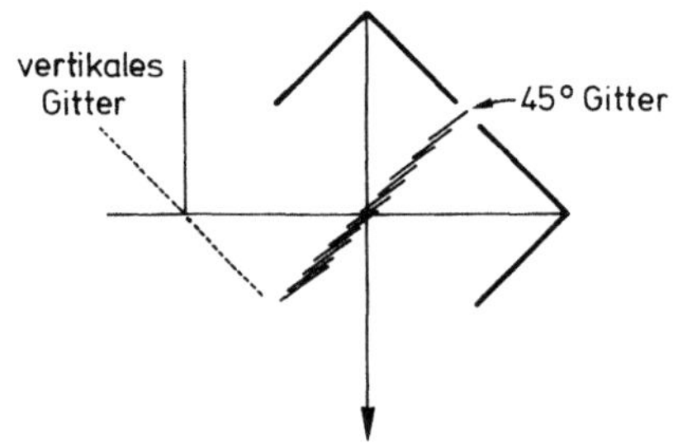

Bild 2-46: Martin-Puplett-Interferometer.

Wir bezeichnen die Einheitsvektoren mit horizontaler und vertikaler Polarisationsrichtung mit H bzw. V und die Vektoren der transmittierten und reflektierten Strahlen mit T bzw. R. Es gilt dann:

$$H = (R - T)/\sqrt{2} \quad \text{und} \quad V = (R + T)/\sqrt{2} \tag{2-97}$$

Für eine einfallende Welle mit horizontaler Polarisationsrichtung ergibt sich dann für das elektrische Feld am Ausgang:

$$E_{out} = (1/\sqrt{2})\ [R \exp(2\pi j d_R/\lambda) - T \exp(2\pi j d_T/\lambda)] \tag{2-98}$$

d_R und d_T sind hierbei die Wege der jeweiligen Teilstrahlen vom Gitter zum Reflektor und zurück. Bezeichnen wir die Weglängendifferenz d_T-d_R wieder mit Δ, so erhalten wir:

$$E_{out} = \frac{1}{2}\ \{H\ [1 + \exp(2\pi j\Delta/\lambda)] + V\ [1 - \exp(2\pi j\Delta/\lambda)]\} \tag{2-99}$$

Wie man sieht, hängt die Polarisationsrichtung des Ausgangsstrahls von der Weglängendifferenz Δ ab. So ist sie für $\Delta=0$ horizontal , für $\Delta=\lambda/2$ vertikal und für $\Delta=\lambda/4$ und $3\lambda/4$ zirkular polarisiert. Bringt man nun hinter dem Ausgang noch ein horizontal ausgerichtetes Gitter an, so bekommt man für die Leistungsübertragungsfunktion:

$$P_{H\to H} = \frac{1}{2}\ [1 + \cos(2\pi\Delta/\lambda)] \tag{2-100}$$

und bei vertikaler Ausrichtung:

$$P_{H\to V} = \frac{1}{2}\ [1 - \cos(2\pi\Delta/\lambda)] \tag{2-101}$$

Gleichung (2-100) ist identisch mit Gl.(2-95) für den Fall, daß R=0,5 ist. Für diesen Fall haben also die beiden Interferometer die gleichen Übertragungsfunktionen.

Man kann diesen Interferometertyp ebenfalls als Diplexer verwenden, wenn man noch ein zusätzliches Polarisationsgitter am Eingang einfügt (siehe Bild 2-45). Hier müssen die beiden zu kombinierenden Strahlen senkrecht zueinander polarisiert sein. Die Abstände der beiden Spiegel müssen so eingestellt werden, daß am Ausgang beide Strahlen die gleiche Polarisationsrichtung haben. Für die erforderliche Weglängendifferenz gilt wieder Gleichung (2-96).

2.5.5 Vielstrahl-Interferometer

Gegenüber den oben beschriebenen Zweistrahl-Interferometern wird bei den Vielstrahl-Interferometern (Fabry-Perot-Interferometer) der Strahl mehrfach reflektiert und überlagert, was prinzipiell zu schärferen Extremwerten im Frequenzverhalten führt. Im einfachsten Aufbau besteht ein Fabry-Perot-Interferometer aus zwei identischen, teilweise durchlässigen Reflektoren mit dem Leistungsreflexionsvermögen R. Wenn wir Verluste vernachlässigen, so gilt für die Leistungstransmission eines Spiegels: $T = 1 - R$. Die Leistungstransmissionsfunktion des gesamten Interferometers ist dann:

$$|t|^2 = \{1 + [4R/(1 - R)^2] \sin^2(\delta\varphi/2)\}^{-1} \qquad (2\text{-}102)$$

Die Reflexionsfunktion ist:

$$|r|^2 = \frac{[4R/(1 - R)^2] \sin^2(\delta\varphi/2)}{1 + [4R/(1 - R)^2]\sin^2(\delta\varphi/2)} \qquad (2\text{-}103)$$

$\delta\varphi$ ist die Phasendifferenz nach einem Durchgang durch das Interferometer. Für ein verlustloses Fabry-Perot-Interferometer ist:

$$|r|^2 + |t|^2 = 1 \qquad (2\text{-}104)$$

Wenn die teilweise durchlässigen Reflektoren den Abstand d haben, und gegenüber der Einfallsebene um den Winkel Θ_i gekippt sind, ergibt sich für die Phasendifferenz:

$$\delta\varphi = (4\pi d/\lambda)(n^2 - \sin^2\Theta_i)^{1/2} \tag{2-105}$$

Hierbei ist n der Brechungsindex des Materials zwischen den Reflektoren und λ die Wellenlänge im freien Raum. Die Phasensprünge aufgrund der Reflexion sind dabei noch nicht berücksichtigt. Sie hängen von der Art der Reflektoren ab. Wenn diese Phasensprünge frequenzunabhängig sind, und der Winkel $\Theta_i=0$ ist, bekommt man für den Abstand der Transmissionsmaxima: c/2nd. Bei einem verlustfreien Fabry-Perot liegt das Minimum der Reflexionsfunktion bei 0 und das Maximum bei $4R/(1 + R)^2$. Bild 2-47 zeigt die Transmissionsfunktion für verschiedene Werte von R.

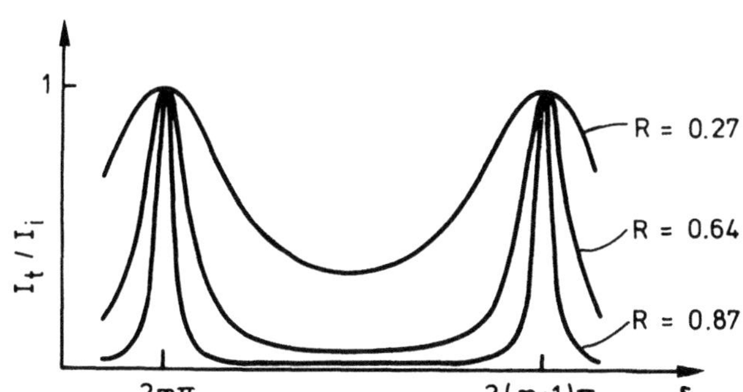

Bild 2-47: Transmissionsfunktion eines Fabry-Perot-Interferometers

Eine häufig benutzte Bauart des Fabry-Perot zeigt Bild 2-48. In dieser Bauform des gefalteten Fabry-Perot kann es ebenfalls zur Strahlkombination in Heterodynsystemen eingesetzt werden. Ein Nachteil des Vielstrahl-Interferometers bei gaußförmigen Strahlen ist, daß wegen der durch die Vielfach-Reflexion bedingten längeren Wegstrecken eine merkliche Strahlaufweitung innerhalb des Interferometers auftritt, was zu Verlusten führt. Dieser Effekt kann jedoch stark reduziert werden wenn z.B. einer der voll reflektierenden Spiegel als fokussierender Hohlspiegel ausgelegt wird.

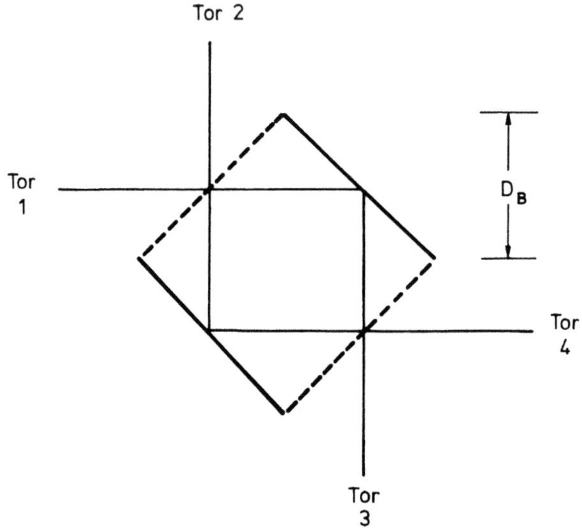

Bild 2-48: Gefaltetes Fabry-Perot-Interferometer

Literatur zum 2.Kapitel

Lehrbücher:

Collin, R.E.: Foundations for Microwave Engineering. Mc. Graw-Hill, 1966

Evans,G., McLeish, C.W.: RF Radiometer Handbook. Artech House, Inc., 1977

Kraus, J.D.: Radio Astronomy. McGraw-Hill, 1966

Hachenberg, O., Vowinkel, B.: Technische Grundlagen der Radioastronomie. Bibliographisches Institut, 1982

Button, K.J.: Infrared and Millimeter Waves. Academic Press

Einzelveröffentlichungen:

[1] Arams, F.R., Peyton, B.J.: Eight-Millimeter-Wave Maser and Maser-Radiometer System. Proceedings of the IEEE, Januar 1965

[2] Kollberg, E.L., Lewin, P.T.: Traveling-wave Masers for Radio Astronomy in the Frequency Range 20-40 GHz. IEEE Transactions on Microwave Theory and Techniques, Vol. MTT-24, No.11, November 1976

[3] Moore, C.R., Clauss, R.C.: A Reflected-Wave Ruby Maser with K-Band Tuning Range and Large Instantaneous Bandwidth. IEEE Transactions on Microwave Theory and Techniques, Vol. MTT-27, No.3, März 1979

[4] Edrich, J.: A Cryogenically Cooled Two-Channel Paramp Radiometer for 47 GHz. IEEE Transactions on Microwave Theory and Techniques, Vol. MTT-25, No.4, April 1977

[5] Whelehan, J., Kraemer, E., Paczkowski,H.: Millimeter-Wave Paramp with a Solid-State Pump Source. Microwave Journal, November 1973

[6] Liechti, C.A.: Microwave Field-Effekt Transistors-1976 IEEE Transactions on Microwave Theory and Techniques, Vol. MTT-24, No.6, Juni 1976

[7] Higashisaka, A., Mizuta, T.: 20-GHz Band Monolithic GaAs FET Low-Noise Amplifier. IEEE Transactions on Microwave Theory and Techniques, Vol. MTT-29, No.1, Januar 1981

[8] Weinreb, S.: Low-Noise Cooled GaAsFET Amplifier. National Radio Astronomy Observatory, Electronics Division Internal Report No. 202

[9] Vowinkel, B.: Cooled 2-4 GHz FET Amplifier. Electronics Letters Vol.16, No.19, September 1980

[10] Grote, N.: Heterostruktur-Bauelemente. Physik in unserer Zeit, 15. Jahrg. 1984, Nr.2, S. 51-64

[11] Delagebeaudeuf, D., Nuyen, T.L.: Metal-(n) AlGaAs-GaAs Two-Dimensional Electron Gas FET. IEEE Transactions on Electron Devices, Vol. ED-29, No.6, Juni 1982, S. 955-960

[12] Duh, K.H. et al.: Ultra-Low-Noise Cryogenic High-Electron-Mobility Transistors. IEEE Transactions on Electron Devices, Vol. 35, No.3, März 1988, S. 249-256

[13] Pospieszalski, M.W., Weinreb, S., Norrod, R.D., Harris, R.: FET's and HEMT's at Cryogenic Temperatures - Their Properties and Use in Low-Noise Amplifiers. IEEE Transactions on Microwave Theory and Techniques, Vol.36, No.3, März 1988, S. 552-560

[14] Kerr, A.R.: Low-Noise Room-Temperature and Cryogenic Mixers for 80-120 GHz. IEEE Transactions on Microwave Theory and Techniques, Vol. MTT-23, No.10, Oktober 1975

[15] Linke, R.A., Schneider, M.V., Cho, A.Y.: Cryogenic Millimeter-Wave Receiver Using Molecular Beam Epitaxy Diodes. IEEE Transactions on Microwave Theory and Techniques, Vol. MTT-26, No.12, Dezember 1978

[16] Vowinkel, B.: Millimetre-Wave SSB Mixer with Integrated Local-Oscillator Injection. Electronics Letters, Vol.13, No.8, April 1977

[17] Kräutle, H., Sauter, E., Schultz, G.V.: Antenna Characteristics of Whisker Diodes used as Submillimeter Receivers. Infrared Phys.17, 477, 1977, S. 183-189

[18] Vowinkel, B.: The Main Beam Efficiency of Corner Cube Reflectors. International Journal of Infrared and Millimeter Waves, Vol. 7, No.1, 1986, S. 155-169

[19] Dolan, G.J., Linke, R.A., Sollner, G., Woody, D.P., Phillips, T.G.: Superconducting Tunnel Junctions as Mixers at 115 GHz. IEEE Transactions on Microwave Theory and Techniques, Vol. MTT-29, No.2, Februar 1981

[20] Richards, P.L., Shen, T.M.: Superconductive Devices for Millimeter Wave Detection, Mixing, and Amplification. IEEE Transactions on Electron Devices, Vol. ED-27, No.10, Oktober 1980

[21] Hilberath, W., Vowinkel, B., Gundlach, K.H.: 145-GHz-Frontend with Superconductor-Isolator-Superconductor (SIS)-Mixer. SPIE Vol. 598 Instrumentation for Submillimeter Spectroscopy (1985), S. 20-26

[22] Blundell, R., Gundlach, K.H.: A Quasiparticle SIN Mixer for the 230 GHz Frequency Range. International Journal of Infared and Millimeter Waves, Vol. 8, No. 12, 1987, S. 1573-1579

[23] Gunn, J.B.: Instabilities of Current in III-V Semiconductors. IBM Journal (1964) April, S. 141-159

[24] Ondria, J.: Wideband mechanically tunable W-Band CW Gunn Diode Oscillator. Proceedings Agard Conf. München (1978) Nr. 245, S. 12-1 bis 12-16

[25] Barth, H.: A Wideband Backshort Tunable Second Harmonic W-Band Gunn Oscillator. Conf. Digest IEEE MTT-S (1981), S. 284-287

[26] Jacobs, K., Vowinkel, B.: Solid State mm-Wave Oscillators with Large Tuning Range. Conf. Digest IEEE MTT-S (1987), S. 863-866

[27] Röser, H.P., Wattenbach, R., Dürwen, E.J., Schultz, G.V.: Heterodyn-Spektrometer für das Submillimeter-Wellengebiet. Laser+ Optoelektronik, Juni 1982

[28] Archer, J.W.: Millimeter Wavelength Frequency Multipliers. IEEE Transactions on Microwave Theory and Techniques, Vol. MTT-29, No. 6, Juni 1881, S. 552-557

[29] Bester, M., Jacobs, K., Vowinkel, B.: Phase-Locked Millimeter Wave Gunn Oscillators with Large Mechanical Tuning Range. Proceedings 13th European Microwave Conf. 1983

[30] Vowinkel, B., Grüner, K., Reinert, W.: Cryogenic All Solid-State Millimeter-Wave Receivers for Airborne Radiometry. IEEE Transactions on Microwave Theory and Techniques, Vol. MTT-31, No. 12, Dezember 1983, S. 996-1001

3 SPEKTROMETER

Bei einem Teil der Anwendungsbereiche der passiven Mikrowellenradiometrie steht die Messung von Moleküllinienübergängen im Vordergrund. Die genaue Bestimmung des Linienprofils kann Aufschluß über die physikalischen Zustände (z.B. Druck, Temperatur) am Enstehungsort der Strahlung geben (siehe Kap. 1.1.2). Hat das Meßobjekt eine Radialgeschwindigkeitskomponente gegenüber dem Empfangsort, so führt das aufgrund des Doppler-Effekts zu einer Frequenzverschiebung der Linie, d.h. aus der Messung der Verschiebung läßt sich die Radialgeschwindigkeit bestimmen. Zur Messung der Linienform und der Mittenfrequenz muß das vom Radiometer empfangene Frequenzband auf seine spektralen Anteile hin analysiert werden. Hierzu dient das Spektrometer. Um die Meßfehler klein zu halten, sollte dieses möglichst frequenzselektiv sein und eine große absolute Frequenzgenauigkeit sowie ein hohes Temperaturauflösungsvermögen besitzen. Bei starken Linien ist ferner der Dynamikbereich des Spektrometers von Bedeutung.

3.1 Auflösungsvermögen

Der einfachste Aufbau eines Spektrometers ist der eines durchstimmbaren schmalbandigen Filters der Bandbreite B mit nachfolgendem Leistungsdetektor. Die meisten Labor-Spektrumanalysatoren arbeiten nach diesem Prinzip. Zunächst stellt sich hierbei die Frage, in welchen Frequenzintervallen das Spektrum gemessen werden muß, um noch alle gewünschten Einzelheiten auflösen zu können. Dazu denken wir uns die Form des gesamten Spektrums in sinusförmige Einzelkomponenten zerlegt. Nach dem Nyquistschen Sampling-Theorem dürfen nun die Frequenzintervalle der Abtastmessung höchstens einer halben Periode der Komponente mit der kürzesten Frequenzperiode ρ entsprechen (siehe Bild 3-1).

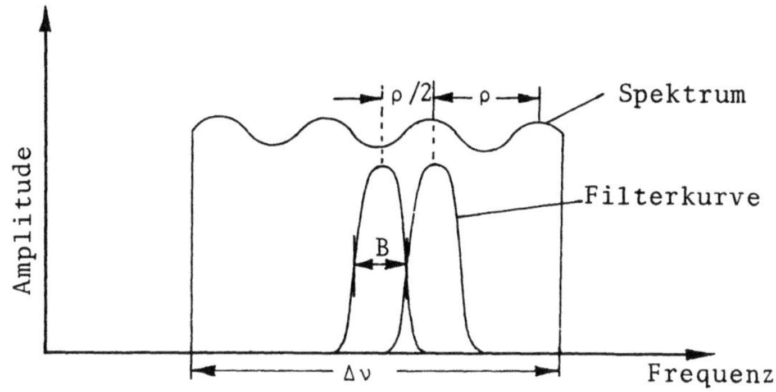

Bild 3-1: Maximales Frequenzintervall

Etwas schwieriger zu beantworten ist die Frage nach der optimalen Bandbreite B des Filters. Einerseits sollte sie möglichst klein sein, um die absolute Frequenz einer Linienkomponente genau bestimmen zu können, aber andererseits sinkt damit das Amplituden- bzw. Temperaturauflösungsvermögen für die Komponente. Es hier gilt nämlich wieder die Radiometerformel (2-22) für das Temperaturauflösungsvermögen:

$$\Delta T = \frac{T_{sys}}{\sqrt{B_{eff}\ \tau}} \qquad (3\text{-}1)$$

Ein Maß für die Frequenzunsicherheit ist das Verhältnis der Amplitude einer sinusförmigen Spektralkomponente der Frequenzperiode ρ vor dem Filter zu ihrer Amplitude hinter dem Filter (A_{in}/A_{out}). Je kleiner die Filterbandbreite gegenüber der Periode ρ ist, umso mehr nähert sich dieses Verhältnis dem Wert 1 (Filter verlustfrei angenommen). Mit zunehmender Bandbreite wird das Verhältnis größer, bis schließlich die Komponente hinter dem Filter überhaupt nicht mehr festgestellt werden kann ($A_{in}/A_{out} \rightarrow \infty$). Den optimalen Kompromiß für die Filterbandbreite findet man, indem man das Produkt aus

Temperaturunsicherheit ($\Delta T/\Delta T_{min}$) und Frequenzunsicherheit (A_{in}/A_{out}) gegen das Verhältnis von B/ρ aufträgt (Bild 3-2).

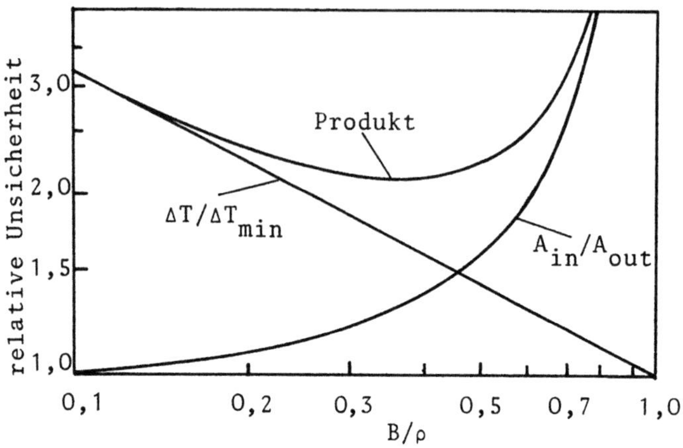

Bild 3-2: Relative Unsicherheit in Abhängigkeit der normierten Bandbreite

Das Ergebnis zeigt, daß das Optimum etwa beim Verhältnis $B/\rho =$ 0,5 liegt und damit dem maximalen Frequenzintervall entspricht. In dieses Ergebnis geht im Prinzip auch noch die Form der Filterkurve ein. Allerdings ist der Einfluß nicht sehr groß, so daß wir hier auf eine ausführlichere Diskussion verzichten können.

3.2 Prinzipielle Realisierungsmöglichkeiten

Das vom Radiometer empfangene breitbandige Signal steht am Eingang des Spektrometers zunächst als zeitabhängige Spannung $U(t)$ zur Verfügung. Mit dem Spektrometer muß hieraus das Leistungsspektrum $|\tilde{U}(f)|^2$ gewonnen werden. Mathematisch gesehen gibt es hierzu zwei verschiedene Lösungswege. Bei dem ersten bildet man aus $U(t)$ die Fouriertransformierte $\tilde{U}(f)$ mit:

$$\tilde{U}(f) = \int_{-\infty}^{\infty} U(t) \exp(-j2\pi ft)\, dt \qquad (3\text{-}2)$$

und daraus durch Quadrieren der Beträge das Leistungsspektrum:

$$P(f) = |\tilde{U}(f)|^2 \qquad (3\text{-}3)$$

Beim zweiten Lösungsweg wird zunächst die Autokorrelationsfunktion gebildet:

$$R(\tau) = \lim_{T\to\infty} \frac{1}{2T} \int_{-T}^{T} U(t)\, U(t+\tau)\, dt \qquad (3\text{-}4)$$

Daraus erhält man das Leistungsspektrum mit Hilfe der Fouriertransformation:

$$P(f) = 2 \int_{-\infty}^{\infty} R(\tau) \exp(-j2\pi f\tau)\, d\tau \qquad (3\text{-}5)$$

Technisch realisiert werden kann der erste Lösungsweg mit dem Filterspektrometer oder dem Akusto-optischen Spektrometer und der zweite Lösungsweg mit dem Autokorrelator.

3.3 Filterspektrometer

Das Filterspektrometer ist der älteste in der Radiometrie eingesetzte Spektrometertyp. Es wird auch heute noch häufig verwendet, weil der Aufwand für die Entwicklung nicht allzu groß ist. Andererseits besitzen Filterspektrometer bezüglich Eichung und Flexibilität der Bandbreite gewisse Nachteile. Weiterhin ist die Zahl der elektronischen Komponenten pro Kanal recht groß, so daß das Filterspektrometer bezüglich Größe, Gewicht und Preis moderneren Spektrometertypen unterlegen ist.

3.3.1 Prinzip

Das in Kap. 3.1 beschriebene Prinzip der Spektrometrie mit einem durchstimmbaren Filter ist sehr ineffektiv, weil zu einer bestimmten Zeit immer nur ein Bruchteil der Gesamtbandbreite $\Delta\nu$ untersucht werden kann, während die Information im übrigen Frequenzband verlorengeht. Beim Filterspektrometer überdeckt man daher das Frequenzband mit n Filtern der Bandbreite $B = \Delta\nu/n$, die parallel arbeiten und jeweils auf eine feste Mittenfrequenz abgestimmt sind. Es ergibt sich damit der in Bild 3-3 gezeigte prinzipielle Aufbau.

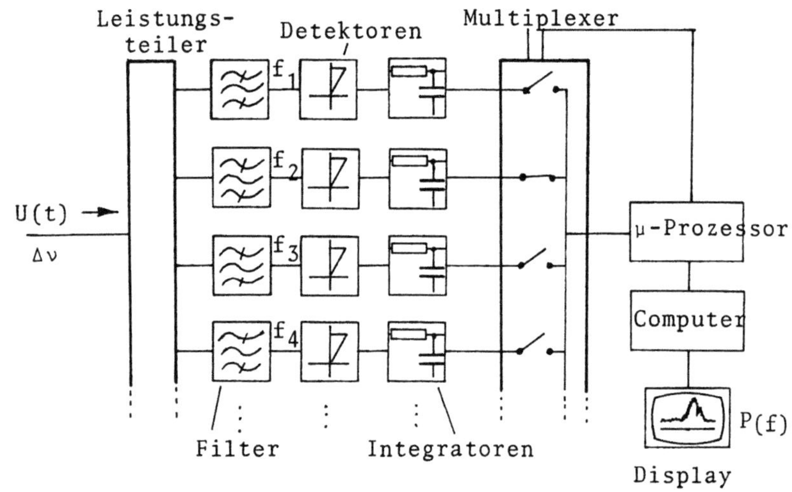

Bild 3-3: Prinzipieller Aufbau eines Filterspektrometers

Die Fouriertransformierte nach Gleichung (3-2) wird hier praktisch stückweise in Frequenzintervallen der Breite B gebildet. Das nach Gleichung (3-3) erforderliche Quadrieren wird normalerweise mit Halbleiterdetektoren vorgenommen, die eine annähernd quadratische Kennlinie haben. Zur Bildung des zeitlichen Mittelwertes erfolgt dann noch eine Integration. Die einzelnen Leistungswerte werden danach über einen Multiplexer nacheinander abgefragt und weiterverarbeitet.

Die in Kap. 3.1 angegebenen optimalen Werte für die Frequenzabstände und die Bandbreite sind, absolut gesehen, abhängig von der jeweiligen Form des zu untersuchenden Spektrums. Da nun aber beim Filterspektrometer diese Werte vom Aufbau her festliegen, muß die Kanalzahl von vorneherein so hoch angesetzt werden, daß die schmalbandigsten vorkommenden Komponenten noch aufgelöst werden können. Bei Spektren mit weniger feinen Komponenten kann dann bei der späteren Auswertung immer noch eine Mittelung über mehrere Kanäle vorgenommen werden, was einer Vergrößerung der effektiven Kanalbreite B entspricht. In der Praxis geht man bis zu einer Kanalzahl von etwa 512.

3.3.2 Praktischer Aufbau

Ein technisches Problem beim Aufbau eines Filterspektrometers ergibt sich dadurch, daß bei identischen absoluten Bandbreiten B der einzelnen Filter die relative Bandbreite B/f_i (f_i: Mittenfrequenz des Filters) für jedes Filter eine andere ist. Das heißt, jedes Filter muß individuell berechnet und aufgebaut werden, was insbesondere bei einer großen Kanalzahl zu einem nicht vertretbaren Aufwand führt. Um weitgehend identische Baugruppen verwenden zu können, setzt man stattdessen mit verschiedenen Oszillatoren und Mischern Teile des Frequenzbandes noch einmal auf tiefere Frequenzen um. Dieses Verfahren soll im folgenden am Beispiel eines speziellen 256-Kanal-Filterspektrometers gezeigt werden. Die Kanalbreite dieses Spektrometers beträgt 1 MHz.

Das vom Radiometer empfangene Frequenzband wird zunächst auf den Frequenzbereich von 86 bis 342 MHz umgesetzt. Danach wird die obere Hälfte dieses Bereichs (214 - 342 MHz) mit einem Mischer, dessen LO-Frequenz 428 MHz beträgt, auf den Bereich von 86 bis 214 MHz heruntergemischt, so daß man dann das gesamte Band in zwei getrennten Kanälen mit identischen Frequenzbereichen zur Verfügung hat. Diese Kanäle werden nun jeweils wieder mit den Frequenzen 110 MHz, 126 MHz, 174 MHz und 190 MHz gemischt. Als Zwischenfrequenzbereich ergibt sich hierbei jeweils der Bereich von 8 bis 24 MHz, wobei die oberen und unteren Seitenbänder mit getrennten Mischern umgesetzt werden. Insgesamt erhält man damit den gesamten ursprünglichen Frequenzbereich in 16 Kanäle aufgetrennt, die jeweils den Bereich von 8 bis 24 MHz überdecken. Dieser wird dann jeweils mit 16 einzelnen Filtern unterschiedlicher Mittenfrequenz analysiert. Auf diese Weise können also 16 identische Baugruppen mit je 16 Kanälen verwendet werden. Die Lage der einzelnen Oszillatorfrequenzen ist so gewählt, daß höhere Harmonische und ihre Mischprodukte möglichst wenig stören (siehe Bild 3-4).

Wie bereits erwähnt, verwendet man zur Bestimmung der Ausgangsleistung der einzelnen Kanäle Halbleiterdetektoren, die eine annähernd quadratische Kennlinie haben, d.h. $U_{det} = \alpha U_{HF}^2$ (siehe Gleichung 2-5). Ein Problem hierbei ist nun, daß die Konstante α leicht temperaturabhängig ist. Man ist daher gezwungen, die entsprechenden Baugruppen mit einer Regelung auf einer festen Umgebungstemperatur zu halten. Ein weitaus schwierigeres Problem stellen die Abweichungen der Detektorkennlinien von der idealen quadratischen Form dar, und zwar insbesondere deshalb, weil diese Abweichungen für jeden Kanal individuell verschieden sind und sich mit der Zeit ändern können. Gesamtverstärkungsschwankungen im Radiometer wirken sich in erster Näherung nicht auf die Form des Spektrums aus, jedoch individuelle Verstärkungs- bzw. Dämpfungsschwankungen in den einzelnen Kanälen. Um all diese Effekte berücksichtigen zu können, muß das gesamte Filterspektrometer in gewissen Zeitabständen geeicht werden. Je nachdem über welchen Dynamikbereich sich das zu messende Spektrum erstreckt, muß die Eichung stufenweise für verschiedene Eingangspegel vorgenommen werden, um pegelabhängige Effekte ebenfalls zu berücksichtigen.

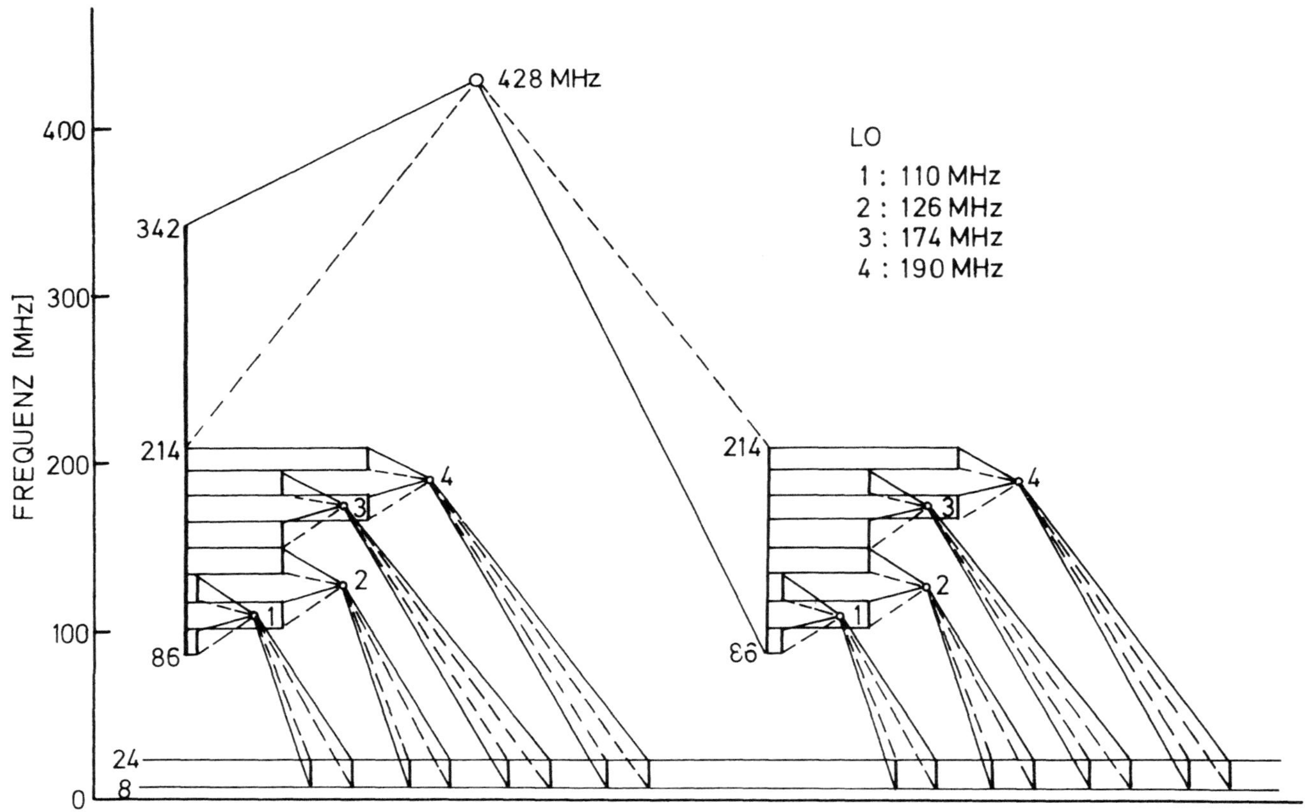

Bild 3-4: Frequenzplan des Kölner 256-Kanal-Filterspektrometers

3.3.3 Eichung

Die Eichung der Spektrometerkanäle kann direkt über das Radiometer erfolgen, indem man ein Eichsignal bekannter Größe T_{cal} einspeist, das über die gesamte Bandbreite des Spektrometers konstant ist, d.h. keine Frequenzabhängigkeit besitzt (siehe Kap. 2.2.7). An den Kanalausgängen mißt man dann die durch das Eichsignal bedingten Ausgangsleistungsänderungen ΔP_{cal}. Die relative Eichung für einen Kanal ist dann:

$$\frac{\Delta T}{\Delta P} = \frac{T_{cal}}{\Delta P_{cal}} \qquad (3\text{-}6)$$

Wie bereits erwähnt, ist dieses Ergebnis i. allg. vom absoluten Leistungspegel abhängig, d.h. $\Delta T/\Delta P = f(P)$. Um die Pegelabhängigkeit bei der Eichung zu erfassen, muß die Eichung für verschieden große Werte von T_{cal} wiederholt werden. Da diese Messungen für jeden einzelnen Kanal gemacht werden müssen, wird der gesamte Eichzyklus meistens automatisch mit Hilfe einer Rechnersteuerung abgewickelt, womit dann auch die Eichfaktoren direkt für die Auswertung des Spektrums zur Verfügung stehen.

Um kurzfristige Verstärkungs- bzw. Dämpfungsschwankungen innerhalb des Spektrometers zu eliminieren, kann hier wieder das Dicke-Prinzip angewendet werden (siehe Kap. 2.2.2). Die Differenzbildung der Meßergebnisse in den einzelnen Schaltphasen muß hier getrennt für jeden einzelnen Kanal durchgeführt werden und erfolgt daher meistens mit einem Mikroprozessor bzw. Rechner. Der erforderliche Dicke-Schalter könnte zwar direkt vor das Spektrometer gesetzt werden, aber dann würden sich die Frequenzabhängigkeiten im Radiometer bei längeren Integrationszeiten aufaddieren. Man setzt daher besser den Dicke-Schalter vor den HF-Eingang des Radiometers, d.h. man verwendet ein Dicke-Radiometer.

Insbesondere bei der Messung schwacher Linien im kurzwelligen cm- und im mm-Wellenbereich wird häufig auch das sog. On-Off-Verfahren angewandt. Hierbei wird zunächst das Signal der Quelle und danach, über die gleiche Zeit, eines Gebietes neben der Quelle, das keine Linien emittiert, aufintegriert. Bei der Differenzbildung beider Spektren fallen dann alle Frequenzabhängigkeiten außer der der Quelle weitgehend weg.

Ein zusätzliches Eichproblem tritt bei Empfängern auf, deren Eingangsstufe ein Mischer ist, denn dann werden gleichzeitig zwei Frequenzbereiche auf die Zwischenfrequenz umgesetzt. Die zu messende Linienstrahlung ist aber immer nur in einem der beiden Seitenbänder vorhanden. Bei den bisher besprochenen Eichverfahren mit Hilfe einer breitbandigen Referenzrauschquelle wird dagegen der Empfänger im Doppelseitenbandbetrieb geeicht. Nun kann man natürlich mit Hilfe eines Filters ein Seitenband unterdrücken, so daß ein echter Einseitenbandbetrieb gewährleistet ist. In der Praxis gelingt diese Unterdrückung jedoch nie vollständig und ist außerdem auch mit Verlusten im Signalband verbunden. Eine andere Möglichkeit ist die Begrenzung des Frequenzbandes der Referenzrauschquelle mit einem Filter, so daß nur in einem Seitenband Zusatzrauschen erzeugt wird. Aber auch hier treten Probleme durch den Frequenzgang des Filters im Durchlaßbereich auf. Es bleibt daher nur übrig, das Verhältnis der Empfängerempfindlichkeit im oberen zu der im unteren Seitenband zu bestimmen (z.B. mit schmalbandigen Signalen) und damit das Ergebnis der Rauscheichung entsprechend umzurechnen. Außerdem gibt es natürlich immer noch die Möglichkeit, eine Eichung an Linienquellen vorzunehmen, deren absolutes Spektrum bereits genau bekannt ist.

3.4 Akusto-optisches Spektrometer

Eine Möglichkeit, ein Vielkanalspektrometer aufzubauen, ohne für jeden einzelnen Kanal eine elektronische Baugruppe herstellen zu müssen, bietet das Prinzip des akusto-optischen Spektrometers [1,2]. Nachdem anfängliche technologische Probleme weitgehend gelöst wurden, verdrängt es in letzter Zeit zunehmend das Filterspektrometer.

3.4.1 Prinzip

Beim akusto-optischen Spektrometer wird die Fouriertransformierte der Spannung U(t) analog gebildet, und zwar durch Beugung von monochromatischem Licht an einem durch Ultraschall erzeugten optischen Phasengitter. Bild 3-5 zeigt den prinzipiellen Aufbau. Das zu untersuchende Frequenzband wird zunächst verstärkt und dann auf einen Wandler gegeben, der die elektromagnetischen Schwingungen in Ultraschallschwingungen umwandelt. Das Prinzip des Wandlers beruht auf dem piezoelektrischen Effekt. Mit Hilfe des Wandlers wird nun eine Schallwelle in einem optisch transparenten Kristall oder einer Flüssigkeit angeregt. Die Schallwelle erzeugt dabei über die Dichteschwankungen eine lokale Änderung des optischen Brechungsindexes, wodurch praktisch ein optisches Phasengitter entsteht. Senkrecht zur Ausbreitungsrichtung der Schallwelle wird der Kristall mit einem parallelen monochromatischen Lichtstrahl durchleuchtet (z.B. aus einer Laser-Diode). Am optischen Phasengitter wird das Licht gebeugt und anschliessend mit einer Optik fokussiert. Man erhält damit in der Abbildungsebene direkt das Leistungsspektrum der Schallwelle in Form von Lichtintensitäten. Die Messung der Lichtintensitäten erfolgt dann mit einer Photodiodenzeile oder CCD-Zeile (charge coupled device). Solche Zeilen werden heutzutage einschließlich der Ausleseelektronik monolithisch aufgebaut. Die Anzahl der Kanäle reicht in die Größenordnung von einigen Tausend.

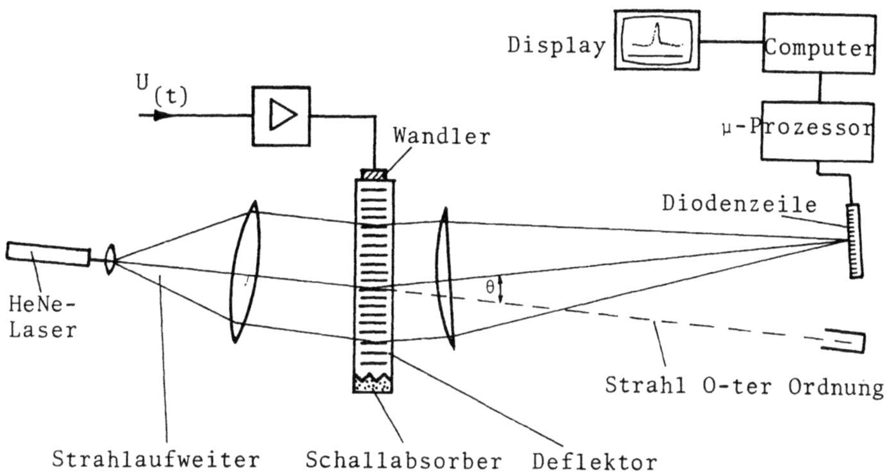

Bild 3-5: Beispiel für den Aufbau eines akusto-optischen Spektrometers

Der Beugungswinkel Θ beträgt je nach Material des verwendeten Deflektors 3-12°. Zusammen mit den Abmessungen der Diodenzeile ergibt sich daraus der Abstand zwischen Deflektor und Diodenzeile. Bei der Berechnung des Beugungswinkels Θ kann man darauf zurückgreifen, daß unter der Bedingung:

$$2\pi \frac{\lambda_L L}{\lambda_S^2} \gg 1 \tag{3-7}$$

L: effektive Länge des Deflektors (Apertur),
λ_L: Lichtwellenlänge, λ_S: Schallwellenlänge

der Beugungswinkel sich aus der Beziehung für die Braggsche Reflexion ableiten läßt. Das heißt, es gilt:

$$2\, d \sin \frac{\Theta}{2} = m\, \lambda_L \tag{3-8}$$

m: ganze Zahl

Der Abstand der Reflexionsebenen entspricht in unserem Fall der Schallwellenlänge: $d = \lambda_S$. Für den Strahl 1.Ordnung gilt dann näherungsweise für kleine Winkel:

$$\Theta \approx \frac{\lambda_L}{\lambda_S} \tag{3-9}$$

In der Praxis verwendet man Deflektoren, die Aperturen von einigen cm haben, womit die Bedingung (3-7) i. allg. erfüllt ist.

Zum gleichen Ergebnis kommt man mit einer einfachen quantenmechanischen Betrachtung. Die Photonen des Lichtstrahls werden im Deflektor an den Phononen der Schallwelle gestreut. Der Impuls der Photonen ist $\hbar\vec{k}$ und die Phononen haben den Impuls $\hbar\vec{K}$. Bei Absorption des Phonons erhält man dann aufgrund der Impulserhaltung folgendes Vektordiagramm:

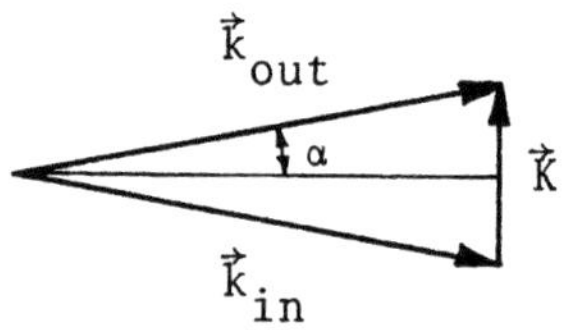

Bild 3-6: Photon-Phonon Streuung

Daraus erhält man für den halben Streuwinkel die Beziehung:

$$\sin\alpha = \frac{1}{2}\,K/k = \frac{1}{2}\,\lambda_L/\lambda_S \tag{3-10}$$

Für kleine Winkel ergibt sich hieraus wieder Gleichung (3-9). Das Winkelauflösungsvermögen des Deflektors ist aufgrund der begrenzten Apertur etwa:

$$\delta\Theta = \lambda_L/L \qquad (3\text{-}11)$$

Eine Gesamtbandbreite von $\Delta\nu$ erzeugt mit (3-9) einen Beugungswinkelbereich von:

$$\Delta\Theta = \lambda_L/\Delta\lambda_S = \frac{\Delta\nu\ \lambda_L}{v_S} \qquad (3\text{-}12)$$

v_S: Schallgeschwindigkeit im Deflektor

Die Zahl der maximal auflösbaren Kanäle ist damit:

$$N = \Delta\Theta/\delta\Theta = \frac{\Delta\nu\lambda_L}{v_S} \qquad (3\text{-}13)$$

Die Bandbreite eines gerade noch auflösbaren Kanals bzw. das Frequenzauflösungsvermögen des Spektrometers ist offensichtlich:

$$B = \Delta\nu/N = v_S/L \qquad (3\text{-}14)$$

Die Gesamtbandbreite des Spektrometers wird in erster Linie durch den Schallwandler und seine Ankopplung an den Deflektor begrenzt. Man erreicht derzeit Bandbreiten bis zu etwa 1GHz.

Der Dynamikbereich wird nach unten im wesentlichen durch die Grenzempfindlichkeit der CCD's und nach oben durch Nichtlinearitäten im Deflektor begrenzt. Es lassen sich Werte von etwa 30 dB realisieren, was normalerweise vollkommen ausreicht. Die Eichung eines akusto-optischen Spektrometers ist gegenüber einem Filterspektrometer insofern erheblich unkritischer, als hier die Probleme der Detektorkennlien in wesentlich geringerem Maße auftreten.

3.4.2 Aufbau in Planartechnik

Der Gesamtaufbau eines konventionellen akusto-optischen Spektrometers ist recht groß. Aus diesem Grund geht man zum Teil neuerdings dazu über, den nachfolgend beschriebenen Aufbau in Planartechnik zu verwenden, der zu sehr kompakten Abmessungen und einem erheblich geringeren Gewicht führt.

Für die prinzipielle Arbeitsweise des Spektrometers spielt die Aperturdimension senkrecht zur Schallwelle und dem Lichtstrahl keine wesentliche Rolle. Man kann daher auch den gesamten Aufbau in einer Ebene konzentrieren (siehe Bild 3-7).

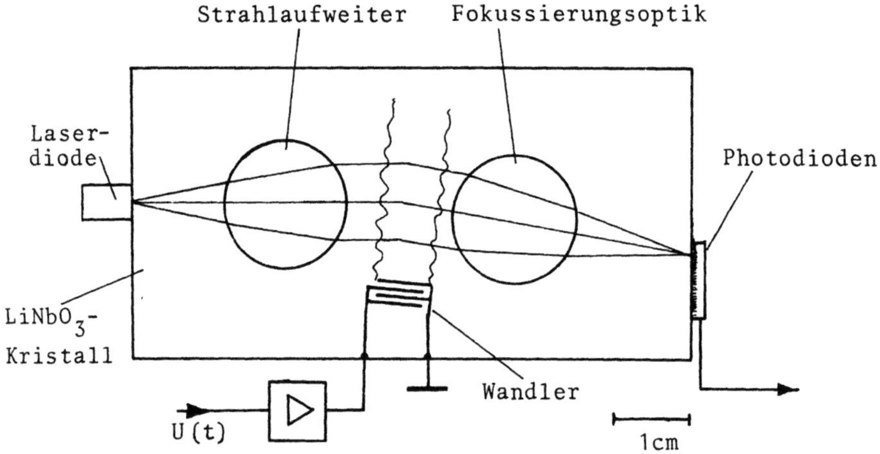

Bild 3-7: Akusto-optisches Spektrometer in Planartechnik

Als Basismaterial für den Deflektor wird hier meistens ein Lithiumniobat-Kristall ($LiNbO_3$) verwendet, das an der Oberfläche mit einer optisch transparenten Schicht versehen wird. Mit Hilfe einer oder mehrerer kammförmiger Elektroden werden akustische Oberflächenwellen (SAW von surface acustic waves) angeregt, die in der dünnen Oberflächenschicht mit dem Lichtstrahl wechselwirken.

Wegen der Konzentration der Licht- und der Schallwelle in einer Ebene ist hier die Wechselwirkung sehr effektiv. Man kommt daher mit jeweils vergleichsweise niedrigen Leistungen aus. Allerdings sind größere effektive Aperturen etwas schwieriger zu realisieren als beim herkömmlichen Aufbau, so daß die erreichbare Auflösung schlechter ist. Auch die Bandbreiten der Schallwandler sind etwas geringer, weshalb man zum Teil mehrere Wandler aufbringt, deren wirksame Frequenzbereiche aneinander anschließen. Man erreicht mit dieser Methode Gesamtbandbreiten von über 300 MHz bei einer Kanalzahl von ca. 1000.

3.5 Chirp-Transform-Spektrometer

Bei Chirp-Transform-Spektrometern [3,4,5] werden akustische Oberflächenwellenfilter (SAW-Filter) verwendet. Es handelt sich hier aber trotzdem nicht um ein reines Analogsystem, sondern um ein analoges Abtastsystem. Das SAW-Filter wird hierbei als frequenzabhängige Verzögerungsleitung benutzt. Bild 3-8 zeigt den prinzipiellen Aufbau dieses Spektrometertypes. Der im Bild gestrichelt umrahmte Teil kann wegfallen, wenn auf die Phaseninformation verzichtet wird, d.h. wenn nur das Leistungsspektrum von Interesse ist.

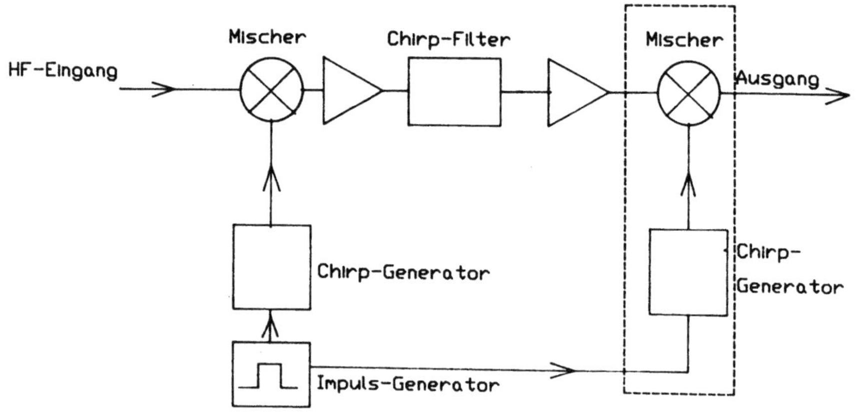

Bild 3-8: Schema eines Chirp-Transform-Spektrometers

Das zu analysierende Spektrum wird zunächst in einem Mischer mit einem Frequenz-Chirp, d.h. einem frequenzmodulierten Puls, dessen Modulationsfrequenz linear mit der Zeit abfällt, gemischt. Enthält das zu untersuchende Spektrum z.B. nur eine Komponente bei einer festen Frequenz, so entsteht als Mischprodukt die Differenz zwischen der konstanten Frequenz und dem abfallenden Chirp, also ein ansteigender Chirp. Durch die Dispersionseigenschaften des nachfolgenden SAW-Filters wird aus einem ansteigenden Frequenz-Chirp ein zeitlich kurzer

Impuls am Ausgang des Filters. Die Position des Impulses auf der Zeitachse ist proportional der absoluten Frequenzlage des Chirps am Eingang des Filters und damit der Frequenz der Komponente im untersuchten Spektrum (siehe Bild 3-9). Am Ausgang des Filters liegt also bereits das fertige Spektrum als Zeitfolge vor, d.h. man erhält mit der Wiederholungsfrequenz des Chirps jeweils ein komplettes Spektrum. Wegen der hohen Folgefrequenz muß ein entsprechend schneller Prozessor nachgeschaltet werden, der die Vorintegration vornimmt.

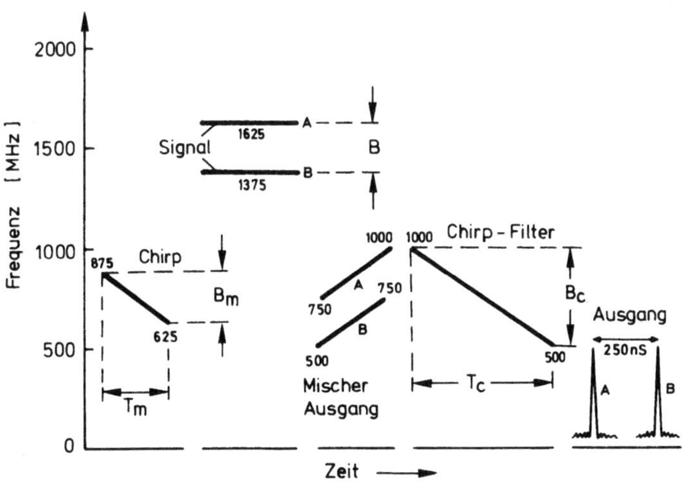

Bild 3-9: Frequenz-Zeit-Diagramm des Chirp-transform-Spektrometers

Mathematisch kann das oben beschriebene Prinzip folgendermaßen beschrieben werden:

$$\chi(\tau) = e^{-j\mu\tau^2} \int_{-\infty}^{\infty} (\chi(t)\, e^{-j\mu t^2})\, e^{j\mu(\tau-t)^2}\, dt \qquad (3\text{-}15)$$

$$\equiv \int_{-\infty}^{\infty} \chi(t)\, e^{-2j\mu\tau t}\, dt$$

$\chi(t)$ ist hierbei das zu untersuchende Spektrum das zunächst mit dem ersten Chirp ($e^{-j\mu t^2}$) multipliziert und dann mit der Verzögerungsfunktion ($e^{j\mu\tau^2}$) des Filters gefaltet wird. Soll die Phaseninformation des Signals erhalten bleiben, so muß anschließend noch mit einem zweiten Chirp multipliziert werden. μ ist die Frequenzänderung des Chirps pro Zeiteinheit. Wenn man die skalierte Zeitvariable $\mu\tau/\pi$ als Frequenz f identifiziert, so erkennt man, daß die Transformation äquivalent zu einer Fouriertransformation ist.

Die Eingangsbandbreite des Spektrometers β wird bestimmt durch die Differenz aus der Bandbreite des SAW-Filters B_c und des Chirps B_m. Die Abtastdauer und damit auch die erreichbare Auflösung T wird durch die Dauer des ersten Chirps T_m bestimmt, d.h. $T=T_m$. Mit $B_c/B_m = T_c/T_m = K$ ergibt sich dann für das Zeit-Bandbreiten-Produkt, das der Zahl N der äquivalenten Filterkanäle entspricht:

$$T\beta = T_c\, B_c\, (1/K - 1/K^2) \qquad (3\text{-}16)$$

Das Maximum liegt mit K = 2 bei:

$$T\beta = T_c\, B_c\, /4 \qquad (3\text{-}17)$$

Zur Zeit erreicht man für das Zeit-Bandbreiten-Produkt Werte bis zu 2000 bei einer Gesamtbandbreite von ca. 200 MHz. Das Entwicklungspotential dieses Spektrometertyps ist allerdings noch recht groß, so daß in den nächsten Jahren mit weiteren Verbesserungen dieser Werte zu rechnen ist.

3.6 Autokorrelator

Mit dem Autokorrelator [6] wird der in Kap. 3.2 beschriebene mathematische Weg über die Autokorrelationsfunktion technisch realisiert. Bezüglich Bandbreite und Frequenzauflösung ist der Autokorrelator flexibler als das Filterspektrometer und wird deshalb häufig eingesetzt. Bei dem üblichen Aufbau in 1-Bit-Digitaltechnik verliert man allerdings etwas an Temperaturauflösungsvermögen.

3.6.1 Prinzip

Im Autokorrelator muß zunächst aus der zeitabhängigen Signalspannung U(t) die Autokorrelationsfunktion gebildet werden. Zu diesem Zweck muß die Spannungsfunktion U(t) offensichtlich um den Betrag τ zeitlich verzögert werden und mit der unverzögerten Spannung multipliziert werden. Anschließend ist daraus der zeitliche Mittelwert zu bilden. Wiederholt man diesen Prozeß für immer größere Verzögerungszeiten τ, so bekommt man schließlich die vollständige Autokorrelationsfunktion. In Bild 3-10 ist der Korrelationsprozeß als Beispiel an einer willkürlichen Spannungsfunktion dargestellt.

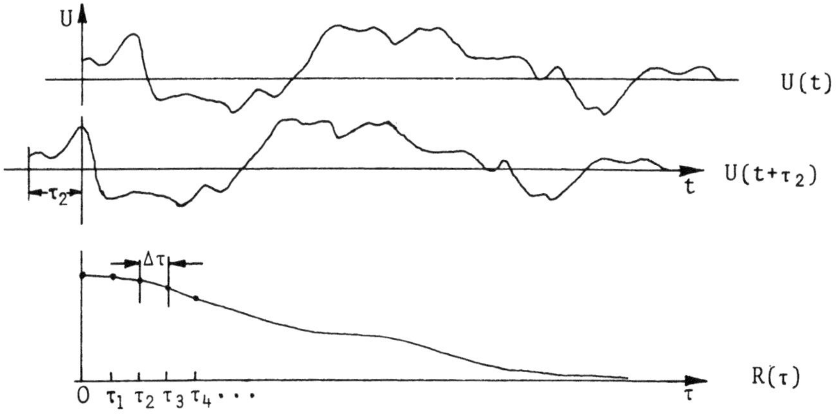

Bild 3-10: Erzeugung der Autokorrelationsfunktion

In der Praxis kann die Autokorrelationsfunktion immer nur punktweise in endlichen Verzögerungsintervallen $\Delta\tau$ gebildet werden. Der Wert von R(0) entspricht dem zeitlichen Mittelwert der Leistung. Bei einer rein sinusförmigen Spannung U(t) ist die zugehörige Autokorrelationsfunktion kosinusförmig mit der gleichen Periode. Mit zunehmenden Rauschanteilen wird die Autokorrelationsfunktion bei größeren Verzögerungszeiten kleiner (Bild 3-11).

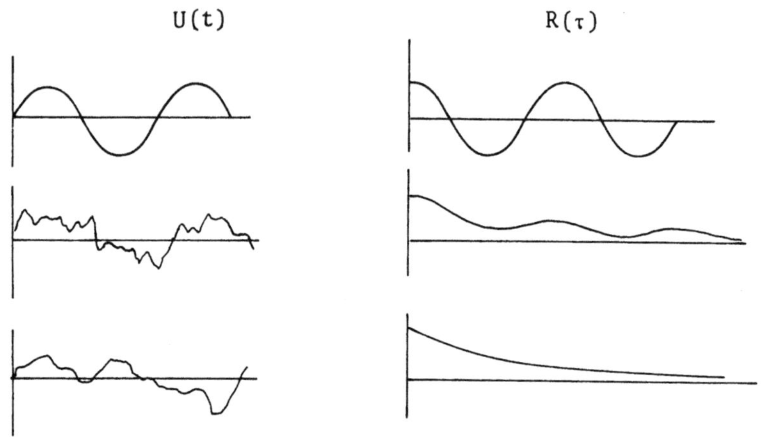

Bild 3-11: Autokorrelationsfunktion von periodischen Spannungen mit unterschiedlichen Rauschanteilen

In einem praktischen Aufbau eines Autokorrelators lassen sich nicht beliebig große Zeitverzögerungen realisieren. Man ist daher gezwungen, die Autokorrelationsfunktion bei einer maximalen Zeitverzögerung τ_m abzubrechen. Die Frage ist nun, was das für die Auswertung eines Spektrums, das man nach Gleichung (3-5) aus der Fouriertransformierten der Autokorrelationsfunktion gewinnt, für Folgen hat. Wir können uns hierzu die resultierende Autokorrelationsfunktion $R'(\tau)$ als Produkt der vollständigen Autokorrelationsfunktion $R(\tau)$ mit der Rechteckfunktion $b(\tau) = 1$ für $0<\tau<\tau_m$ und $b(\tau) = 0$ sonst, denken:

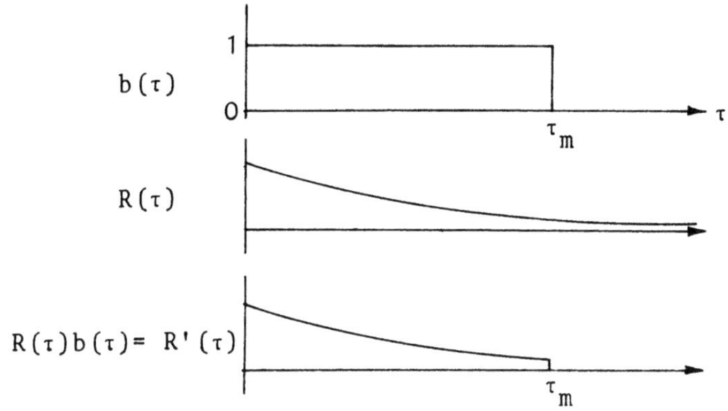

Bild 3-12: Abgeschnittene Autokorrelationsfunktion

Nun gilt für die Fouriertransformierte eines Produktes aus zwei Funktionen, daß sie gleich der Faltung der Fouriertransformierten der Einzelfunktionen ist, d.h. in unserem Fall:

$$2 \int_{-\infty}^{\infty} R(\tau)\ b(\tau)\ \exp\ (-j2\pi f\tau)\ d\tau = \int_{-\infty}^{\infty} P(\nu)\ B(f-\nu)\ d\nu \tag{3-18}$$

mit: $$B(f) = \int_{-\infty}^{\infty} b(\tau)\ \exp\ (-j2\pi f\tau)\ d\tau$$

Anschaulich bedeutet das Faltungsintegral eine Abtastung des Leistungsspektrums P(f) mit der Funktion B(f), wie mit einem durchstimmbaren Filter. Die Funktion B(f) ist also das Analogon zur Durchlaßkurve eines Filters beim Filterspektrometer. Wir können damit dem Autokorrelator eine äquivalente Filterkurve zuordnen.

Für die Funktion b(τ) hatten wir zunächst eine rechteckige Form angenommen. Die Fouriertransformierte B(f) davon ist die Funktion:

$$B(f) = \frac{\sin(2\pi f\tau_m)}{2\pi f\tau_m} \qquad (3\text{-}19)$$

Sie hat folgende Form:

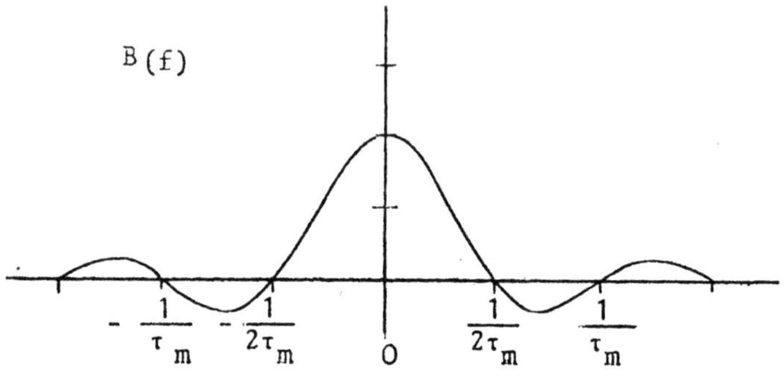

Bild 3-13: Fouriertransformierte der Rechteckfunktion

Wie man sieht, ist diese Form der äquivalenten Filterkurve wegen der großen Nebenmaxima nicht besonders günstig. Man verwendet daher anstelle der Rechteckfunktion für $b(\tau)$ meistens eine abgeschnittene Kosinusfunktion (Bild 3-14). Die Fouriertransformierte dieser Funktion hat erheblich niedrigere Nebenmaxima. Allerdings ist hier die Halbwertsbreite fast um den Faktor 2 größer als bei der Fouriertransformierten der Rechteckfunktion.

Aus der Ableitung der äquivalenten Filterkurve folgt, daß das Frequenzauflösungsvermögen des Autokorrelators gleich der Halbwertsbreite dieser Kurve ist, bei Verwendung der Kosinusfunktion also etwa $1/\tau_m$.

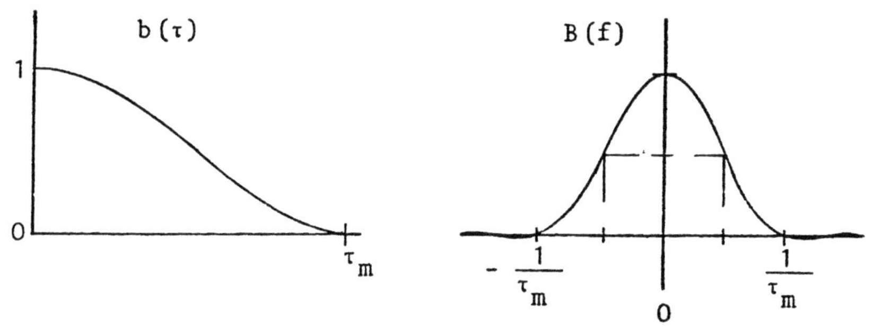

Bild 3-14: Abgeschnittene Kosinusfunktion und ihre Fouriertransformierte

Als nächstes stellt sich die Frage, in wieviel Zeitintervalle $\Delta\tau$ der Verzögerungsbereich von 0 bis τ_m aufgeteilt werden muß, um spektrale Anteile bis zur Frequenz $\Delta\nu$ nachweisen zu können. Wie bereits in Bild 3-11 gezeigt, erzeugt eine sinusförmige Eingangsspannung eine kosinusförmige Autokorrelationsfunktion der gleichen Frequenz. Nach dem in Kap. 3.1 erwähnten Nyquistschen Sampling-Theorem muß eine sinusförmige Komponente mindestens mit ihrer doppelten Frequenz abgetastet werden, um sie nachweisen zu können. In unserem Fall bedeutet das, daß die Zeitintervalle $\Delta\tau$ nicht größer als $1/2\Delta\nu$ sein dürfen, d.h. die Gesamtzahl der Verzögerungsschritte muß gleich $2\Delta\nu\tau_m$ sein, um ein Frequenzband von 0 bis $\Delta\nu$ analysieren zu können. Das sind doppelt so viele wie nötig wären, um das Band mit Filtern der Halbwertsbreite $1/\tau_m$ auszufüllen, wenn diese den Abstand $1/\tau_m$ hätten.

Zur Bestimmung des Temperaturauflösungsvermögens mit Hilfe der Radiometerformel (3-1) kann hier einfach die effektive äquivalente Bandbreite eingesetzt werden. Sie ist allgemein:

$$B_{eff} = \frac{\int_0^\infty B(f)\, df}{B_{max}} \qquad (3\text{-}20)$$

Für die in Bild 3-14 angegebene Filterkurve ist $B_{eff} = 4/3\tau_m$.

3.6.2 Digital-Autokorrelator

In der Praxis hat sich gezeigt, daß der Aufbau eines Autokorrelators in Digitaltechnik einige Vorteile gegenüber einem Analog-Autokorrelator bietet. Unter anderem sind dies der einfachere Aufbau, die geringeren systematischen Instrumentenfehler und die größere Flexibilität bezüglich Bandbreite und Frequenzauflösung.

Beim Digital-Autokorrelator muß als erstes die analoge zeitabhängige Spannungsfunktion U(t) digitalisiert werden. Um hierbei möglichst wenig Information zu verlieren, müsste die Spannung stufenweise in kleine Amplitudenschritte unterteilt werden und entsprechend digital verschlüsselt werden. Bei Bandbreiten in der Größenordnung von 50 MHz würde das jedoch extreme Anforderungen an die Geschwindigkeit der Digitalelektronik stellen, und der Aufbau würde sehr aufwendig werden. Nun haben Van Vleck und Middleton nachgewiesen, daß der größte Anteil der spektralen Information in den Nulldurchgängen der Spannung U(t) enthalten ist. Das heißt, man kann die Spannungsfunktion bereits bei sehr niedrigen Amplitudenwerten abschneiden (clippen) und je nachdem, ob der Spannungswert über oder unter der Nullinie liegt, einem Digitalwert zuordnen (Bild 3-15). Man kommt also hier mit einer 1-Bit-Verschlüsselung aus.

Es ist natürlich klar, daß bei diesem Verfahren ein geringer Verlust an Information in Kauf genommen werden muß. Es ergibt sich eine Verschlechterung des Temperaturauflösungsvermögens im endgültigen Leistungsspektrum von etwa einem Faktor $\pi/2$ gegenüber dem idealen Autokorrelator. Das heißt, um die gleiche Auflösung zu erreichen, muß man um den Faktor $\pi^2/4$ länger integrieren.

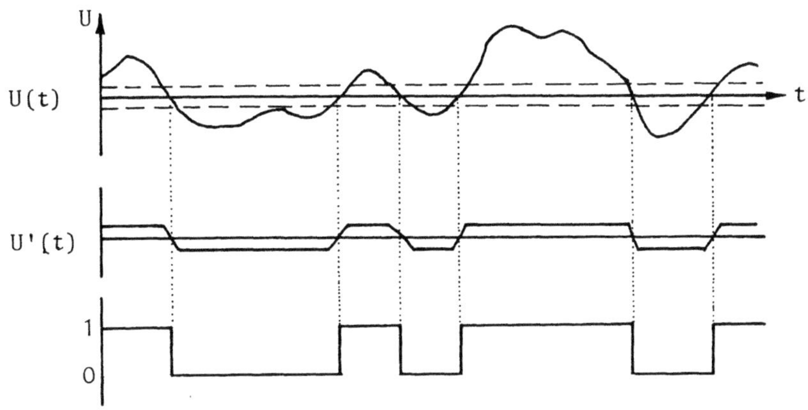

Bild 3-15: 1-Bit-Digitalisierung der Spannungsfunktion

Durch die 1-Bit-Digitalisierung wird auch die resultierende Autokorrelationsfunktion verändert. Wenn U(t) eine gaußförmige statistische Verteilung aufweist, was wir hier annehmen können, gibt es allerdings eine direkte Beziehung zwischen der normierten Autokorrelationsfunktion $r'(\tau)$ und der normierten originalen Autokorrelationsfunktion $r(\tau)$:

$$r(\tau) = \frac{R(\tau)}{R(0)} \quad ; \qquad r(\tau) = \sin\left(\frac{\pi}{2}\, r'(\tau)\right) \qquad (3\text{-}21)$$

Die erforderliche Korrektur der Funktion $r'(\tau)$ kann ohne Schwierigkeiten im Rechner vor der Fouriertransformation vorgenommen werden.

Nach der Digitalisierung wird das Signal einem Schieberegister zugeführt, in dem es stufenweise verzögert wird. Das verzögerte Signal wird dann jeweils mit dem unverzögerten digital multipliziert (siehe Bild 3-16). Anschließend werden die Produktfunktionen getrennt aufintegriert und über einen Multiplexer nacheinander ausgelesen. Die so erhaltene Funktion entspricht der mit der Schrittweite $\Delta\tau$ abgetasteten normierten Autokorrelationsfunktion $r'(\tau)$. Die weitere Auswertung und die Berechnung der Fouriertransformierten sowie die Langzeit-Integration erfolgt dann mit einem Rechner.

Durch Verkleinerung der Schaltfrequenz des Schieberegisters kann die Frequenzauflösung des Autokorrelators sehr leicht vergrößert werden, was allerdings auf Kosten der Gesamtbandbreite geht. In dieser Beziehung ist daher ein Autokorrelator erheblich flexibler als ein Filterspektrometer. Die Gesamtbandbreite wird durch die Zahl der Verzögerungsstufen des Schieberegisters und die kleinste realisierbare Schrittweite $\Delta\tau$ festgelegt. Bisher sind Bandbreiten von bis zu 100 MHz erreicht worden, bei einer Frequenzauflösung von etwa 0,05 MHz.

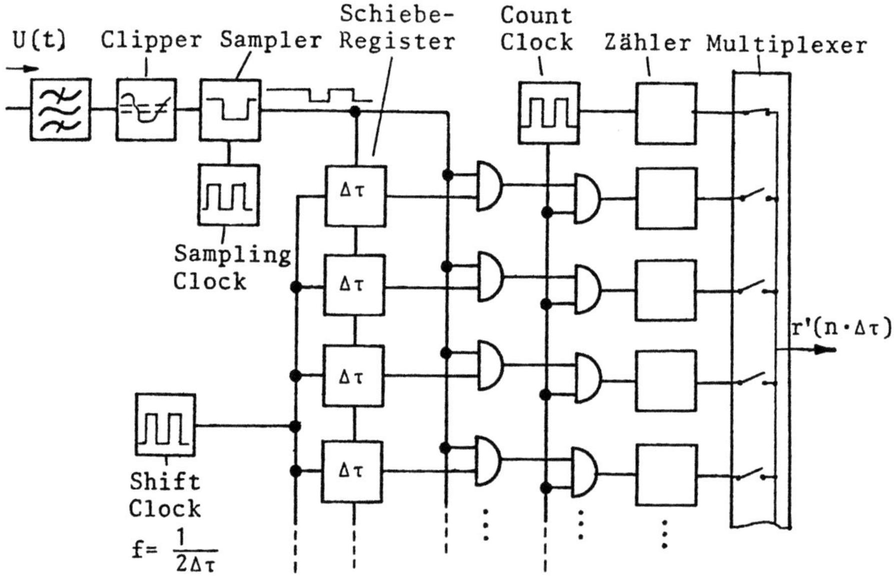

Bild 3-16: Blockschaltbild eines 1-Bit-Autokorrelators

Durch das Abschneiden der Spannungsamplituden am Eingang des Autokorrelators geht der Bezug zur absoluten Leistung bzw.

Rauschtemperatur zunächst verloren, d.h. das berechnete Leistungsspektrum muß mit einem noch zu bestimmenden Skalenfaktor multipliziert werden. Dieser Faktor kann bestimmt werden, indem man die Gesamtleistung hinter dem Bandpaßfilter mit einem Leistungsdetektor mißt. Die Temperatureichung dieser Messung kann wie üblich über die Zuschaltung einer Rauschquelle am Eingang des Radiometers erfolgen.

Obwohl der Autokorrelator, ähnlich wie das Filterspektrometer aus einer Vielzahl von elektronischen Bauteilen besteht, kann hier der Gesamtaufwand dennoch klein gehalten werden. Die Bauteile sind nämlich ausschließlich Digital-Schaltelemente. Damit ergibt sich die Möglichkeit, größere Baugruppen monolithisch d.h. auf einem Silizium-Chip zusammenzufassen.

Literatur zum 3.Kapitel

Lehrbücher:

Evans, G., McLeish, C.W.: RF Radiometer Handbook. Artech House Inc., 1977

Davenport/Root: An Introduction to the Theory of Random Signals and Noise. McGraw-Hill, 1958

Bittel/Storm: Rauschen. Springer Verlag, 1971

Einzelveröffentlichungen:

[1] Special Section on Acousto-Optic Signal Processing, in Proceedings of the IEEE, Jan. 1981, No.1

[2] Cole, T.W., Ables, J.G.: An Electro-optical Spectrograph for weak Signals. Astron. & Astrophys. 34, 1974, S. 149-151

[3] Nudd, G.R., Otto, O.W.: Chirp Signal Processing Using Acoustic Surface Wave Filters. Proc. IEEE, Ultrasonics Symp., CHO 994-430, 1975, S. 350-354

[4] Hays, M.R., Hartmann, C.S.: Surface Acoustic Wave Devices for Communications. Proc. IEEE, Vol. 64, No. 5, 1976, S. 652-671

[5] Roberts, J.B.G., Moule, G.L., Parry, G.: Design and application of real time spectrum Analyzer systems. IEE Proc., Vol 127, No.2, 1980, S. 76-91

[6] Weinreb, S.: A Digital Spectral Analysis Technique and its Application to Radio Astronomy. MIT Technical Report 412, 1963

4 ANWENDUNGEN IN DER FERNERKUNDUNG

Die Anwendung der passiven Mikrowellenradiometrie hat in den letzten Jahren eine erhebliche Ausweitung erfahren. Einer der wesentlichen Gründe hierfür ist die Empfindlichkeitssteigerung der Radiometer und der Einsatz von Halbleiterkomponenten bis in den Millimeterwellenbereich hinein. Dies machte schließlich auch den Einbau von passiven Radiometern in Satelliten möglich, wodurch völlig neue Bereiche erschlossen werden konnten. Aus der Vielzahl der Anwendungsbereiche können hier nur wenige etwas eingehender behandelt werden.

4.1 Radiometrie der Erdatmosphäre

Mit Hilfe der passiven Radiometrie können die großflächigen Verteilungen physikalischer Parameter wie Temperatur, Wasserdampfgehalt, flüssiges Wasser in Wolken und Windgeschwindigkeiten bestimmt werden. Mit diesen Möglichkeiten erweist sich die passive Radiometrie als wichtiges Hilfsmittel für die Meteorologie. Daneben können Anteile von Spurengasen in der Atmosphäre ermittelt werden, was für den Umweltschutz von größtem Interesse ist.

Die Radiometrie der Atmosphäre kann vom Boden, von Flugzeugen oder von Erdsatelliten aus erfolgen. Wie im folgenden gezeigt wird, gibt es für jede dieser Plattformen eine optimale Auflösung für bestimmte Höhenbereiche.

4.1.1 Bodengebundene Radiometrie der Atmosphäre

Ein auf dem Boden aufgestelltes Radiometer, dessen Antenne mit dem Zenitwinkel Θ in die Atmosphäre gerichtet ist, wird ganz allgemein folgende Strahlungstemperatur messen:

$$T_B(\nu,\Theta) = T_{Atm}(\nu,\Theta) + T_{EXTRA}(\nu)\ \exp(-\tau_\nu/\cos\Theta) \qquad (4\text{-}1)$$

Der erste Term repräsentiert den Strahlungsbeitrag der Atmosphäre bei der Frequenz ν. Der zweite Term ist der extraterrestrische Beitrag, der in der Atmosphäre etwas gedämpft wird. Dieser Beitrag setzt sich aus der richtungsunabhängigen kosmischen Hintergrundstrahlung von 2,7K und der Strahlung von astronomischen Quellen zusammen. Unter 10 GHz kann ein erheblicher Beitrag von der Synchrotronstrahlung aus dem Zentrum unserer Galaxis stammen. Weitere starke Quellen sind der Mond und vor allem die Sonne. Sieht man jedoch von diesen starken Quellen ab, so kann im allgemeinen der Beitrag extraterrestrischer Quellen insbesondere bei Frequenzen über 10GHz vernachlässigt werden. Für den atmosphärischen Beitrag gilt Gleichung (1-113):

$$T_{Atm}(\nu,\Theta) = \frac{1}{\cos\Theta} \int_0^\infty \kappa_\nu(h)\ T(h)\ \exp(-\tau_\nu(0,h)/\cos\Theta)\ dh \qquad (4\text{-}2)$$

$T(h)$ ist hier die physikalische Temperatur der Atmosphäre bei der Höhe h, und $\tau(0,h)$ ist die optische Tiefe der vertikalen Schicht zwischen der Erdoberfläche und der Höhe h:

$$\tau\ (0,h) = \int_0^\infty \kappa_\nu(h')\ dh' \qquad (4\text{-}3)$$

$\kappa_\nu(h')$ ist der gesamte Absorptionskoeffizient bei der Frequenz ν, und der Höhe h'. Bei unbedecktem Himmel wird er nur durch die atmosphärischen Gase bedingt. Wolken und Niederschläge können den Gesamtabsorptionskoeffizienten erheblich vergrößern (siehe Kap.1.4).

Bei Kenntnis des Absorptionskoeffizienten und der Temperaturverteilung der Atmosphäre läßt sich nach obigen Gleichungen die Strahlungstemperatur, die ein Radiometer am Boden mißt, berechnen. Für die praktische Anwendung ist jedoch genau der umgekehrte Prozeß von Interesse. Man möchte aus den gemessenen Strahlungstemperaturen bei verschiedenen Frequenzen und eventuell verschiedenen Zenitwinkeln Θ die Temperaturverteilung T(h) bestimmen. Aus den Gleichungen (4-2) und (4-3) ist ersichtlich, daß dies erheblich schwieriger ist.

Faßt man die Terme unter dem Integral in Gleichung (4-2) (für $\Theta=0$) außer der Temperatur zur einer sog. Temperaturgewichtsfunktion W zusammen:

$$T_{Atm}(\nu) = \int_0^\infty W(\nu,h)\, T(h)\, dh \tag{4-4}$$

mit $$W(\nu,h) = \varkappa_\nu(h) \exp\left(-\tau_\nu(0,h)\right) \quad , \tag{4-5}$$

so kann man sagen, daß eine Bestimmung der Temperaturverteilung nur dann erfolgreich sein wird, wenn gleichzeitig Messungen mit verschiedenen Temperaturgewichtsfunktionen gemacht werden, d.h. letztlich mit verschiedenen Absorptionskoeffizienten. Eine praktische Möglichkeit ist hier die Messung der Strahlungstemperatur in Frequenzintervallen in der Nähe einer atmosphärischen Absorptionslinie (siehe Kap.1.4.1). Zum Zentrum der Linie hin steigt der Absorptionskoeffizient stark an, so daß anschaulich gesagt die Eindringtiefe in die Atmosphäre abnimmt. Anders ausgedrückt heißt das, daß bei hohen Absorptionskoeffizienten der wesentliche Beitrag zur gemessenen Strahlungstemperatur aus den unteren Schichten der Atmosphäre kommt, während bei kleinen Absorptionskoeffizienten Beiträge aus den höheren Schichten einen merklichen Anteil haben. Bild 4-1 zeigt als Beispiel die normierte Gewichtsfunktion für $\Theta=0$ (Zenit) bei Frequenzen in der Nähe der 60GHz-Absorptionsbande von Sauerstoff. Aus der Form der Gewichtsfunktionen ist zu erkennen, daß insbesondere die Bestimmung der Temperatur in größeren Höhen problematisch ist, da sie immer von erheblich größeren Beiträgen aus den unteren Schichten überlagert ist. Die Ursache hierfür liegt zum Teil in der Abnahme der Luftdichte mit der Höhe. Um nun die damit verbundenen großen Unsicherheiten in der Bestimmung der Temperaturverteilung wenigstens etwas zu reduzieren, kann man in den Algorithmus a priori Informationen mit einbringen. Das heißt, man kann bereits vorhandene Kenntnisse über die ungefähre Temperaturverteilung für den jeweiligen Standort und die Jahreszeit bei der Berechnung der aktuellen Temperaturverteilung aus den Radiometermessungen berücksichtigen.

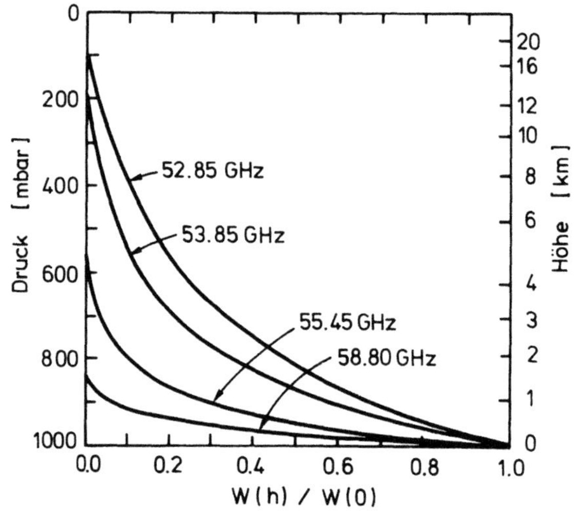

Bild 4-1: Normierte Gewichtsfunktionen für Zenit-Beobachtungen in der Nähe der 60GHz-Absorptionsbande von Sauerstoff (nach Westwater und Grody, 1980 [1])

Steht nur eine Frequenz zur Verfügung, so können unterschiedliche Gewichtsfunktionen durch Variation des Zenitwinkels Θ realisiert werden. Bei großen Zenitwinkeln ist der Weg der Strahlung durch die Atmosphäre größer. Bei diesen Winkeln ist dementsprechend der Beitrag der unteren Atmosphärenschichten größer als bei kleinen Zenitwinkeln. Bild 4-2 zeigt die normierten Gewichtsfunktionen bei einer Frequenz von 54,5 GHz für verschiedene Zenitwinkel.

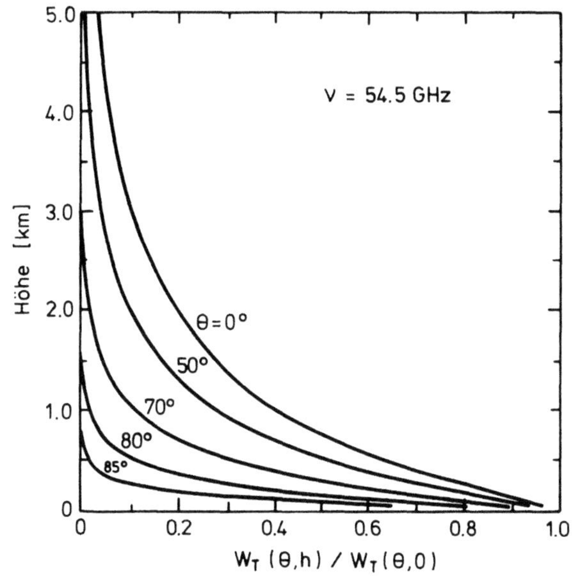

Bild 4-2: Normierte Gewichtsfunktion für verschiedene Zenitwinkel bei 54,5GHz (nach Westwater und Decker, 1977 [2])

Ein Nachteil der Methode der Variation des Zenitwinkels ist, daß für die Berechnung der Temperaturverteilung ein Atmosphärenmodell benutzt werden muß, das keine horizontale Variation der Parameter zuläßt. Bei der Frequenzvariationsmethode wird dagegen jeweils das gleiche eng begrenzte Volumen gemessen, vorausgesetzt, daß die Antennencharakteristik für alle Frequenzen in etwa dieselbe ist.

Neben der Temperaturverteilung ist die Verteilung des Wasserdampfgehaltes in der Atmosphäre von großem Interesse. Um die Wasserdampfdichte $\rho_d(h)$ möglichst gut von den anderen Parametern der Atmosphäre trennen zu können, müssen Frequenzen gewählt werden, bei denen die Strahlungstemperatur stark vom Wasserdampfgehalt und möglichst gering von der Temperaturverteilung abhängen. Es bieten sich somit die Wasserdampflinien bei 22,23 und 183,3 GHz an. Im Gegensatz zur Temperaturverteilung in der Atmosphäre unterliegt der Wasserdampfgehalt erheblich größeren Variationen. So können an einem Ort im Verlaufe eines Jahres Variationen bis zu einem Faktor 30 auftreten.

Für Zenitmessungen wollen wir hier die Gewichtsfunktion analog zu (4-4) folgendermaßen definieren:

$$T_{Atm}(\nu) = \int_0^\infty W_\rho(\nu,h)\ \rho_d(h)\ dh \qquad (4\text{-}6)$$

mit $$W_\rho(\nu,h) = \varkappa_\nu(h)\ \frac{T(h)}{\rho_d(h)}\ \exp(-\tau_\nu(0,h)) \qquad [K(gm^{-3})^{-1}km^{-1}] \qquad (4\text{-}7)$$

Liegt die Empfangsfrequenz nahe einer Wasserdampflinie, so wird der Absorptionskoeffizient $\varkappa_\nu$ überwiegend vom Wasserdampf und weniger vom Sauerstoff bestimmt. Bild 4-3 zeigt einige Gewichtsfunktionen in der Umgebung der beiden Wasserdampflinien. Da die Linie bei 22,23 GHz relativ schwach ist, ist auch die Abhängigkeit der Gewichtsfunktion von der Höhe nicht allzu ausgeprägt. Aus diesem Grunde eignet sich die 183,3-GHz-Linie besser für die Bestimmung der Variation des Wasserdampfgehaltes mit der Höhe.

In einigen Anwendungsbereichen (Satellitenfunk, Radioastronomie) ist die Bestimmung der sogenannten "ausfällbaren Wassermenge" der Atmosphäre von Interesse, da hiermit die Gesamtdämpfung eines Mikrowellensignals auf dem Weg durch die Atmosphäre bestimmt werden kann. Die Gesamtmasse des Wasserdampfes in einem vertikalen Zylinder der Einheitsquerschnittsfläche ($1 cm^2$) ist:

$$M_W = \int_0^\infty \rho_d(h)\ dh \qquad [g\ cm^{-2}] \qquad (4\text{-}8)$$

$\rho_d(h)$ ist die Wasserdampfdichte in der Höhe h

Würde man diese Menge auskondensieren, so ergäbe das eine Wassersäule der Höhe:

$$h_w = M_w / \rho_f \qquad [cm] \qquad (4\text{-}9)$$

mit $\rho_f = 1\ g\ cm^{-3}$ (Wasserdichte)

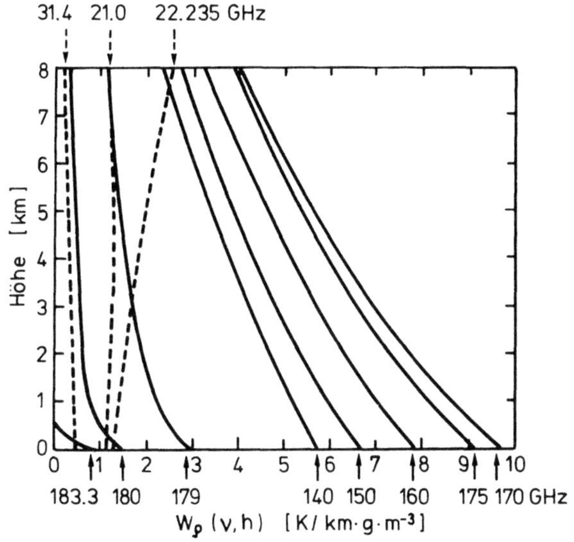

Bild 4-3: Gewichtsfunktionen für die Wasserdampflinien bei 22,235 und 183,31GHz (nach Askne und Skoog, 1983 [3])

Die ideale Frequenz (ν_i) zur Messung der ausfällbaren Wassermenge ist die, bei der die Gewichtsfunktion annähernd unabhängig von der Höhe ist. Unter diesen Umständen bekommt man nämlich aus Gleichung (4-6):

$$T_{Atm}(\nu_i) = W_\rho(\nu_i) \int_0^\infty \rho_d(h)\, dh = W_\rho(\nu_i)\, h_{\nu i} \qquad (4\text{-}10)$$

Wie man aus Bild 4-3 sieht, erfüllt die Frequenz von 21GHz weitgehend die gewünschte Bedingung. Nach Gleichung (4-10) ist bei dieser Frequenz die gemessene Strahlungstemperatur direkt proportional der ausfällbaren Wassermenge. Die Anwesenheit von Wolken kann die Ergebnisse jedoch stark beeinflussen, so daß man häufig noch bei wenigstens einer weiteren Frequenz mißt.

Diese zweite Frequenz sollte außerhalb der Flanken der Wasserdampflinie liegen. Damit ist die Messung bei dieser Frequenz weitgehend unabhängig vom Wasserdampfgehalt aber empfindlich auf kondensiertes Wasser in den Wolken. Die beiden Messungen zusammen erlauben dann eine genauere Bestimmung des unkondensierten Wasserdampfgehaltes.

4.1.2 Radiometrie der Atmosphäre aus dem Erdorbit

Die Mikrowellenradiometrie aus dem Erdorbit begann 1968 mit dem Start des russischen Satelliten Cosmos 243. Dieser Satellit besaß vier passive Radiometer im Frequenzbereich zwischen 3,5 und 37 GHz. Seitdem sind eine Vielzahl von Radiometern, insbesondere an Bord von Satelliten, für die Meteorologie in die Erdumlaufbahn gebracht worden. Tabelle 4-1 gibt einen Überblick über die Experimente mit passiven Mikrowellenradiometern.

Die Strahlungstemperatur, die ein Radiometer an Bord eines Satelliten mißt, das unter dem Nadir-Winkel Θ zur Erdoberfläche ausgerichtet ist, läßt sich folgendermaßen aufteilen:

$$T_B(\nu,\Theta) = T_{Atm}(\nu,\Theta) + T_{\nu\Theta}(0,\infty)[T_b(\nu,\Theta) + T_r(\nu,\Theta)] \quad (4\text{-}11)$$

hierbei ist $T_{\nu\Theta}$ die Gesamttransmission der Atmosphäre:

$$T_{\nu\Theta}(0,\infty) = \exp\,(-\tau_\nu(0,\infty)/\cos\Theta) \quad (4\text{-}12)$$

Der erste Beitrag in Gleichung (4-11) ist die Eigenstrahlung der Atmosphäre in Richtung des Radiometers. Er ist analog zu (4-2):

$$T_{Atm}(\nu,\Theta) = \frac{1}{\cos\Theta} \int_0^\infty \varkappa_\nu(h)\; T(h)\; \exp(-\tau_\nu(h,\infty)/\cos\Theta)\; dh \quad (4\text{-}13)$$

Tabelle 4-1

Satelliten-Experimente mit passiven Mikrowellenradiometern

Start Jahr	Satellit	Orbithöhe [km]	Experiment	Frequenzen [GHz]	Anwendung
1968	Cosmos 243	210-319		3,5; 8,8; 22,2; 37	Atmosphäre: Wasserdampf, Wasser
1972	Nimbus-5	1100	NEMS	22,2; 31,4; 53,6; 54,9	Atmosphäre: Temperatur, Wasserdampf, Wasser Oberfläche: Eis, Schnee
1975	Nimbus-6	1100	ESMR SCAMS	37 22,2; 31,6 52,8; 53,8 55,4	dergl. dergl.
1978	Seasat	790	SMMR	6,6; 10,7 18; 21; 37	dergl. + Regen, Wind, See-Eis, Wassertemp., Bodenfeuchte
1978	Nimbus-7	950	SMMR	dergl.	dergl.
1978	Tiros-N	857	MSU	50,3; 53,7; 55; 57,9	Atmosphäre: Temperatur
			geplant bzw. im Bau		
1990	Advanced Tiros-N	833-870	AMSU-A	23 - 90 in 15 Kanälen	Atmosphäre, Ozeane
1990	ERS (ESA)	777	ATSR-M	23,8; 36,5	Atmosphäre, Ozeane
1991	UARS	600	MLS	63 - 183 6 Kanäle	Atmosphäre: Spurengase
1991	TOPEX/ Poseidon	1334		18; 21; 37	Atmosphäre, Ozeane
1992	NROSS	830	SSM/I LFMR	19,3 - 85,5 7 Kanäle 5,4; 10,8	Ozeane

Der zweite Term in Gleichung (4-11) repräsentiert den durch die Atmosphäre gedämpften Beitrag der Bodenstrahlung. Diese besteht wiederum aus einem Eigenstrahlungsanteil und einem Streuanteil. Letzterer ergibt sich aus dem Reflexions- bzw. Streuvermögen des Bodens und der zum Boden gerichteten Eigenstrahlung der Atmosphäre. Bei der Untersuchung der Atmosphäre ist der Bodenstrahlungsanteil als Störstrahlung anzusehen, während der erste Term in (4-11) die gesuchte Information über die Atmosphäre enthält. Bei der Erderkundung (Kap. 4.3) sind die Verhältnisse genau umgekehrt. In Bild 4-4 ist die Zusammensetzung der Strahlung anschaulich dargestellt.

Für die Temperaturgewichtsfunktion können hier die Gleichungen (4-4) und (4-5) übernommen werden, wenn die Integrationsgrenzen entsprechend modifiziert werden. Zusammen mit der Abhängigkeit vom Nadir-Winkel erhält man dann für die Gewichtsfunktion:

$$W(\nu,\Theta,h) = \varkappa_\nu(h)\ \exp(-\tau_\nu(h,\infty)/\cos\Theta)/\cos\Theta \qquad (4\text{-}14)$$

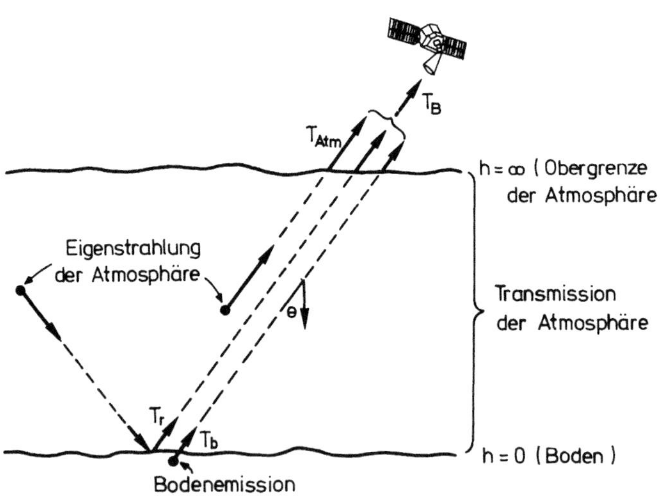

Bild 4-4: Radiometrie der Erde und der Erdatmosphäre von Erdsatelliten aus

Legt man die Empfangsfrequenzen in die Nähe einer atmosphärischen Sauerstofflinie, so ist die Transmission im allgemeinen so niedrig, daß der Bodenstrahlungsanteil in Gleichung (4-11) vernachlässigt werden kann. Bild 4-5 zeigt einige Gewichtsfunktionen für Frequenzen in der Nähe der Sauerstoffabsorptionsbande bei 60GHz. Vergleicht man dieses Bild mit Abbildung 4-1, so erkennt man, daß die satellitengebundene Radiometrie eine bessere Auflösung für höhere Atmosphärenschichten liefert, während die bodengebundene Radiometrie für die tieferen Schichten besser geeignet ist. Insofern ergänzen sich beide Methoden. Hinzu kommt noch, daß die Temperaturverteilung der tieferen Schichten durch Messungen von Satelliten aus schwieriger zu berechnen ist, denn hierzu muß man bei Frequenzen messen, bei denen die Transmission der Atmosphäre gering ist. Unter diesen Bedingungen ist aber der Bodenstrahlungsanteil nicht mehr zu vernachlässigen. Während dieser Anteil bei Wasserflächen noch einigermaßen konstant ist, treten bei Landflächen größere Variationen auf, so daß die Berechnung des atmosphärischen Anteils an der Gesamtstrahlung dann sehr ungenau wird.

Die Bestimmung von Wasserdampfgehalt und kondensiertem Wasser mit Hilfe von Satelliten-Radiometermessungen ist schwieriger als mit bodengebundenen Radiometermessungen. Das Hauptproblem ist hier, daß gegen eine hohe Hintergrundstrahlung gemessen wird. Dies gilt insbesondere wenn gegen trockene Landflächen gemessen wird, da diese einen sehr kleinen Reflexionsfaktor haben und damit eine Strahlungstemperatur erzeugen, die sich kaum von der Lufttemperatur unterscheidet. Besser sind die Verhältnisse über Wasserflächen, die bei Nadir-Beobachtung einen Reflexionsfaktor in der Größenordnung von 0,5 haben und damit eine entsprechend niedrigere Strahlungstemperatur erzeugen. Um die Fehler bei der Berechnung zu reduzieren, ist es sinnvoll mit wenigstens einem Empfangskanal parallel bei relativ niedriger Frequenz zu messen. Da bei niedrigen Frequenzen die Absorption von Wasserdampf klein ist, mißt man dann überwiegend den reinen Bodenstrahlungsanteil.

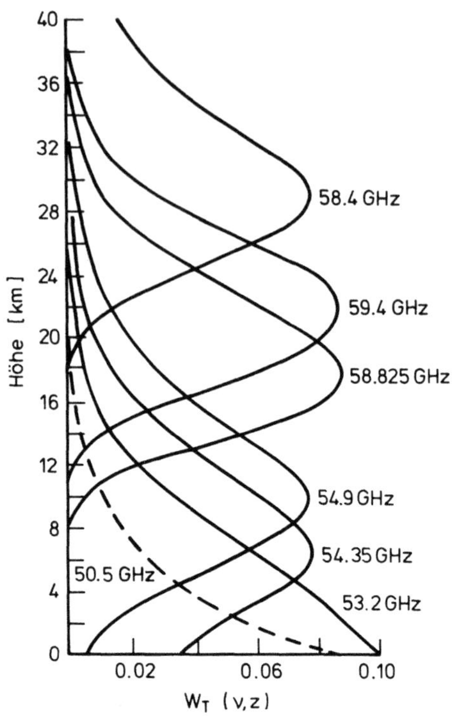

Bild 4-5: Nadir-Temperatur-Gewichtsfunktionen in der Umgebung der Sauerstoff-Absorptionsbande bei 60GHz (nach Njoku, 1982 [4])

Auch die Messung von Regengebieten ist mit Hilfe von Satellitenradiometern möglich. Mißt man gegen eine Wasserfläche, so erhöht die Streuung an den Wassertropfen die Dämpfung und damit die gemessene Strahlungstemperatur. Das Problem ist hier, daß für diese Messungen ein gutes räumliches Auflösungsvermögen gefordert werden muß, da die Regengebiete häufig eng begrenzt sind. Da bei Meßfrequenzen über etwa 20GHz bereits Sättigungseffekte bei starken Regenfällen auftreten, muß man unterhalb dieser Frequenz arbeiten. Dies erfordert dann allerdings entsprechend große Antennen, um die notwendige räumliche Auflösung zu erreichen.

4.1.3 Tangential-Messung der Atmosphäre

Die bisher beschriebenen Meßmethoden haben eine sehr begrenzte Höhenauflösung der zu messenden Parameter. Insbesondere in Höhen über etwa 15km sind die Ergebnisse, wegen den geringen Dichten der Moleküle sehr ungenau. Man kann nun die Genauigkeit erheblich verbessern, indem man vom Erdorbit, einem Ballon oder einem Flugzeug aus tangential durch die Atmosphäre mißt. Bild 4-6 zeigt die Verhältnisse schematisch.

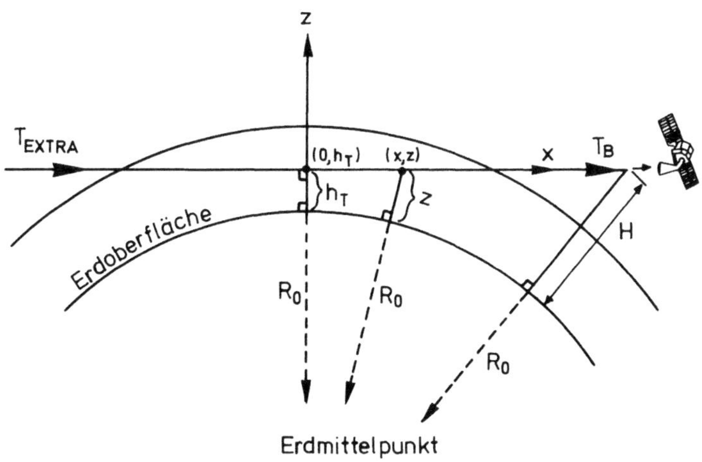

Bild 4-6: Schema der Tangential-Messung (engl. limb-sounding) der Atmosphäre aus dem Erdorbit

Der Vorteil der Methode liegt auf der Hand. Einmal mißt man gegen den kalten Himmel als Hintergrund, so daß das Problem der Bodenstrahlung ganz wegfällt. Zum zweiten sind hier die Gewichtsfunktionen sehr viel enger auf die zu untersuchende Höhenschicht konzentriert. Der Grund hierfür ist aus Bild 4-6 leicht zu erkennen. Die Schichten unterhalb der Tangentialschicht haben überhaupt keinen Einfluß auf die Messung und die darüberliegenden Schichten haben nur einen geringen Einfluß, weil die Weglänge des Strahls kürzer und die Dichte in höheren Schichten geringer ist. Weiterhin ist die Gesamtmasse des zu untersuchenden Materials im Strahl bei tangentialem Weg wesentlich größer als bei senkrechtem Strahldurchtritt, was besonders bei den höheren Schichten über etwa 20km entscheidend ist. Dies ist auch wichtig bei der Untersuchung von Spurengasen, die schon in den unteren Schichten eine sehr geringe Dichte haben.

Nehmen wir zur Vereinfachung an, daß die Atmosphäre eine kugelförmige Symmetrie hat und im thermodynamischen Gleichgewicht ist, so mißt man bei tangentialem Strahldurchtritt unter Vernachlässigung von Refraktion eine Strahlungstemperatur von:

$$T_B(\nu,h_t) = T_{EXTRA} \exp(-\tau_\nu(-\infty,\infty)) + \int_{-\infty}^{\infty} T(x)\varkappa_\nu(x) \exp(-\tau_\nu(x,\infty))\, dx \tag{4-15}$$

mit $$\tau_\nu(x,\infty) = \int_x^{\infty} \varkappa_\nu(x)\, dx$$

Aus der Geometrie ergibt sich folgende Beziehung zwischen der Höhe h_T über der Erdoberfläche und der Koordinate x (siehe Bild 4-6):

$$(R_0 + h_T)^2 + x^2 = (R_0 + z)^2 \tag{4-16}$$

Hierbei ist R_0 der Erdradius. Mit dieser Beziehung kann man (4-15) in ein Integral über z transformieren:

$$T_B(\nu,h_T) = T_{EXTRA} \exp(-2\tau_\nu(h_T,\infty)) + \int_{h_T}^{\infty} T(z)\, W_T(\nu,z)\, dz \tag{4-17}$$

mit der Temperaturgewichtsfunktion:

$$W_T(\nu,z) = \varkappa_\nu(z) \exp(-\tau_\nu(z,\infty))\,[1 + \exp(-2\tau_\nu(h_T,z)]\; f(z) \tag{4-18}$$

und $$\tau(z_1,z_2) = \int_{z_1}^{z2} \varkappa_\nu(z)\, f(z)\, dz \tag{4-19}$$

Die Funktion f(z) definiert die Ableitung von x nach z:

$$f(z) = dx/dz = (R_0 + z)\,[(R_0 + z)^2 - (R_0 + h_T)^2]^{-1/2} \qquad (4\text{-}20)$$

Bild 4-7 zeigt zum Vergleich Gewichtsfunktionen für senkrecht nach unten und tangential messende Radiometer. Insbesondere für größere Höhen ist hier der Gewinn an Auflösung für die tangentiale Meßmethode deutlich sichtbar. Bei dieser kommt etwa die Hälfte der Strahlungsleistung aus einer Schicht von nur 1 bis 3 km Dicke. Um diese gute Auflösung nicht wesentlich zu verschlechtern, muß die Halbwertsbreite der Antennenkeule entsprechend klein sein. Für eine gegebene Höhe des Satellitenorbits H und der Tangentialhöhe h_T kann der Abstand x zwischen Satellit und Tangentialpunkt mit (4-16) gefunden werden, indem man z gleich H setzt. Für eine Vertikalauflösung von z.B. 3km erfordert das eine vertikale Antennenapertur von:

$$D_V \approx x/3\mathrm{km} \qquad (4\text{-}21)$$

Die horizontale Apertur kann etwa 30 mal kleiner sein, ohne daß die Auflösung darunter leidet.

Zur Messung der vertikalen Temperaturverteilung bis in große Höhen eignen sich auch hier die Sauerstofflinien besonders gut, da der Sauerstoffanteil bis in Höhen von etwa 90km nahezu konstant ist. Geradezu ideal eignet sich die Tangential-Meßtechnik zur Untersuchung der Ozonschicht (Höhen um 30km) und der Problematik des Einflusses von Treibgasen auf diese Schicht. Ozon hat einen Linienübergang bei 184,4 GHz und das typische Zerfallsprodukt ClO (Chlormonoxid) der Treibgasmoleküle hat einen Übergang bei 205 GHz.

Da die Druckverbreiterung von Molekküllinien in großen Höhen stark abnimmt, lassen sich über die Dopplerverschiebung Windgeschwindigkeiten in der Mesosphäre messen. Weiterhin lassen sich Störungen des Erdmagnetfeldes in der Mesosphäre über die Zeemann-Aufspaltung von O_2-Linien bestimmen. Die Temperaturverteilung in der Mesosphäre läßt sich gut mit Hilfe einiger temperaturunempfindlichen höheren O_2-Linien untersuchen.

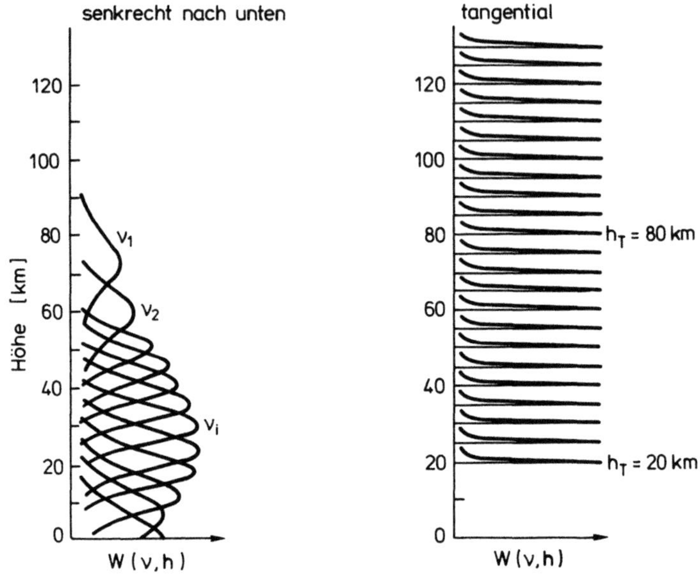

Bild 4-7: Vergleich der Gewichtsfunktionen für Nadir- und Tangential-Messungen der Atmosphäre für ein Gas mit konstantem Mischungsverhältnis (nach Waters und Wofsy, 1978 [5])

4.2 Radiometrie von Wasserflächen

Die passive Mikrowellenradiometrie hat sich als hervorragendes Hilfsmittel zur Messung physikalischer Parameter von Wasserflächen, insbesondere der Ozeane, erwiesen. So können weitgehend unabhängig von Tageszeiten und Wetterbedingungen die Oberflächentemperatur, der Salzgehalt, die Oberflächenwindgeschwindigkeit, die Eiskonzentration, das Alter und die Temperatur des Eises, die Schneebedeckung, sowie eventuell vorhandene Ölverschmutzung bestimmt werden. Für die Messung der meisten dieser Parameter ist ein Satellit mit polarer Umlaufbahn die ideale Meßplattform. Lediglich bei der Messung des Salzgehaltes treten hier wegen der geringen räumlichen Auflösung Probleme auf. Zur Erzeugung zweidimensionaler Radiometriebilder kann hier neben der relativen Geschwindigkeit des Satelliten zur Erdoberfläche noch die Eigenrotation ausgenutzt werden (siehe Bild 4-8), so daß auf zusätzliche Schwenkmechanismen meist verzichtet werden kann. Das so erzeugte geometrisch verzerrte Bild kann bei der Auswertung wieder entzerrt werden.

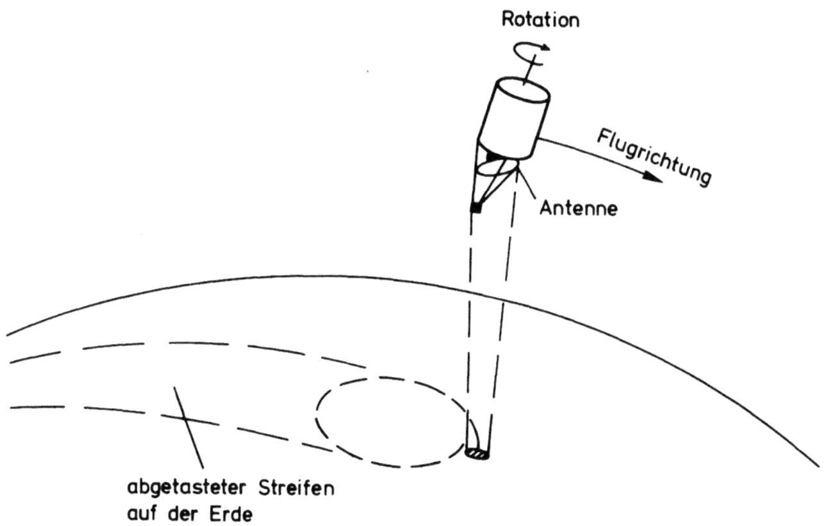

Bild 4-8: Radiometrie der Erdoberfläche aus dem erdnahen Orbit

4.2.1 Bestimmung von Temperatur und Salzgehalt

Die Oberflächentemperatur der Ozeane kann sehr gut mit Infrarotsensoren gemessen werden. Der Infrarotbereich hat jedoch den großen Nachteil, daß Wolken hier eine sehr große Dämpfung besitzen. Im Mikrowellenbereich, unterhalb einer Frequenz von etwa 10 GHz dagegen, ist die Dämpfung sehr gering, so daß die passive Mikrowellenradiometrie hier große Vorteile bietet.

Die Verhältnisse sind zunächst identisch mit der satellitengebundenen Messung der Atmosphäre, so daß Gleichung (4-11) unverändert übernommen werden kann. Bei von 0 abweichenden Nadir-Winkeln müssen allerdings Polarisationseffekte berücksichtigt werden, da das Wasser als Dielektrikum zu betrachten ist. Der Eigenstrahlungsbeitrag T_b und der Reflexionsbeitrag T_r der Wasserfläche hängen beide mit dem Reflexionsfaktor R bzw. mit dem Oberflächenemissionsfaktor e zusammen:

$$T_b(\nu,\Theta,p) = e(\nu,\Theta,p)\ T_p \qquad (4\text{-}22)$$

mit $e = 1 - R$ und T_p = physikalische Oberflächentemperatur

$$T_r(\nu,\Theta,p) \approx R(\nu,\Theta,p)\ T_{BKG}(\nu,\Theta) = [1 - e(\nu,\Theta,p)]\ T_{BKG}(\nu,\Theta) \qquad (4\text{-}23)$$

Gleichung (4-23) ist als Näherung von Gleichung (1-72) anzusehen. Die Hintergrundtemperatur T_{BKG} setzt sich zusammen aus der Eigenstrahlung der Atmosphäre und einem durch die Atmosphäre gedämpften extraterrestrischen Anteil. Bei tiefen Frequenzen (unter 5 GHz) ist dieser Anteil nicht zu vernachlässigen. Bei Messungen am Tage muß vor allem der Stand der Sonne beachtet werden, denn die an Wasserflächen reflektierte Sonnenstrahlung kann die gemessene Strahlungstemperatur erheblich vergrößern.

In die gemessene Gesamtstrahlungstemperatur gehen im wesentlichen fünf variable Parameter ein: Die Oberflächentemperatur T_s, die Windgeschwindigkeit w, der Salzgehalt S, die ausfällbare Wasserdampfmenge in der Atmosphäre h_W und der Gehalt an kondensiertem Wasser h_L. Zur Trennung dieser Parameter müssen gleichzeitig Messungen bei verschiedenen Frequenzen gemacht werden. Der Mikrowellenbereich bis etwa 40 GHz hat den großen Vorteil, daß hier die Empfindlichkeit der Messung auf bestimmte Parameter extrem unterschiedlich ist, so daß eine Trennung der Parameter weitgehend gelingt. Bild 4-9 zeigt die genormte Empfindlichkeit der Strahlungstemperatur für bestimmte Parameter in Abhängigkeit der Frequenz.

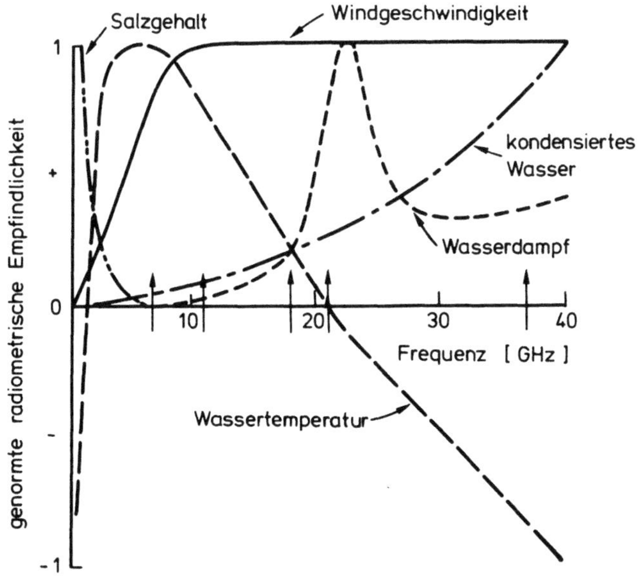

Bild 4-9: Genormte Empfindlichkeit für verschiedene Parameter in Abhängigkeit der Frequenz (nach Wilheit et al., 1980 [6])

Bei höheren Frequenzen wird die Strahlungstemperatur der Wasseroberfläche T_b zusätzlich abhängig von der Oberflächenrauhigkeit und dem Vorhandensein von Schaumkronen. Beide Effekte hängen wiederum mit der Windgeschwindigkeit zusammen. Zur Bestimmung von Salzgehalt und Temperatur sind daher niedrige Frequenzen vorzuziehen. Da unterhalb von 5 GHz der Salzgehalt zunehmend an Einfluß gewinnt, liegt die optimale Frequenz zur Bestimmung der Wassertemperatur um 5 GHz.

Für ebene Wasserflächen gelten die in Kap.1.3.2 angegebenen Formeln (1-65)-(1-71) für die Berechnung des Reflexionsvermögens und der radiometrischen Temperatur. Setzt man hier noch Gleichung (1-67) in (1-65) und (1-66) ein, so ergeben sich die etwas praxisgerechteren Formeln:

$$R_v = \left| \frac{\varepsilon_r \cos\Theta - \sqrt{\varepsilon_r - \sin^2\Theta}}{\varepsilon_r \cos\Theta + \sqrt{\varepsilon_r - \sin^2\Theta}} \right|^2 \qquad (4\text{-}24)$$

$$R_h = \left| \frac{\cos\Theta - \sqrt{\varepsilon_r - \sin^2\Theta}}{\cos\Theta + \sqrt{\varepsilon_r - \sin^2\Theta}} \right|^2 \qquad (4\text{-}25)$$

Der Index v steht für vertikale und der Index h für horizontale Polarisation. Im Gegensatz zu Gleichung (1-69) muß hier mit dem komplexen Wert von ε_r gerechnet werden. Er ist im Mikrowellenbereich abhängig von der Frequenz, der Temperatur und dem Salzgehalt. Bild 4-10 zeigt als Beispiel das Reflexionsvermögen für Wasser bei verschiedenen Frequenzen.

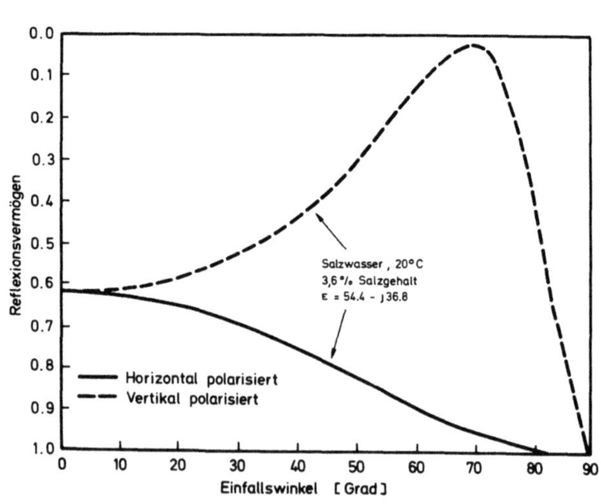

Bild 4-10: Reflexionsvermögen von Salzwasser in Abhängigkeit der Frequenz

Bei einem Wellengang in der Größenordnung der Empfangswellenlänge des Radiometers werden die Verhältnisse komplizierter. Hier variiert einerseits der Einfallswinkel zur Wasseroberfläche innerhalb der Antennenhauptkeule über einen gewissen Bereich und andererseits werden über die Reflexion größere Bereiche des Himmels mit entsprechend unterschiedlicher Strahlungstemperatur erfasst. Bei einer vorherrschenden Wellenrichtung auf der Wasseroberfläche ergibt sich aufgrund der in Bild 4-10 gezeigten unterschiedlichen Winkelabhängigkeiten der beiden linearen Polarisationsrichtungen selbst bei einem Zenitwinkel Θ von 0° eine gewisse Linearpolarisation der Strahlung. Aus Richtung und Stärke dieser Linearpolarisation lassen sich Rückschlüsse auf Wellenhöhe und Wellenrichtung und damit letztlich auch auf Windstärke und Windrichtung ziehen.

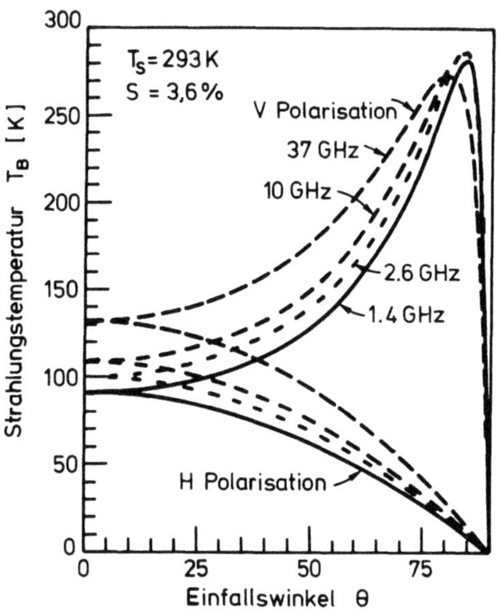

Bild 4-11: Strahlungstemperatur einer ebenen Wasserfläche in Abhängigkeit des Zenitwinkels (nach [7])

Bild 4-11 zeigt die Abhängigkeit der gemessenen Strahlungstemperatur von der Frequenz für verschiedene Nadir-Winkel und Polarisationsrichtungen. Bei Frequenzen unter 1 GHz ergibt sich eine deutliche Abweichung für Salzwasser gegenüber reinem Wasser, was auf die Abhängigkeit der Dielektrizitätskonstanten vom Salzgehalt zurückzuführen ist. Der Einfluß des Salzgehaltes wiederum hängt von der Temperatur des Wassers ab. So sinkt mit der Temperatur die Empfindlichkeit der Strahlungstemperatur auf den Salzgehalt. Bild 4-12 zeigt den Einfluß von Wassertemperatur und Salzgehalt auf die Strahlungstemperatur T_b bei 1,4 GHz.

Der Einfluß der Wassertemperatur auf die Strahlungstemperatur sinkt bei Frequenzen unterhalb von 5GHz, da der Einfluß der Temperaturabhängigkeit des Salzgehaltes auf die Strahlungstemperatur dem der Wassertemperatur entgegenwirkt. Wie bereits erwähnt, ergibt sich damit eine optimale Frequenz um 5 GHz für die reine Temperaturbestimmung.

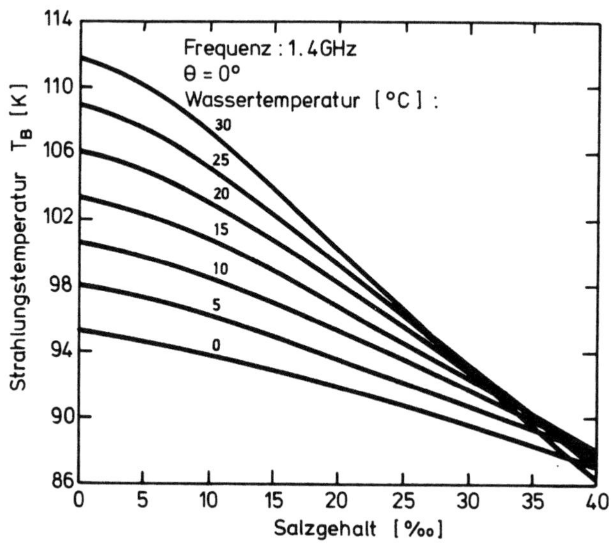

Bild 4-12: Abhängigkeit der Nadir-Strahlungstemperatur vom Salzgehalt und der Wassertemperatur bei 1,4 GHz (nach [7])

Die ersten globalen Temperaturbestimmungen mit Hilfe von passiven Satellitenradiometern konnten 1978 mit dem Start von Seasat-A und Nimbus-7 durchgeführt werden. Beide Satelliten hatten einen 6,6-GHz-Kanal der beide Polarisationsrichtungen messen konnte. Farbtafel I (Anhang) zeigt eine aus Seasat-

Messungen berechnete Temperaturkarte der Ozeane. Die Werte wurden mit direkten Messungen von Schiffen aus verglichen und ergaben eine r.m.s.-Abweichung von unter 1,8°C.

4.2.2 Bestimmung von Windgeschwindigkeiten

Wenn die Wasseroberfläche durch Wind aufgerauht wird, ändert sich der Oberflächenemissionsfaktor $e(\nu,\Theta,p)$. Die Abweichung von einer ebenen Wasseroberfläche hängt vom Grad der Rauhigkeit, bezogen auf die Wellenlänge bei der gemessen wird, ab. Bei höheren Frequenzen wirkt sich daher der Wind stärker auf den Emissionsfaktor aus. Oberhalb einer gewissen Windgeschwindigkeit entstehen Schaumkronen, die das Emissionsverhalten zusätzlich beeinflussen. Für teilweise schaumbedeckte rauhe Wasseroberflächen kann man den Emissionsfaktor folgendermaßen aufteilen:

$$e(\nu,\Theta,p,u,C_f) = (1-C_f)\, e_{rw}(\nu,\Theta,p,u) + C_f e_f(\nu,\Theta,p) \qquad (4\text{-}26)$$

Hierbei ist C_f der Bruchteil der schaumbedeckten Oberfläche, e_{rw} der Emissionsfaktor der aufgerauhten Oberfläche und e_f der Emissionsfaktor für schaumbedeckte Oberflächen. Die Windgeschwindigkeit ist mit u bezeichnet.

Zur Berechnung des Emissionsfaktors einer rauhen Oberfläche gibt es verschiedene theoretische Modelle, auf die hier nicht näher eingegangen werden soll. Bild 4-13 zeigt die berechnete Strahlungstemperatur einer rauhen Seeoberfläche bei vertikaler Polarisation für verschiedene Windgeschwindigkeiten in Abhängigkeit des Nadir-Winkels. Bild 4-14 zeigt die Strahlungstemperatur bei horizontaler Polarisation.

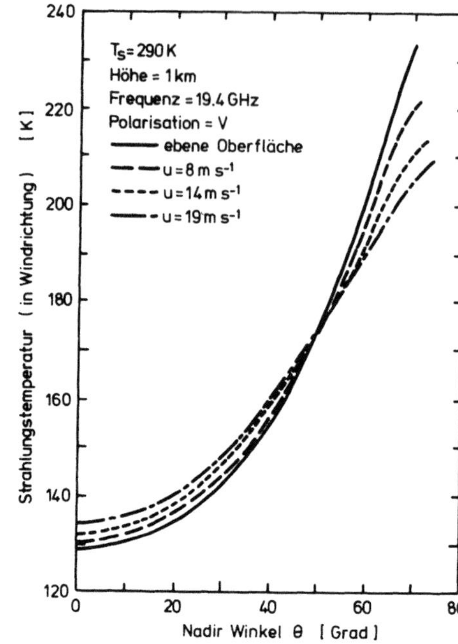

Bild 4-13: Berechnete Strahlungstemperatur von Seeoberflächen für vertikale Polarisation bei verschiedenen Windgeschwindigkeiten (nach [7])

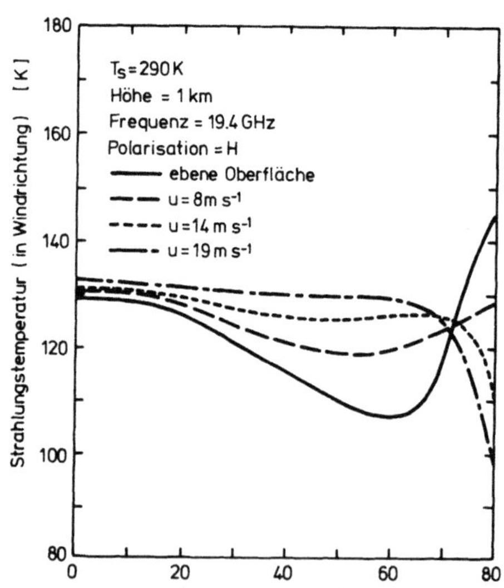

Bild 4-14: Berechnete Strahlungstemperatur für Seeoberflächen bei horizontaler Polarisation für verschiedene Windgeschwindigkeiten (nach [7])

Die Ergebnisse sind anschaulich folgendermaßen zu verstehen. Die Rauhigkeit führt zu einer statistischen Änderung des Reflexionswinkels. Bei kleinen Nadir-Winkeln ergibt das eine Erhöhung der Strahlungstemperatur, weil das Radiometer über die Reflexion die Erdatmosphäre mit zum Teil größeren Zenitwinkeln d.h. mit größerem Strahlweg sieht. Der Eigenstrahlungsanteil der Wasseroberfläche ändert sich dagegen kaum. Bei großen Nadir-Winkeln kehrt sich der Effekt um, denn hier würde man bei glatter Oberfläche die Atmosphäre unter einem flachen Winkel über die Reflexion sehen. Durch die Streuung an einer rauhen Oberfläche rühren dagegen größere Beiträge von Reflexionswinkeln her, die eine niedrige atmosphärische Strahlungstemperatur bedingen. Der Eigenstrahlungsanteil der Wasseroberfläche vergrößert sich bei Nadir-Winkeln über 40° schon merklich, so daß beide Effekte entgegengesetzt wirken. Die gemessene Gesamtstrahlungstemperatur wird aber trotzdem bei sehr großen Nadir-Winkeln gegenüber einer glatten Oberfläche etwas gesenkt.

Vergleicht man die Ergebnisse im Nadir, so stellt man einen Unterschied in der Windempfindlichkeit der beiden Polarisationsrichtungen fest. Der Grund hierfür liegt in der teilweisen Ausrichtung der Oberflächenrauhigkeit bzw. der Wasserwellen zur Windrichtung. Vereinfacht kann man sagen, daß sich bei einer Windrichtung parallel zur Polarisationsrichtung die Rauhigkeit verstärkt auswirkt. Dieser Effekt kann zur Bestimmung der Windrichtung herangezogen werden.

Den bei starkem Wind auftretenden Schaum kann man in zwei unterschiedliche Erscheinungsformen aufteilen. Es sind dies einerseits Schaumkronen auf den Wellenspitzen, die eine kurze Lebensdauer haben und andererseits etwas ausgedehntere Schaumfelder mit größerer Lebensdauer. Nach [7] gilt folgendes empirisches Modell für den Flächenanteil c_f von Schaum zur Gesamtoberfläche:

$$c_f = c_{cw} + c_{fs} = c_{cw}\,(1 + c_{fs}/c_{cw}) \qquad (4\text{-}27)$$

mit C_{cw}= Anteil der Schaumkronen, C_{fs}= Anteil der ausgedehnten Schaumfelder und:

$$C_{fs}/C_{cw} = \begin{cases} 0{,}255\ u - 1{,}99 & \text{für } u \geq 9\ \text{m/s} \\ 0 & \text{für } u \leq 9\ \text{m/s} \end{cases} \tag{4-28}$$

u ist hierbei die Windgeschwindigkeit 20m über der Wasseroberfläche.

Zur Berechnung des Emissionsvermögens von Schaum auf einer Wasserfläche betrachtet man diesen meist als ebene Schicht mit konstanter Dicke und konstantem ε_r. Im Schaum ist der Volumenanteil des Wassers v_w i. allg. sehr gering. Nach Odelevsky [8] gilt dann folgende Näherungsformel für die Dielektrizitätskonstante ε_f von Schaum:

$$\varepsilon_f = 1 + 2/3\ \varepsilon_w\ v_w \quad \text{für } v_w \ll 1 \tag{4-29}$$

Mit Hilfe des Zweischichtenmodells, das im folgenden Kapitel näher behandelt wird, kann man daraus das Emissionsvermögen berechnen. Unter den angenommenen Vereinfachungen (konstante Dicke, konstantes ε_r, ebene Grenzflächen) ergäben sich theoretisch Interferenzeffekte, die in der Praxis aber nicht beobachtet werden, da diese Bedingungen nie ganz erfüllt sind. Bild 4-15 zeigt das berechnete Emissionsvermögen von Schaum auf Wasser in Abhängigkeit der Schichtdicke. Realistisch ist hier, wie erwähnt, nur die Kurve für inkohärente Emission. Anschaulich kann man die Schaumschicht als Impedanztransformator betrachten, da im Schaum die Dielektrizitätskonstante zwischen der von Luft und Wasser liegt. Dementsprechend verringert die Schaumschicht das Reflexionsvermögen der Wasseroberfläche, und die gemessenen Strahlungstemperaturen sind höher als die von unbedeckten Wasseroberflächen.

Globale Messungen der Windgeschwindigkeit wurden erstmals mit Hilfe der SMMR-Radiometer an Bord der Satelliten Seasat und Nimbus-7 gemacht. Es wurden hierzu im wesentlichen die Daten der Kanäle bei 10,7 und 18 GHz verwendet. Im Vergleich zu direkten Messungen von Schiffen aus wurde eine Genauigkeit von 1,5-3m/s erreicht. Die permanente globale Messung der Windgeschwindigkeiten könnte in Zukunft das Verständnis und die Vorhersage des Wettergeschehens erheblich verbessern.

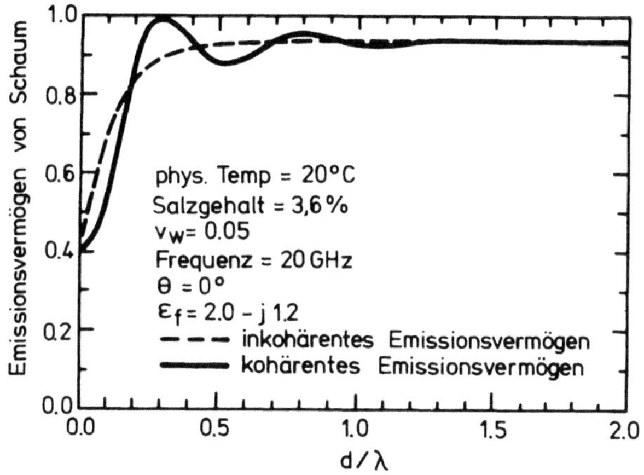

Bild 4-15: Emissionsvermögen einer Schaumschicht über Wasser in Abhängigkeit der Schichtdicke (nach [7])

4.2.3 Messung von Ölverschmutzung

Zur Überwachung von Küstengewässern und Flüssen auf Ölverschmutzung bietet die passive Mikrowellenradiometrie gegenüber Meßmethoden im optischen und infraroten Frequenzbereich den Vorteil der weitgehenden Tageszeit- und Wetterunabhängigkeit. Außerdem ist hiermit im Gegensatz zu den meisten anderen Meßverfahren eine Bestimmung der Schichtdicke möglich.

Die prinzipiellen Verhältnisse sind identisch mit dem im vorigen Kapitel beschriebenen Fall von Schaumschichten auf einer Wasseroberfläche. Die Dielektrizitätskonstante von Öl liegt im Bereich von 1,8 bis 2,6, wobei ein Wert um 2,1 am häufigsten ist. Nimmt man zur Vereinfachung zunächst an, daß die jeweiligen Grenzflächen (Luft-Öl, Öl-Wasser) eben sind und keine

Durchmischung an den Grenzflächen stattfindet (d.h. in der Praxis: Windstille und keine Wellen), so hat man das in der folgenden Skizze gezeigte Schema:

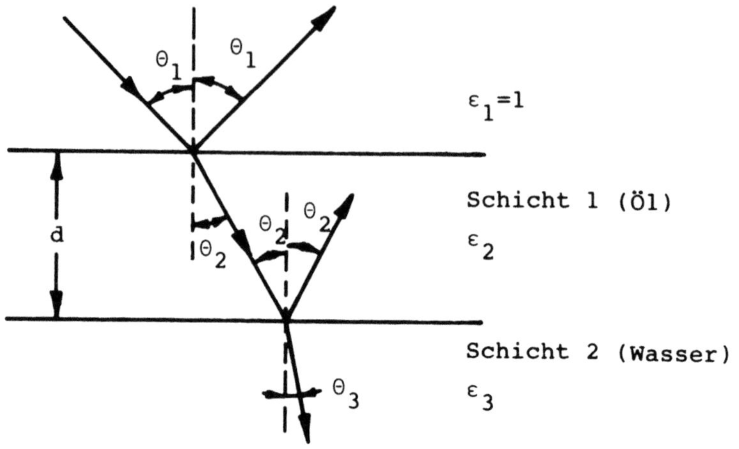

Bild 4-16: Reflexion an einer Ölschicht

Unter den genannten Voraussetzungen spielen hier die Phasenbeziehungen zwischen den reflektierten Wellen eine Rolle, und es kommt zu Interferenzerscheinungen. Ein Weg zur Bestimmung der Gesamtreflexion unter Berücksichtigung der Phasenbeziehungen kann leicht mit Hilfe der Leitungstheorie gefunden werden. Man kann nämlich folgendes Ersatzschaltbild für das Problem angeben:

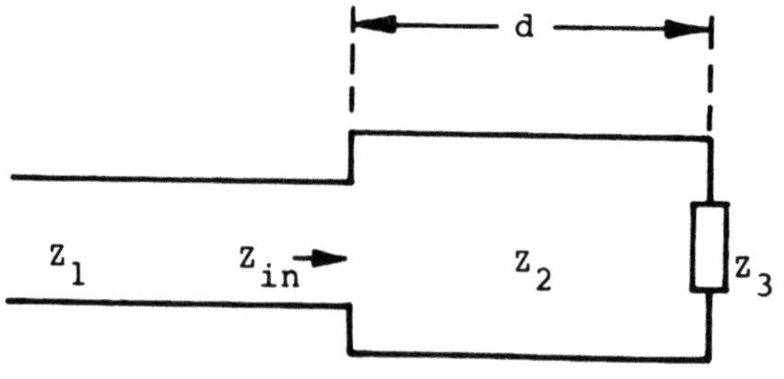

Bild 4-17: Ersatzschaltbild

Im Ersatzschaltbild wirkt die Ölschicht wie ein Leitungsstück der Impedanz Z_2 und transformiert somit die Abschlußimpedanz Z_3 entsprechend den aus der Leitungstheorie bekannten Gleichungen (siehe z.B. [4]) auf:

$$Z_{in} = Z_2 \left[\frac{1 + R_2 e^{-j2\gamma_2' d}}{1 - R_2 e^{-j2\gamma_2' d}}\right] \tag{4-30}$$

mit $$R_2 = (-1)^n \left[\frac{Z_3 - Z_2}{Z_3 + Z_2}\right] \tag{4-31}$$ n=0 für horiz. Pol.
n=1 für vert. Pol.

und $$\gamma_2' = \gamma_2 / \cos\Theta_2 \qquad \gamma_2 = 2\pi \sqrt{\varepsilon_2}/\lambda_o \tag{4-32}$$

R_2 ist der Reflexionskoeffizient für eine Welle im Medium 2, die auf die Grenzfläche 2 auftrifft. Für die Wellenwiderstände Z_i gilt:

$$Z_i = \cos\Theta_i / \sqrt{\varepsilon_i} \quad \text{für vertikale Polarisation} \tag{4-33}$$

und $$Z_i = 1/(\cos\Theta_i \sqrt{\varepsilon_i}) \quad \text{für horizontale Polarisation}$$

Bei einem verlustbehafteten Medium ist ε_2 komplex. Damit ist nach (4-32) auch γ_2 komplex:

$$\gamma_2 = j\beta_2 + \alpha_2 \tag{4-34}$$

Die Leistungsdämpfung in der Schicht 2 ist damit:

$$L_2 = \exp\,(2\alpha_2\, d/\cos\Theta_2) \tag{4-35}$$

Gleichung (4-30) läßt sich damit umschreiben:

$$Z_{in} = Z_2 \, \frac{1 + (R_2/L_2)\; e^{-j2\beta_2' d}}{1 - (R_2/L_2)\; e^{-j2\beta_2' d}} \tag{4-36}$$

Zur Berechnung von Z_{in} braucht man noch die Einfallswinkel Θ_2 und Θ_3. Sie lassen sich mit Hilfe des Snelliusschen Brechungsgesetzes (1-67) aus dem Winkel Θ_1 und den relativen Dielektrizitätskonstanten berechnen. Es ergibt sich damit:

$$\cos\Theta_2 = \sqrt{1 - \sin^2\Theta_1/\varepsilon_2}$$

und

$$\cos\Theta_3 = \sqrt{1 - \sin^2\Theta_1/\varepsilon_3} \qquad (4\text{-}37)$$

Im allgemeinen sind hierbei die Werte von ε_2 und ε_3 komplex, so daß die obigen Beziehungen zu komplexen Werten für $\cos\Theta_2$ und $\cos\Theta_3$ führen. Für Medien mit geringer Dämpfung kann man hier jedoch den Imaginärteil vernachlässigen. Mit Gleichung (4-31) bekommt man dann für den Reflexionskoeffizienten:

$$R_e(\Theta_1,p) = (-1)^n \left[\frac{Z_{in} - Z_1}{Z_{in} + Z_1}\right] \qquad (4\text{-}38)$$

Gleichung (4-36) eingesetzt ergibt:

$$Re = \frac{R_1 + (R_2/L_2)\, e^{-j2\beta_2'd}}{1 + (R_1R_2/L_2)\, e^{-j2\beta_2'd}} \qquad (4\text{-}39)$$

mit $R_1 = |R_1|e^{j\varphi_1}$ und $R_2 = |R_2|e^{j\varphi_2}$

φ_1 und φ_2 sind die Phasenwinkel von R_1 und R_2

Der Leistungsreflexionskoeffizient Γ_c ist das Betragsquadrat:

$$\Gamma_c = |R_e|^2 = R_eR_e^* =$$

$$\frac{\Gamma_1 + \Gamma_2/L_2^2 + (2\sqrt{\Gamma_1\Gamma_2}/L_2)\cos(2\beta_2'd+\varphi_1-\varphi_2)}{1 + \Gamma_1\Gamma_2/L_2^2 + (2\sqrt{\Gamma_1\Gamma_2}/L_2)\cos(2\beta_2'd+\varphi_1-\varphi_2)} \qquad (4\text{-}40)$$

mit $\Gamma_1 = |R_1|^2$ und $\Gamma_2 = |R_2|^2{}_1$

Bild 4-18 zeigt den Leistungsreflexionskoeffizienten als Funktion der Schichtdicke d. Wie man sieht, ergibt sich eine cos-förmige Oszillation, die auf die Interferenzerscheinungen zurückzuführen ist.

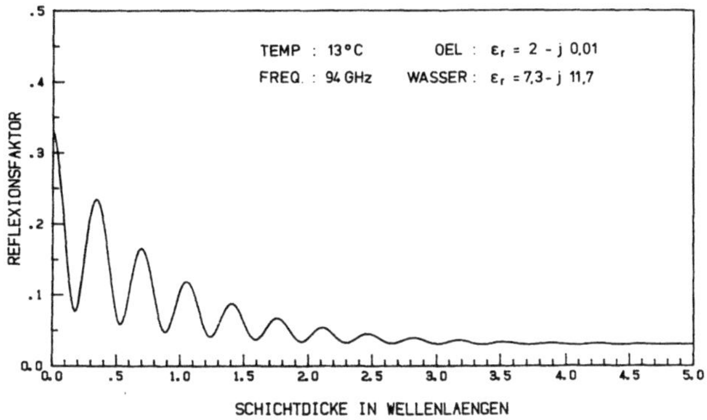

Bild 4-18: Leistungsreflexion einer Ölschicht auf einer Wasserfläche in Abhängigkeit der Schichtdicke (nach Hollinger, 1974 [9])

In der Praxis sind die Verhältnisse meist komplizierter, da einerseits schon bei geringen Windstärken die Grenzflächen nicht mehr als eben angesehen werden können und andererseits eine gewisse Durchmischung durch die Wellenbewegung zustande kommt. Weiterhin erfaßt man mit der Antennenhauptkeule des Empfangssystems ein relativ großes Gebiet, in dem die Dicke der Ölschicht variieren kann. Insgesamt führen die genannten Effekte vor allem bei kürzeren Wellenlängen dazu, daß der oszillierende Term in (4-40) weitgehend verschwindet.

Gegenüber reinen Wasserflächen erzeugen Ölschichten eine höhere radiometrische Temperatur, da sie das Reflexionsvermögen der Wasseroberfläche herabsetzen. Ein weiterer Effekt, der allerdings nur geringe Änderungen der Strahlungstemperatur verursacht, ist die Verringerung der Oberflächenrauhigkeit durch die Ölschicht. Aus dem gleichen Grund entstehen über ölbedecktem Wasser keine Schaumfelder bei größeren Windstärken. Dieser Effekt führt bei großen Windgeschwindigkeiten zu einer Reduzierung der Strahlungstemperaturerhöhung gegenüber normalen Wasseroberflächen. Ein Beispiel für die zweidimensionale Messung einer Ölschicht bei geringen Windstärken zeigt Bild 4-19.

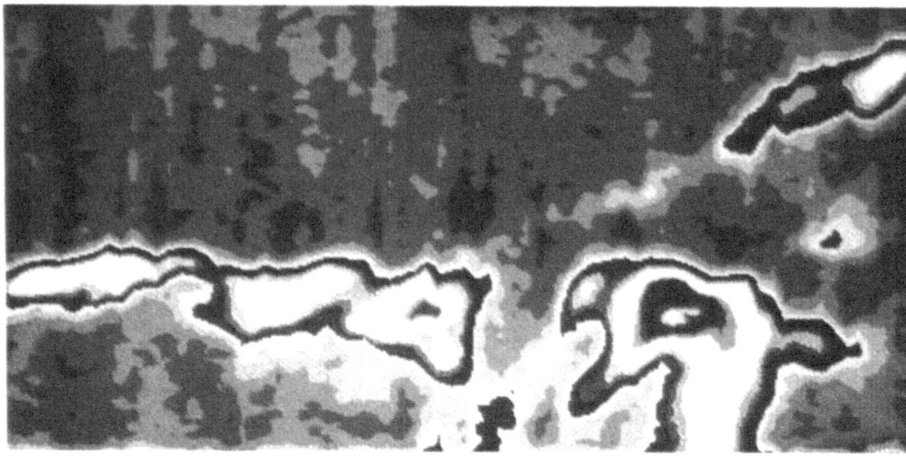

Bild 4-19: Ölflecke auf der Nordsee, gemessen bei 90 GHz aus einer Höhe von 170m, Größe des Feldes: 82 x 164 m, Strahlungstemperaturbereich: 193-236 K (nach Grüner [10]) - S. 316: farbige Wiedergabe dieses Bildes

Extrem ausgefallene Eigenschaften wurden bei monomolekularen Ölfilmen (Dicke etwa $2{,}5 \cdot 10^{-6}$mm) auf Wasserflächen beobachtet. So wurde eine starke Absenkung der Strahlungstemperatur bei 1,43 GHz beobachtet, während bei 2,65 GHz kein Effekt nachzuweisen war. Eine Interpretationsmöglichkeit ist die, daß die Ölmoleküle die obere Schicht des Wassers stark polarisieren, was dann zu einer extremen Erhöhung des Reflexionsvermögens führt.

4.2.4 Überwachung von Eisfeldern auf Wasseroberflächen

Etwa 11% der Ozeane sind von Eis bedeckt. Für den Schiffsverkehr in den Treibeiszonen ist die Kenntnis der Eisverteilung von größtem Interesse. Da die Wärmeabgabe von unbedecktem Wasser etwa 100 mal größer als von Eisflächen ist, spielt die

Eisverteilung eine wichtige Rolle im Wärmehaushalt unserer Erde. Neben der Verteilung und Dicke des Eises sind weitere wichtige Parameter die Driftgeschwindigkeit, der Eistyp (ein- oder mehrjährige Eisschicht, siehe Bild 4-20), die Bedeckung mit Schnee und die Oberflächenrauhigkeit. Da sich die Eisfelder weitgehend jenseits der Polarkreise befinden sind optische Meßmethoden nur jahreszeitlich begrenzt einsetzbar. Auch wegen der Wetterabhängigkeit der Messungen bei kürzeren Wellenlängen ist hier der Einsatz von Radiometern im Mikrowellen- und Millimeterwellenbereich aus dem Erdorbit (polare Umlaufbahn) die optimale Lösung.

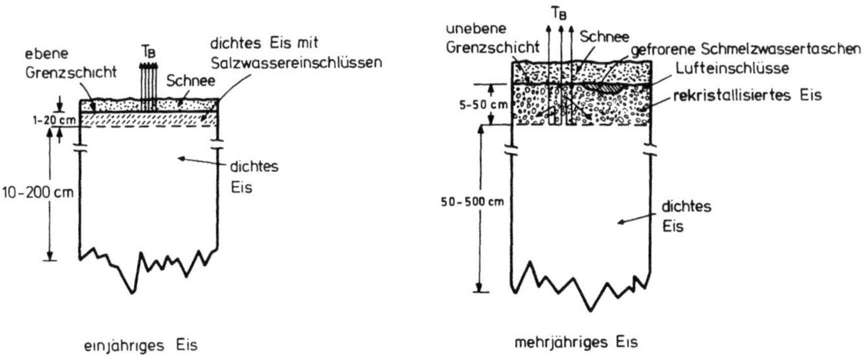

Bild 4-20: Schematischer Unterschied zwischen einjährigem und mehrjährigem Eis (nach Comiso, 1983 [11])

Das dielektrische Verhalten von See-Eis ist recht kompliziert, da es sich um eine Mischung von Eis, Salz, Salzwassereinschlüssen und Luftblasen handelt. Die Dielektrizitätskonstante ε_{si} hängt hauptsächlich vom Salzgehalt, der Temperatur und der Größenverteilung, Form und Ausrichtung der Salzwasser-Einschlüsse ab. Wegen der Ausrichtung der Einschlüsse kann sie leicht anisotrop d.h. polarisationsabhängig sein. Weiterhin ist sie frequenzabhängig. Im Frequenzbereich zwischen 1 GHz und 40 GHz liegt sie meist zwischen 2,5 und 8. Der dielektrische Verlustfaktor ε''_{si} kann in einem weiten Bereich von unter

0.01 bis über 1 liegen. Er steigt mit der Temperatur und dem Salzgehalt und ist, wegen des unterschiedlichen Salzgehaltes, bei einjährigem Eis 3 bis 10 mal größer als bei mehrjährigem Eis.

Das Gesamtemissionsvermögen einer eisbedeckten Wasserfläche setzt sich im allgemeinen, genauso wie bei Öl- und Schaumbedeckungen, aus Beiträgen des Eises und der darunterliegenden Wasserschicht zusammen. Wegen des meist relativ großen Verlustfaktors ist die Eindringtiefe zumindest bei höheren Frequenzen häufig kleiner als die Dicke der Eisschicht, so daß der Beitrag der Wasseroberfläche vernachlässigbar wird. Bild 4-21 zeigt das Frequenzverhalten der Eindringtiefe für verschiedene Eisarten. Bei der Berechnung wurde der Effekt von Luft- und Salzwassereinschlüssen nicht berücksichtigt. Die untere Grenze des Bereichs für einjähriges Eis repräsentiert neu entstandenes Eis, was durch einen Salzgehalt von 1,5% und einer Dicke von weniger als 30cm charakterisiert ist. Die Obergrenze der Dicke für einjähriges Eis liegt bei etwa 2m, wobei der Salzgehalt durch Verringerung der Salzwassereinschlüsse etwas absinkt. Mehrjähriges Eis hat einen Salzgehalt von unter 0,1% bei einer Dicke von über 2m. Wie aus Bild 4-21 zu sehen ist, sind die Eindringtiefen für Frequenzen über 10GHz kleiner als die jeweiligen typischen Eisdicken, so daß dann der Beitrag des darunterliegenden Wassers zum Emissionsvermögen vernachlässigt werden kann.

Nach den aufgezeigten Eigenschaften ist klar, daß sich Interferenzeffekte zwischen den Grenzschichten Luft-Eis und Eis-Wasser nur bei sehr niedrigen Frequenzen (z.B. 1GHz) bemerkbar machen. Bei Frequenzen über 10GHz sind solche Effekte nicht mehr zu erwarten. Bild 4-22 zeigt das berechnete Emissionsvermögen von See-Eis in Abhängigkeit der Dicke für verschiedene Frequenzen.

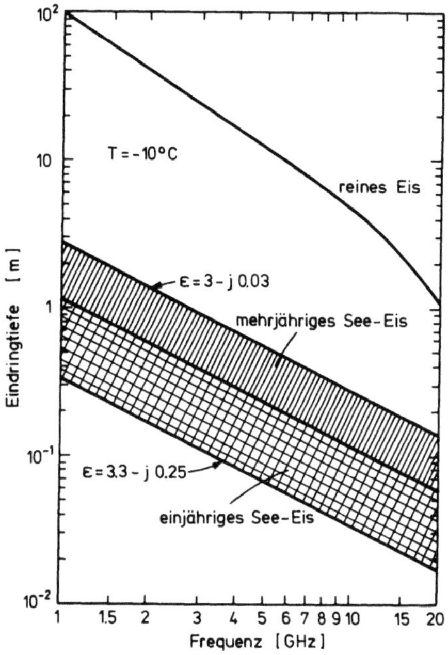

Bild 4-21: Eindringtiefen für verschiedene Arten von Eisschichten in Abhängigkeit der Frequenz (nach [7])

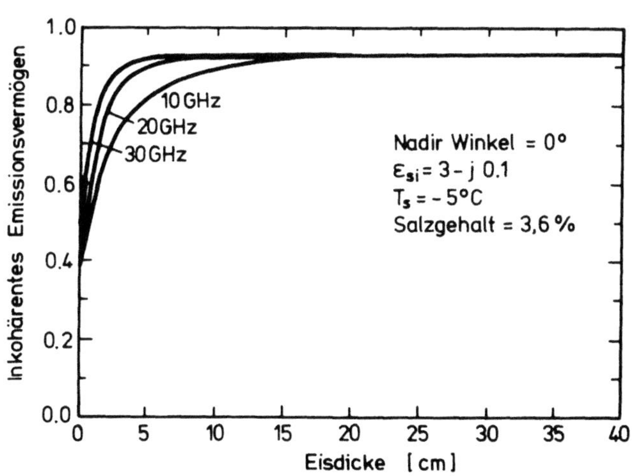

Bild 4-22: Inkohärentes Emissionsvermögen von See-Eis in Abhängigkeit der Dicke (nach [7])

Praktische Messungen von Flugzeugen aus haben gezeigt, daß einjähriges Eis im Frequenzbereich von 10 bis über 40 GHz ein fast konstantes Emissionsvermögen hat, während das Emissionsvermögen von mehrjährigem Eis mit zunehmender Frequenz absinkt. Damit ergibt sich die Möglichkeit beide Arten von Eis radiometrisch zu unterscheiden. Der Grund für das unterschiedliche Emissionsvermögen ist das Absinken des Salzgehaltes mit zunehmendem Alter des Eises, was auf mehrfaches Umschmelzen zurückzuführen ist. Der Salzgehalt hat, wie bereits erwähnt, einen sehr starken Einfluß auf den Verlustfaktor. Bild 4-23 zeigt die Frequenzabhängigkeit der Dielektrizitätskonstanten für verschiedene Eistypen.

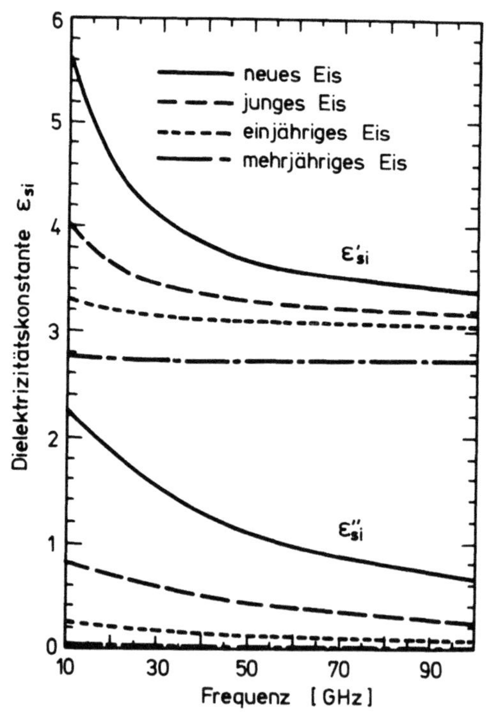

Bild 4-23: Dielektrizitätskonstanten für verschiedene Eistypen in Abhängigkeit der Frequenz (nach [7])

In der Praxis sind jüngere Eisschichten häufig noch mit einer Schneeschicht überdeckt. Liegt die Schneedicke in der Größenordnung der Wellenlänge, so erhöht sie das Emssionsvermögen im gesamten Mikrowellenbereich um etwa 0,05.

Bei älteren Eisschichten tritt bei höheren Frequenzen noch ein zusätzlicher Effekt auf. Wegen der gegenüber jungem Eis größeren Eindringtiefe macht sich hier die Rayleigh-Streuung an eingeschlossenen Luftblasen bemerkbar. Dies führt besonders im Millimeterwellenbereich zu einer Verringerung des Emssionsvermögens mit zunehmender Frequenz.

Wegen der Vielzahl der besprochenen Effekte ist es in der Praxis häufig schwierig eine genauere Unterteilung innerhalb eines Eis-Typs zu machen. Bei der Messung aus größeren Entfernungen bzw. Höhen kommt noch hinzu, daß sich innerhalb der Antennenkeule mehrere Eistypen und eventuell sogar unbedeckte Wasserflächen befinden können. Dennoch ist die passive Radiometrie eine der am besten geeigneten Methoden zur großflächigen Charakterisierung von Eisfeldern.

Die ersten praktischen Satellitenmessungen von Eisfeldern wurden mit Hilfe des ESMR an Bord des Satelliten Nimbus-5 gemacht (1973-1976). Die Empfangsfrequenz lag bei 19,35 GHz. Mit diesem Gerät konnte bereits einjähriges von mehrjährigem Eis unterschieden werden. Die Eiskonzentration konnte mit einer Genauigkeit von etwa 15% ermittelt werden. Mit dem SMMR an Bord des Satelliten Nimbus-7 konnte die Genauigkeit bereits auf 5% verbessert werden. Hier wurde die Information von insgesamt 10 Kanälen (5 Frequenzen mit jeweils 2 Polarisationsrichtungen) verwertet. Farbtafel II oben (Anhang) zeigt die mit diesem Gerät gemessene See-Eiskonzentration in der Arktis. Farbtafel II unten zeigt den Anteil an mehrjährigem Eis.

4.3 Radiometrie von Landflächen

Wie die beiden vorangegangenen Kapitel gezeigt haben, liefern satellitengebundene Messungen der Atmosphäre und der Ozeane seit Jahren wertvolle Ergebnisse. Mit der Ausnahme von Schneeflächen gilt dies nicht ohne weiteres für Messungen von Landflächen. Dies liegt einmal an der zu schlechten räumlichen Auflösung derzeitiger Satellitensysteme (Größenordnung 10-100 km) und an der zum Teil schwierigen Interpretation der Meßergebnisse. Letzteres liegt an den häufig komplizierten dielektrischen und geometrischen Eigenschaften der Meßobjekte. Für kleinere lokale Gebiete kann jedoch die räumliche Auflösung an das Meßproblem angepaßt werden, indem man von Flugzeugen aus entsprechender Höhe mißt.

In aller Regel ist bei der Erderkundung ein zweidimensionales Bild des Bodens bei einer bestimmten Empfangsfrequenz wünschenswert. Zur Erfassung und Darstellung einer Fläche mit einem einkanaligen Empfangssystem muß diese zeilenförmig (wie ein Fernsehbild) abgetastet werden (siehe Bild 4-24). Hierbei wird die Abtastgeschwindigkeit in Bewegungsrichtung durch die Geschwindigkeit der Meßplattform über Grund vorgegeben, falls kein zusätzlicher Schwenkmechanismus für diese Richtung vorgesehen wird. Die Abtastbewegung senkrecht zur Bewegungsrichtung kann z.B. mit einem mechanisch schwenkbaren Reflektor erzeugt werden [13]. Die Halbwertsbreite der Empfangsantenne, die Geschwindigkeit über Grund und die Schwenkgeschwindigkeit müssen aufeinander abgestimmt sein, um eine in allen Richtungen gleichmäßige räumliche Auflösung zu erhalten.

Das vom Radiometer kommende Viedeosignal sowie die Position des Schwenkspiegels und sonstige Daten werden von einem Datenprozessor aufgearbeitet und dann aufgezeichnet bzw. direkt auf einem Sichtschirm dargestellt. Zur Eichung des Videosignals kann z.B., wie in Bild 4-24 dargestellt, ein rotierender Absorber verwendet werden, der immer dann, wenn der Reflektor seine Bewegungsrichtung umkehrt, den Radiometereingang abdeckt. Im zweidimensionalen Mikrowellenbild bekommt man hierdurch Streifen an den Rändern, deren Pegel der Absorbertemperatur entspricht.

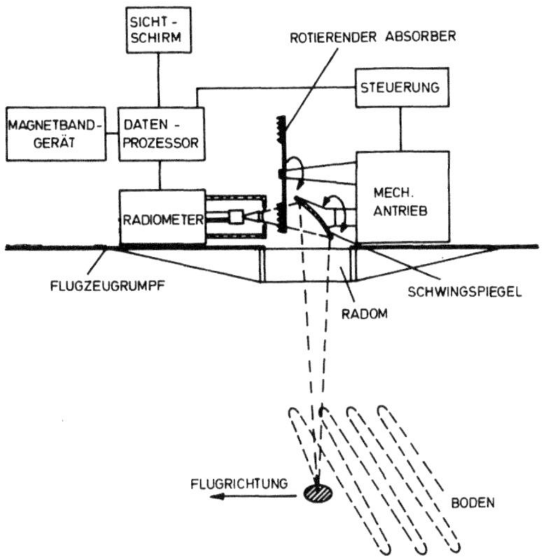

Bild 4-24: Prinzipieller Aufbau eines Systems zur Erzeugung zweidimensionaler Radiometriebilder (nach [13])

Bei mehrkanaligen Empfangssystemen ergibt sich die Möglichkeit, das Interferometerprinzip auszunutzen. Werden die Antennen der einzelnen Empfangskanäle in einer Zeile senkrecht zur Flugrichtung angeordnet, so kann die Strahlablenkung senkrecht zur Flugrichtung über eine zeitlich veränderliche Phasendifferenz zwischen den Kanälen gesteuert werden (siehe Bild 4-25). Das Auflösungsvermögen in dieser Richtung wird dann weitgehend von dem Verhältnis der Wellenlänge zum maximalen Abstand der Einzelantennen bestimmt. Nach [14] ist die Halbwertsbreite der Hauptkeule eines Interferometers:

$$HPBW = \lambda/sn \quad [rad] \qquad (4\text{-}41)$$

s: Abstand der Einzelantennen
n: Zahl der Elemente

In Bewegungsrichtung wird das Auflösungsvermögen zunächst von der Halbwertsbreite der Einzelantennen bestimmt. Um hier das Auflösungsvermögen zu verbessern, kann man einen zusätzlichen Zylinderparabolreflektor vor der Antennenzeile anordnen.

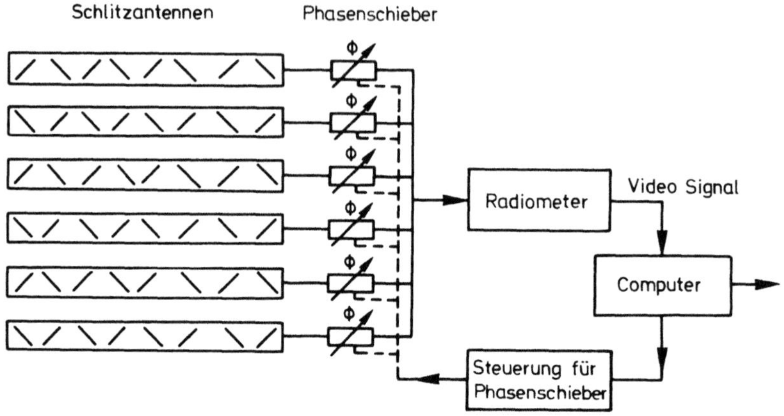

Bild 4-25: Prinzip eines mehrkanaligen Radiometriesystems

Die Erfahrung hat gezeigt, daß für die meisten Aufgaben innerhalb der Erderkundung ein Temperaturauflösungsvermögen in der Größenordnung von 1K ausreicht. Die entscheidende Frage ist daher weniger, wie groß bei einer vorgegebenen Integrationszeit pro Bildpunkt das Temperaturauflösungsvermögen ist, sondern umgekehrt wieviel voneinander statistisch unabhängige Meßpunkte (bzw. Bildpunkte) pro Zeiteinheit mit einer bestimmten Temperaturauflösung gemessen werden können. Diese sogenannte Datenrate N $[s^{-1}]$ läßt sich durch Umformen der Radiometerformel (2-22) leicht berechnen (Verstärkungsschwankungen vernachlässigt):

$$N = \Delta\nu \left(\frac{1}{\alpha} \frac{\Delta T}{Tsys} \right)^2 \qquad (4\text{-}42)$$

Hierbei ist α eine empfängertypische Konstante ($\alpha \geq 1$), die vom prinzipiellen Aufbau des Empfängers (z.B. Dicke-System) abhängt. Die so definierte Datenrate bezieht sich auf die gesamte von der Antenne aufgenommene Strahlung. Als verwertbares Meßsignal ist i. allg. jedoch nur die Strahlung aus der Antennenhauptkeule anzusehen, während die Strahlung aus dem Streubereich als Störstrahlung gilt. Dementsprechend muß in Gleichung (4-42) die Temperaturauflösung ΔT mit dem Hauptkeulenwirkungsgrad η_B multipliziert werden:

$$N_B = \Delta\nu \left(\frac{1}{\alpha} \frac{\Delta T \; \eta_B}{Tsys} \right)^2 \qquad (4\text{-}43)$$

Wie man sieht, sind die entscheidenden Faktoren die Empfangsbandbreite und die Systemrauschtemperatur. Da sich letztere aus der Antennentemperatur und der Empfängerrauschtemperatur zusammensetzt (siehe (2-2)), ließe sie sich selbst mit einem extrem rauscharmen Empfänger nicht beliebig verkleinern, denn die Werte der Antennentemperatur liegen bei der Erderkundung zwischen etwa 100K und 300K. Es hat also wenig Sinn, die Empfängerrauschtemperatur wesentlich unter diesen Bereich zu reduzieren. Eine Vergrößerung der Bandbreite geht dagegen linear in die Datenrate ein, weshalb auf eine große Bandbreite (eventuell auf Kosten der Empfängerrauschtemperatur) Wert gelegt werden muß. Bei einer Temperaturauflösung von 1K erreicht man mit modernen gekühlten Empfangssystemen derzeit Datenraten bis zu 10 000 s^{-1} [13]. Mit solchen Systemen kann man also pro Sekunde ein Mikrowellenbild mit z.B. 100 Zeilen und 100 Bildpunkten pro Zeile bei einer Auflösung von 1K erzeugen.

Bei einer durch die technischen Grenzen festgelegten maximalen Datenrate und einer vorgegebenen Temperaturauflösung ist die Frage der räumlichen Auflösung von weiterer Bedeutung. Hier geht neben der Datenrate auch eine Reihe anderer Parameter ein, wie z.B. die Fluggeschwindigkeit über Grund, die Flughöhe, die Schwenkfrequenz und die Antennencharakteristik.

Bei einer symmetrischen Antennenhauptkeule und einem Zeilenabstand von einer Halbwertsbreite ist die räumliche Auflösung R am Boden (bei einer zum Boden senkrechten Beobachtungsrichtung) offensichtlich:

$$R = 2\, H \tan\,(HPBW/2) \tag{4-44}$$

H: Flughöhe über Grund [m]
HPBW: Halbwertsbreite der Antennenhauptkeule [Grad]

Die Zeit für die Abtastung einer Bildzeile τ_z ist durch die Fluggeschwindigkeit über Grund v_g und das geforderte Auflösungsvermögen gegeben:

$$\tau_z = R/v_g \quad [s] \tag{4-45}$$

Dementsprechend muß die mechanische Schwenkfrequenz der Antenne $1/\tau_z$ sein, wenn jeweils nur eine Bewegungsrichtung verwertet wird (die hierdurch bedingten Totzeiten gehen in die Konstante α ein). Der maximale Schwenkbereich X_{max} des Schwingspiegels ist dann (am Boden) gegeben durch:

$$X_{max} = 2\, H \tan\,(N_B\, \tau_z\, HPBW/2) \tag{4-46}$$

Hierbei entspricht $N_B\tau_z$ der Zahl der Bildpunkte pro Zeile.

4.3.1 Unbewachsener Erdboden

Die am einfachsten zu behandelnde Konfiguration ist die eines ebenen Bodens ohne Oberflächenrauhigkeit und mit konstanter tiefenunabhängiger Temperatur. Bild 4-26 zeigt berechnete Strahlungstemperaturen für verschiedene Feuchtigkeitsgehalte in Abhängigkeit des Nadir-Winkels und der Polarisation.

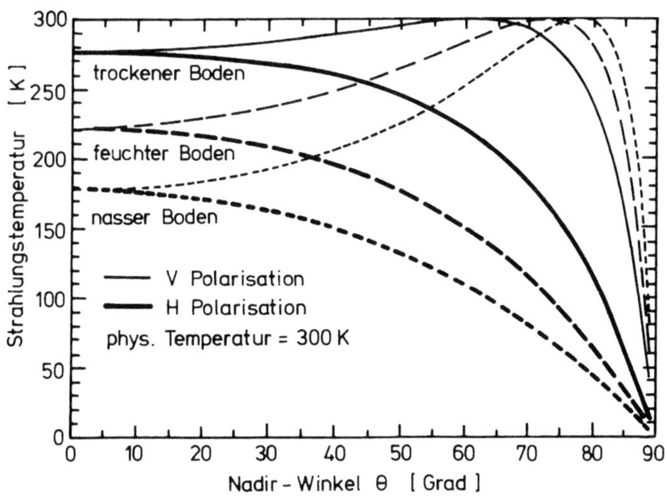

Bild 4-26: Berechnete Strahlungstemperaturen für ebenen homogenen Boden bei verschiedenen Feuchtigkeitsgehalten (nach [7])

In der Praxis sind die Verhältnisse jedoch meist erheblich komplizierter. So verändert sich vor allem die Temperatur und die Dielektrizitätskonstante mit der Tiefe. Daneben kann die Oberfläche in der Regel nicht als eben betrachtet werden. Auf der anderen Seite liegt die Eindringtiefe je nach Feuchtigkeitsgehalt zwischen 10 und 100% der Freiraumwellenlänge, so daß zumindest bei höheren Frequenzen nur eine relativ dünne Schicht zum Emissionsvermögen beiträgt. So ist bei Frequenzen über 10 GHz die Eindringtiefe bereits so gering, daß die

Strahlungstemperatur fast nur noch von der Oberflächentemperatur und dem Reflexionsvermögen der Oberfläche abhängt. Zur genaueren Berechnung des Emissionsvermögens unter Berücksichtigung von tiefenabhängigen Feuchtigkeitsgehalten und Temperaturen sind verschiedene theoretische Modelle entwickelt worden, auf die hier nicht näher eingegangen werden soll. Die Ergebnisse dieser Modelle stimmen meist recht gut mit den gemessenen Werten überein. Trotzdem ist es im allgemeinen wegen der Vieldeutigkeit der Lösungen aufgrund der großen Variation möglicher Feuchtigkeitsprofile schwierig, das Temperatur- und Feuchtigkeitsprofil anhand von Meßwerten zu berechnen.

Streuung an den Bodenpartikeln macht sich nur bei Frequenzen über etwa 30 GHz und bei sehr geringen Feuchtigkeitsgehalten bemerkbar. Der Effekt führt zu einer leichten Absenkung des Emissionsvermögens. Er ist jedoch gegenüber anderen Effekten meist vernachlässigbar. Ein weiterer Effekt ist die Oberflächenrauhigkeit. Sie wirkt sich hier ähnlich wie bei Wasseroberflächen aus, d.h. bei kleinen Nadir-Winkeln ergibt sich eine Erhöhung der Strahlungstemperatur. Periodische Oberflächenstrukturen ergeben bei größeren Nadir-Winkeln eine starke Polarisationsabhängigkeit.

4.3.2 Vegetation

Bei einer Vegetationsschicht über dem Boden kann man zunächst davon ausgehen, daß es keine definierte Grenzschicht Luft-Vegetation gibt. Weiterhin kann man für den Brechungsindex der Vegetationsschicht näherungsweise den für Luft ansetzen. Unter diesen Annahmen kann man folgende vereinfachte Formel für die Strahlungstemperatur angeben:

$$T_{veg}(\Theta,p) = [1 + R_b(\Theta',p)\ \mathrm{T}(\Theta')]\ [1 - \mathrm{T}(\Theta')]\ (1 - R_v)T_v + [1 - R_b(\Theta',p)]\ \mathrm{T}(\Theta')\ T_p \qquad (4\text{-}47)$$

T_p: physikalische Temperatur des Bodens
R_b: Reflexionsvermögen des Bodens
T_v: physikalische Temperatur der Vegetation
R_v: Reflexionsvermögen der Vegetation

$\Upsilon(\Theta')$ ist das Transmissionsvermögen der Vegetationsschicht unter dem Winkel Θ':

$$\Upsilon(\Theta') = \exp(-\tau/\cos\Theta') \qquad (4\text{-}48)$$

Die optische Tiefe τ ergibt sich aus dem Produkt der mittleren Höhe und dem Extinktionskoeffizienten der Vegetationsschicht. Der erste Term in Gleichung (4-47) repräsentiert den Strahlungsanteil der Vegetation und der zweite Term den Anteil des Bodens. Es ist klar, daß mit zunehmender optischer Tiefe der Bodenstrahlungsanteil abnimmt. Bild 4-27 zeigt diesen Effekt für verschiedene Feuchtegehalte des Bodens. Bei größeren optischen Tiefen hängt die Strahlungstemperatur dann nur noch vom Reflexionsvermögen der Vegetation selbst ab.

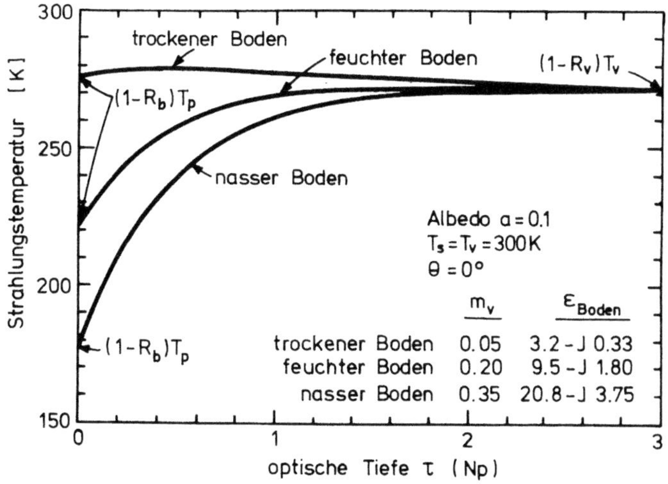

Bild 4-27: Berechnete Strahlungstemperaturen als Funktion der optischen Tiefe (nach [7])

Die Dielektrizitätskonstante von Vegetation wird im wesentlichen durch den Volumengehalt an Wasser bestimmt. Damit ergibt sich eine Abhängigkeit von der Wellenlänge, der Temperatur und dem Salzgehalt. Der typische Salzgehalt liegt im Bereich von 0,6 bis 1,5%. Der Salzgehalt spielt nur für niedrige Frequenzen unterhalb 5 GHz eine Rolle. Bild 4-28 zeigt die typischen Eigenschaften einzelner Blätter bei 5 GHz als Funktion der Blattdicke. Bei der Berechnung wurde hier von einer ebenen, unendlich ausgedehnten dielektrischen Schicht, umgeben von Luft, ausgegangen. Das Emissionsvermögen steigt allgemein mit dem Wassergehalt.

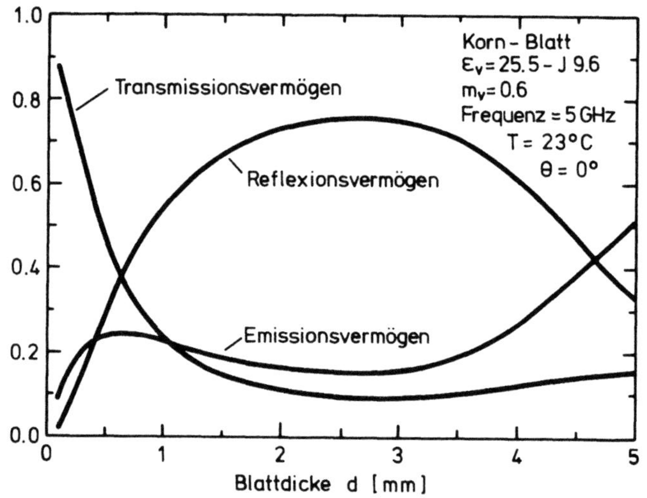

Bild 4-28: Berechnetes Reflexionsvermögen, Transmissionsvermögen und Emissionsvermögen eines Blattes als Funktion der Dicke (nach Lopes, 1983 [15])

Neben den Blättern tragen natürlich auch die Stengel der Pflanzen zum Gesamtemissionsvermögen bei. Für realistische Berechnungen muß man daher bei manchen Pflanzenarten die Vegetationsschicht weiter unterteilen, wobei dann in der oberen Schicht die Blätter überwiegen und in der unteren Schicht die Stengel. Bei höheren Frequenzen (über ca. 5 GHz) kommen die Blattgrößen und die Größe der Stengel in die Größenordnung der Wellenlänge, so daß dann die Streuung einen merklichen Anteil an der Gesamtabsorption hat. Bei Pflanzen mit ausgeprägten geraden, senkrecht stehenden Stengeln ist eine leichte Polarisationsabhängigkeit zu erwarten.

Es ist klar, daß aufgrund der zahlreichen erwähnten Effekte eine genaue Berechnung des Emissionsvermögens nicht möglich ist. Es ist aber möglich, mit statistischen Methoden wenigstens grobe Abschätzungen zu machen. So kann man für die Blattschicht unter der Annahme, daß die Blätter statistisch verteilt sind und ihre Größe, Form und Ausrichtung ebenfalls statistisch verteilt sind, folgende Formel für die Absorption (ohne Streuung) der Schicht angeben:

$$L_a(\Theta) = \exp\left(\frac{4\pi}{3\lambda_0} v_B \varepsilon'' h/\cos\Theta \right) \qquad (4\text{-}49)$$

h: Höhe der Blattschicht
ε": Dielektrischer Verlustfaktor der Blätter
v_B: Volumenanteil der Blätter

Zur Vereinfachung werden hierbei die Blätter als dünne kreisförmige Scheiben der mittleren Dicke d angenommen. Der Volumenanteil läßt sich damit anhand des Flächenanteils A_B der Blätter angeben:

$$v_B = A_B \, d / h \qquad (4\text{-}50)$$

Obwohl Formel (4-49) die Streuung nicht berücksichtigt, ist sie doch bis zu kürzeren Wellenlängen hin noch einigermaßen brauchbar.

Ganz allgemein kann man sagen, daß Vegetation die Strahlungstemperatur gegenüber unbebautem Boden erhöht. Bei kürzeren Wellenlängen haben Pflanzen mit kleineren Blättern, bei sonst gleichen Bedingungen, wegen der größeren Streuung an den Blättern meist etwas höhere Strahlungstemperaturen. Eine wichtige Anwendung der passiven Radiometrie ist die Bestimmung des Feuchtigkeitsgehalts des Bodens unter der Vegetationsschicht.

Wegen der großen Dämpfung der Vegetation muß man hierzu bei recht niedrigen Frequenzen (0,4 - 2 GHz) messen.

4.3.3 Süßwasser-Eis

Eis über Landflächen und Süßwasserseen hat wegen des geringen Salzgehaltes eine erheblich geringere Dämpfung als See-Eis. Damit ergeben sich bessere Möglichkeiten die Eisdicke mit Hilfe der passiven Radiometrie zu bestimmen. Nachteilig wirken sich hier nur die häufig vorhandenen Schneeschichten über dem Eis auf die Genauigkeit aus. Ist die Temperatur von Eis und Wasser (T_p) gleich, so kann man folgende vereinfachte Formel für die Strahlungstemperatur ableiten:

$$T_B(\Theta,p) = T_p\,(1 - R_E)\,(1 - R_{EW}/L^2)\;/\;(1 - R_E R_{EW}/L^2) \qquad (4\text{-}51)$$

mit R_E: Reflexionsfaktor Luft-Eis, R_{EW}: Reflexionsfaktor Eis-Wasser. L ist die Dämpfung der Eisschicht:

$$L(\Theta') = \exp\,(\varkappa_a\, d_E/\cos\Theta') \qquad (4\text{-}52)$$

Θ' ist der Refraktionswinkel im Eis, d_E ist die Dicke des Eises und $\varkappa_a$ ist der Absorptionskoeffizient, für den folgende Näherungsformel gilt:

$$\varkappa_a = \frac{2\pi}{\lambda_0}\,\frac{\varepsilon''}{\sqrt{\varepsilon'}} \qquad (4\text{-}53)$$

In der Praxis muß man auch für Süßwasser einen gewissen Salzgehalt annehmen. Ein typischer Wert hierfür liegt bei etwa 0,004%. Besonders bei niedrigen Frequenzen wirken sich solch geringe Salzgehalte schon sehr stark auf die Dämpfung des Eises aus. Bild 4-29 zeigt die berechnete Nadir-Strahlungstemperatur als Funktion der Eisdicke für diesen Salzgehalt. Wie man sieht, erhöht das Eis allgemein die Strahlungstemperatur. Zur Bestimmung der Eisdicke eignen sich Frequenzen im Bereich von 1 bis 10 GHz besonders gut. Bei sehr niedrigen Frequenzen wirken sich auch Schneeschichten über dem Eis kaum auf die gemessene Strahlungstemperatur aus, sofern der Schnee trocken ist.

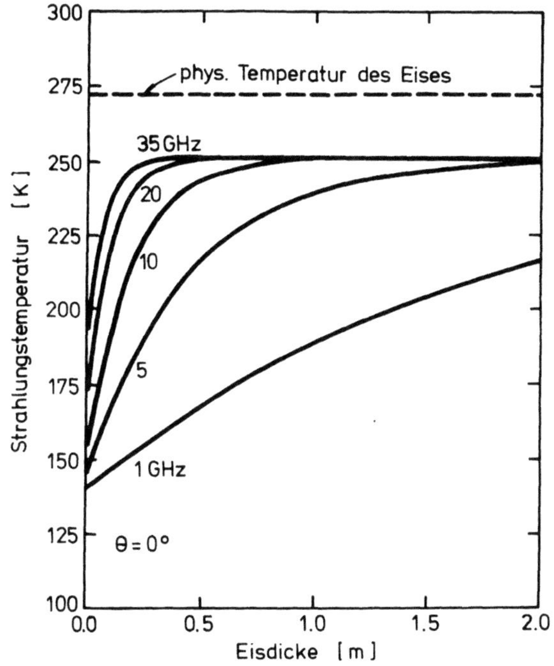

Bild 4-29: Berechnete Strahlungstemperaturen für eine Eisschicht mit einem Salzgehalt von 0,004% als Funktion der Dicke (nach [7])

4.3.4 Schnee

Beim Emissionsverhalten von Schnee muß man grundsätzlich zwischen trockenem und nassem Schnee unterscheiden. Schnee besteht aus Eiskristallen, umgeben von Luft. Nehmen wir zur Vereinfachung an, daß die Eispartikel kugelförmig sind, so können die in Kap. 1.3.3 abgeleiteten Formeln für die Absorptions-, Streu- und Extinktionsquerschnitte übernommen werden. Je nach Wellenlänge muß hier Rayleigh- oder Mie-Streuung zugrunde gelegt werden. Die Ausbreitungsparameter eines Mediums mit streuenden Partikeln sind die Volumenabsorptions- und Volumenstreukoeffizienten. Sie sind die Summen der in Kap. 1.3.3 definierten Querschnitte in einer Volumeneinheit:

$$\varkappa_s = \sum_{j=1}^{N} Q_s(r_j,n) \qquad \text{und} \qquad \varkappa_a = \sum_{j=1}^{N} Q_a(r_j,n) \tag{4-45}$$

Der Extinktionskoeffizient ist dann:

$$\varkappa_e = \varkappa_a + \varkappa_s \tag{4-46}$$

Das Rückstrahlvermögen (Albedo) ist:

$$a = \varkappa_s / \varkappa_e \tag{4-47}$$

Bei nassem Schnee muß man den Absorptionskoeffizienten in einen Anteil für die Eispartikel und einen anderen für das Wasser aufteilen:

$$\varkappa_a = \varkappa_{aE} + \varkappa_{aW} \tag{4-48}$$

Bei geringen Wasseranteilen kann man folgende Näherungsformel für den Absorptionskoeffizienten $\varkappa_{aW}$ verwenden:

$$\varkappa_{aW} = k_0 \; (1 - v_E) \; \varepsilon''_{WL}/\sqrt{\varepsilon'_{WL}} \tag{4-49}$$

mit $k_0 = 2\pi/\lambda_0$.

v_E ist hierbei der Volumenanteil der Eispartikel, und ε_{WL} ist die Dielektrizitätskonstante des Wasser-Luftgemisches. Der Absorptions- und der Streukoeffizient können für eine gegebene Größenverteilung der Eispartikel p(r) analog zu Gleichung (1-105) berechnet werden. Für Partikelradien unter etwa einer zwanzigstel Wellenlänge können zur Berechnung der Absorptions- und Streuquerschnitte die Formeln für die Rayleigh-Streuung (1-97) verwenden werden. Da die Größenverteilung der Eispartikel meist nicht bekannt ist, verwendet man stattdessen häufig einen typischen mittleren Partikelradius r, der dann allen Partikeln zugesprochen wird. Bild 4-30 zeigt mit Hilfe der Mie-Streuung berechnete Werte für die Absorptions-, Streu- und Extinktionskoeffizienten für trockenen Schnee mit Eiskristallen eines mittleren Radius von 0,5mm.

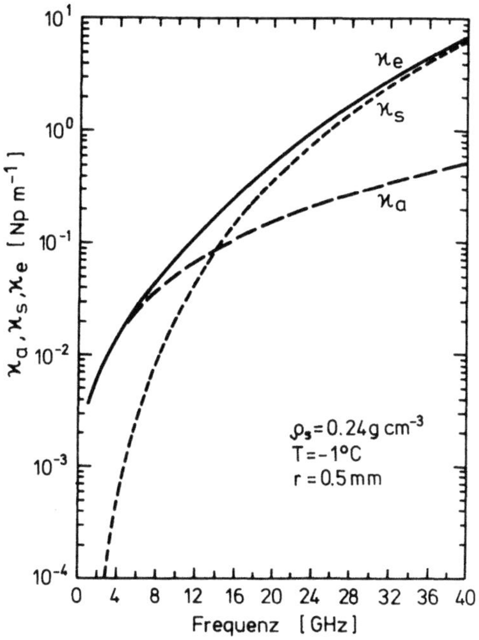

Bild 4-30: Berechnete Werte der Absorptions-, Streu- und Extinktionskoeffizienten für eine Schneedichte von 0,24 g/cm^3 (nach [7])

Wie anhand von Bild 4-30 zu sehen ist, spielt die Streuung oberhalb 20 GHz die dominierende Rolle. Bei Frequenzen unter 5 GHz wird das Rückstrahlvermögen sehr klein. Bild 4-31 zeigt die Eindringtiefe für verschiedene Radien der Eispartikel in Abhängigkeit der Frequenz.

Die Eindringtiefe sinkt natürlich mit zunehmender Dichte des Schnees ab. Für die Radiometrie ist das Rückstrahlvermögen a einer Schneeschicht besonders wichtig. Bild 4-32 zeigt das berechnete Rückstrahlvermögen für verschiedene Radien der Eispartikel unter Verwendung der Mie-Streuung. Wie man sieht, steigt es stark mit der Frequenz an, so daß die Strahlungstemperatur bei höheren Frequenzen absinkt. Dies ist eine Eigenschaft, die Schnee von fast allen anderen Meßobjekten unterscheidet.

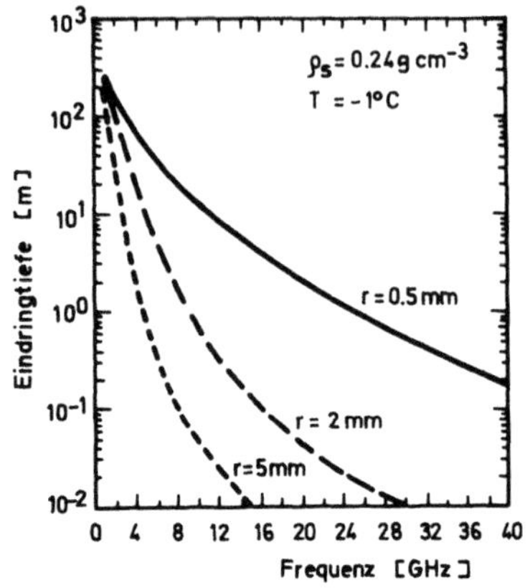

Bild 4-31: Eindringtiefe in trockenen Schnee für verschiedene Radien der Eispartikel (nach [7])

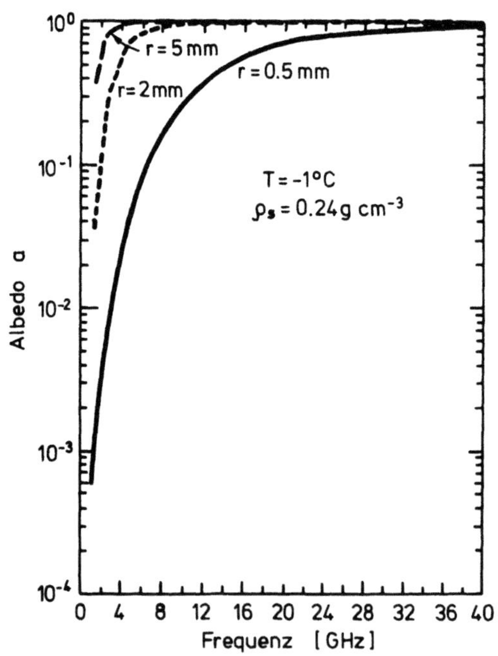

Bild 4-32: Berechnetes Rückstrahlvermögen a für verschiedene Radien der Eispartikel (nach [7])

Bei nassem Schnee liegt der Volumenanteil von Wasser in der Größenordnung von einigen Prozent. Die Wassertröpfchen sind dabei meist kleiner als die Eiskristalle. Daher kann man zur Vereinfachung den Streuanteil der Wassertröpfchen gegenüber der Streuung an den Kristallen vernachlässigen und die Schneeschicht als Luft-Wassergemisch mit eingelagerten Eiskristallen ansehen. Es ist klar, daß der Extinktionskoeffizient hier stark mit dem Wassergehalt ansteigt. Bild 4-33 zeigt als Beispiel den berechneten Extinktionskoeffizienten bei 37 GHz als Funktion des Wassergehaltes. Für den mittleren Radius der Eispartikel wurde hier 0,5mm zugrunde gelegt.

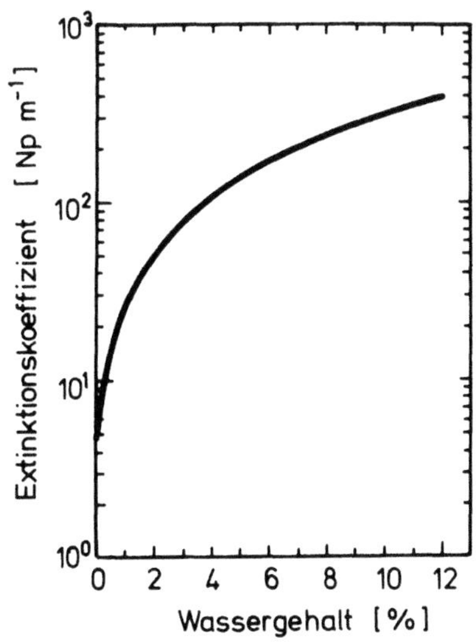

Bild 4-33: Abhängigkeit des Extinktionskoeffizienten vom Wassergehalt bei 37 GHz (nach [7])

Durch den starken Anstieg des Extinktionskoeffizienten mit dem Wassergehalt sinkt entsprechend das Rückstrahlvermögen des Schnees. In der Praxis bedeutet dies, daß schmelzender Schnee mit steigendem Wassergehalt die Eigenschaften eines schwarzen Körpers annimmt.

Eine der wichtigsten Anwendungen der passiven Radiometrie von Schnee ist die Bestimmung des im Schnee gespeicherten Wassers. Dieser Parameter ist besonders für die Vorhersage von Hochwasser im Frühjahr von Bedeutung. Nach den oben angegebenen Formeln läßt sich zwar eine direkte Beziehung zwischen den Strahlungstemperaturen bei verschiedenen Frequenzen und dem Wasseräquivalent herstellen, diese gilt jedoch zunächst nur für Schneeschichten einheitlicher Dichte und konstanter Größe der Kristalle. Direkte Messungen unter natürlichen Bedingungen zeigen z.B. die in Bild 4-34 dargestellte Abhängigkeit der Strahlungstemperatur vom Wasseräquivalent.

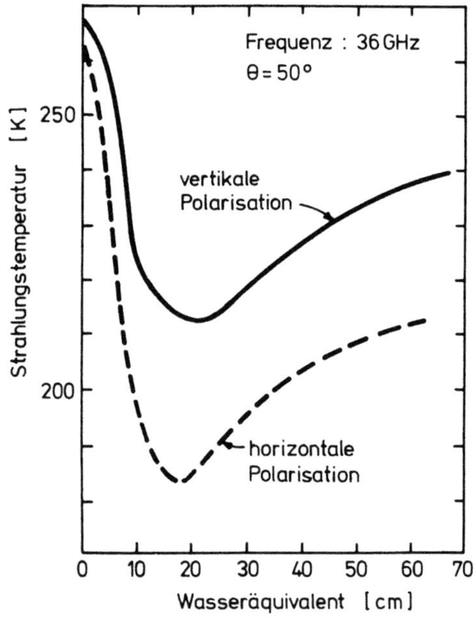

Bild 4-34: Gemessene Strahlungstemperatur bei 36 GHz als Funktion des Wasseräquivalents für trockenen Schnee (nach Schanda et. al. [16])

Der Anstieg der Strahlungstemperatur bei größeren Wasseräquivalenten ist durch das unterschiedliche Rückstrahlvermögen der einzelnen Schneeschichten zu erklären. So bestehen hier vermutlich die oberen Schneeschichten aus kleineren Kristallen als die unteren. Die Mehrdeutigkeit des Wasseräquivalentes bei bestimmten Strahlungstemperaturen läßt sich durch Messungen bei verschiedenen Frequenzen beseitigen.

Die Praxis hat gezeigt, daß man zwischen verschiedenen Arten von Schnee unterscheiden muß. So versteht man unter Winterschnee eine Schneeschicht, die keinerlei Schmelzprozeß durchlaufen hat. Diese Schneeart ist typisch für das Hochgebirge während der Periode von November bis März. Nasser Frühjahrsschnee besteht aus einer nassen Schneeschicht von einigen cm Dicke, die tagsüber antaut. Durch das Anschmelzen entstehen Eiskristalle von 1 bis 3mm Durchmesser. Unter trockenem Frühjahrsschnee versteht man dann dementsprechend die gleiche Schneeart, die jedoch wieder vollkommen durchgefroren ist und damit kein flüssiges Wasser mehr enthält. Radiometrisch lassen sich die verschiedenen Schneearten, bei gleichem Wasseräquivalent, durch Messungen bei Frequenzen über etwa 30 GHz gut unterscheiden. Die niedrigsten Strahlungstemperaturen erzeugt hierbei der trockene Frühjahrsschnee, da er aus größeren Kristallen besteht. Winterschnee hat die stärkste Polarisationsabhängigkeit, was auf die stärkere Unsymmetrie der Eiskristalle zurückzuführen ist. Wie schon erwähnt, hat der nasse Schnee das größte Emissionsvermögen, das bei Frequenzen über 30 GHz nahezu frequenzunabhängig wird.

Satellitenmessungen von ausgedehnten Schneeflächen sind von großem Wert. Mit ihrer Hilfe kann man die Ausdehnung und das Wasseräquivalent von Schneefeldern, sowie die Zonen in denen tagsüber Schneeschmelze eintritt, bestimmen. Insbesondere die Bestimmung des Wasseräquivalentes ist mit anderen Methoden kaum möglich. Erste Satellitenmessungen wurden mit dem ESMR an Bord der Satelliten Nimbus-5 und Nimbus-6 gemacht. Später folgten Mehrkanalmessungen mit dem SMMR an Bord des Nimbus-7. Die Ergebnisse zeigten, daß insbesondere die 37 GHz-Kanäle zur Bestimmung der Schneetiefe geeignet sind. Weiterhin wurde deutlich, daß sich die Schneeflächen in verschiedenen Ländern merklich voneinander unterscheiden, was auf die unterschiedlichen Witterungsbedingungen und Bodeneigenschaften zurückzuführen ist. Die Unterscheidung zwischen schneefreiem Boden und schmelzendem Schnee ist häufig schwierig, da sich die Strahlungstemperaturen kaum unterscheiden. Hier muß man dann die Informationen von Messungen bei verschiedenen Frequenzen und bei unterschiedlichen Tageszeiten verwerten, um eine Trennung möglich zu machen. Der einzige Nachteil von Satellitenmessungen ist die geringe räumliche Auflösung, die z.B. beim SMMR bei etwa 30km für den 37GHz-Kanal lag.

4.3.5 Gebäude, Straßen und Metallobjekte

Für die passive Radiometrie von künstlichen Objekten wie Gebäude, Straßen und Fahrzeugen gibt es praktische Anwendungen z.B. in der Navigationsunterstützung, der Verkehrsüberwachung, der militärischen Aufklärung und Zielverfolgung. Wegen der relativ geringen Abmessungen der Meßobjekte sind hier den maximalen Entfernungen des Radiometers zum den Meßobjekten enge Grenzen gesetzt. Als Meßplattform kommen daher hauptsächlich Flugzeuge in Frage.

Das Emissionsvermögen und damit auch die Strahlungstemperatur von Gebäuden und Straßen ist i. allg. geringer als das von unbebautem Boden und Vegetation, so daß diese Objekte bis in den Millimeterwellenbereich hinein einen guten Kontrast zur Umgebung haben. Im Millimeterwellenbereich sinkt jedoch der Kontrast zu kürzeren Wellenlängen hin, da dann die mittlere Strahlungstemperatur der Atmosphäre ansteigt und gleichzeitig des Reflexionsvermögen der Meßobjekte absinkt. Da auf der anderen Seite das Auflösungsvermögen zu kürzeren Wellenlängen hin bei gleicher Apertur der Antenne ansteigt, liegt ein guter Kompromiß zwischen Kontrast und räumlicher Auflösung im Frequenzbereich zwischen 30 und 140 GHz. Wegen der großen praktischen Bedeutung wollen wir uns im folgenden mit den Eigenschaften von Objekten mit metallischer Oberfläche etwas eingehender befassen.

Metallflächen haben im Mikrowellenbereich ein Reflexionsvermögen von annähernd 1. Bei der Messung ebener Metallflächen, deren Ausdehnung größer als die Antennenhauptkeule des Radiometriesystems ist, bekommt man die in Bild 1-8 und Gleichung (1-71) dargestellten relativ einfachen Verhältnisse. Nimmt man ein Reflexionsvermögen R von 1 an, so sieht man anhand von Gleichung (1-71), daß die Metallfläche wie ein Spiegel wirkt und das Radiometer über die Reflexion die Strahlungstemperatur des Himmels mißt. Der radiometrische Kontrast von Metallflächen gegenüber der Umgebung hängt somit fast ausschließlich von der Strahlungstemperatur des Himmels ab. Im Millimeterwellenbereich spielen daher die Wetterverhältnisse (siehe Kap. 1.4) eine wesentliche Rolle für die Größe des Kontrasts.

Ist die Metallfläche kleiner als die Halbwertsbreite der Antennenhauptkeule, so verringert sich der Kontrast entsprechend dem Füllfaktor, der hierbei das Verhältnis des Raumwinkels des Meßobjekts Ω_T zum effektiven Raumwinkel der Hauptkeule Ω_H (siehe (1-30)) ist:

$$\Gamma = \Omega_T/\Omega_H \tag{4-50}$$

Bei einer gaußförmigen Hauptkeule läßt sich der effektive Raumwinkel der Hauptkeule direkt aus den Halbwertsbreiten berechnen:

$$\Omega_H = HPBW_E\ HPBW_H\ /\ln 2 \tag{4-51}$$

Die radiometrische Kontrasttemperatur T_C eines im Vergleich zur Halbwertsbreite kleinen Meßobjekts ist somit:

$$T_C = \frac{\Omega_T\ \eta_B\ (T_{BKG} - T_T)}{HPBW_E\ HPBW_H\ 10^{ad/10}\ /\ln 2} \tag{4-52}$$

mit T_{BKG}: Strahlungstemperatur der Umgebung
T_T: Strahlungstemperatur des Meßobjekts (bei ebenen Metallflächen = Strahlungstemperatur des Himmels).
a: atmosphärische Dämpfung in der Schicht zwischen Radiometer und Meßobjekt [dB/km].
d: Abstand Radiometer - Meßobjekt [km].

Der Faktor $10^{ad/10}$ berücksichtigt noch die atmosphärische Dämpfung des Signals auf dem Weg vom Meßobjekt zum Radiometer. Hat das Meßobjekt etwa die Größe der Halbwertsbreite, so geht nach Gleichung (1-34) noch die Form der Antennencharakteristik in die Messung ein.

Bei 90 GHz liegt die radiometrische Temperatur des Himmels bei einigermaßen guten Wetterbedingungen zwischen etwa 20 und 80K. Je nach Größe der Metallfläche kann daher gegenüber der Umgebung eine Kontrasttemperatur von über 200 K erreicht werden. Bild 4-35 zeigt als Beispiel ein am Boden abgestelltes zweimotoriges Flugzeug mit einigen Fahrzeugen. Bild 4-36 zeigt ein Gelände mit Gebäuden und Parkplätzen bei 90 GHz und zum Vergleich bei sichtbarem Licht. Auch hier sind gegenüber dem sichtbaren Bereich Fahrzeuge und andere Metallobjekte deutlicher zu erkennen. Dieses Bild wurde ebenso wie Bild 4-35 mit einem gekühlten Radiometer (210K DSB-Rauschtemperatur, 2,5 GHz Bandbreite) aus einer Flughöhe von 85 m aufgenommen [13]. Das Radiometrie-System arbeitet nach dem in Bild 4-24 gezeigten Prinzip. Der Durchmesser der Parabolantenne beträgt 23 cm und die Schwenkfrequenz 35 Hz. Die räumlich Auflösung beträgt etwa 1,5 m am Boden.

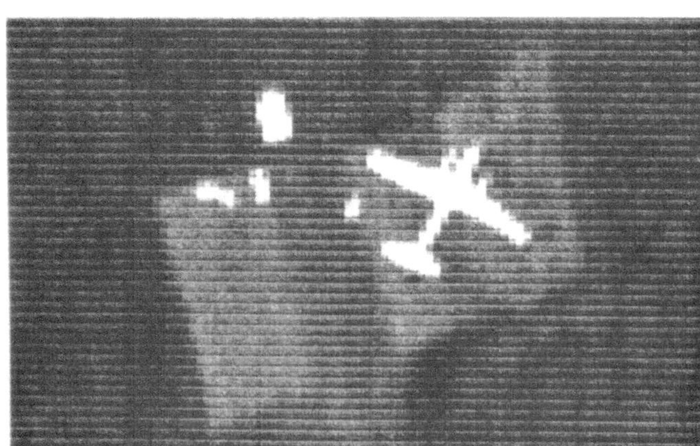

Bild 4-35: 90-GHz-Bild eines zweimotorigen Flugzeugs auf einer Beton-Plattform (nach [13])

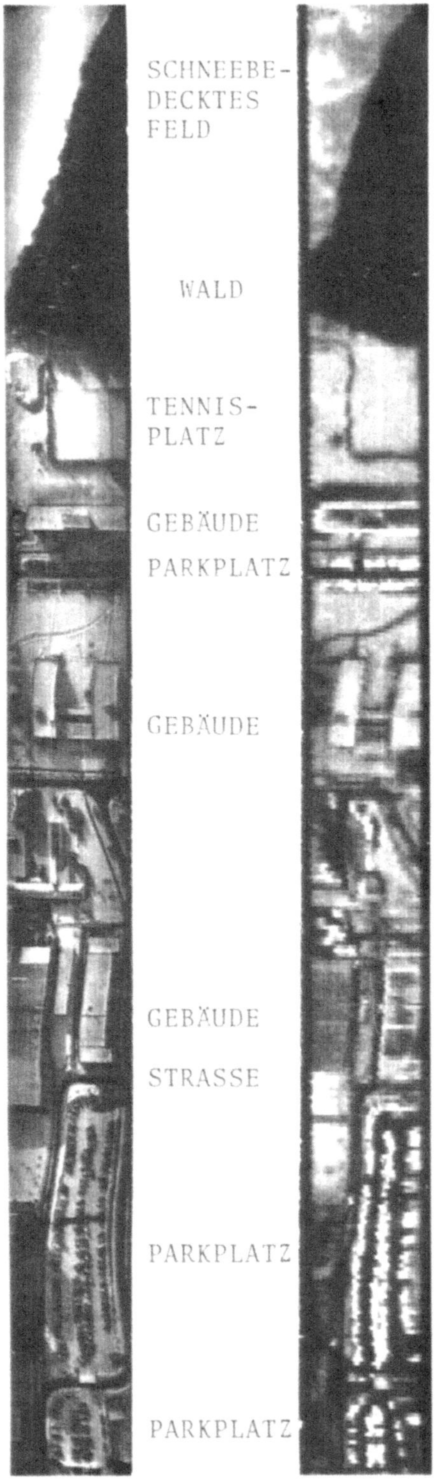

Bild 4-36: DFVLR-Gelände aus einer Flughöhe von 85m im sichtbaren Bereich (oben) und bei 90 GHz (unten). Die dunklen Gebiete haben eine höhere radiometrische Temperatur.

Literatur zum 4.Kapitel

[1] Westwater, E.R. und N.C. Grody: Combined Surface- and Satellite-Based Microwave Temperature Profile Retrieval. J. Appl. Meteorol., 19 (1980), S. 1438-1444

[2] Westwater, E.R. und M.T. Decker: Application of Statistical Inversion to Ground-Based Microwave Remote Sensing of Temperatur and Water Vapor Profiles. In "Inversion Methods in Atmospheric Remote Sensing" (A. Deepak, Ed.), Academic Press, New York (1977), S 395-428

[3] Askne, J.I.H. und B.G. Skoog: Atmosperic Water-Vapor Profiling by Ground-Based Radiometry at 22 and 183 GHz. IEEE Trans. Geosci. Remote Sensing, GE-21 (1983), S. 320-323

[4] Njoku, E.G.: Passive Microwave Remote Sensing of the Earth from Space - A Review. Proc. IEEE, 70 (1982), S. 728-749

[5] Waters, J.W. und S.C. Wofsy: Application of High Resolution Passive Microwave Satellite Systems to the Stratosphere, Mesosphere and Lower Thermosphere. Kap.7 in "High Resolution Passive Microwave Satellites" (D. Staelin und P. Rosenkranz Ed.). Applications Review Panel Final Report, Res. Lab. of Electronics, Mass. Inst. Technol., Cambridge, MA (1978)

[6] Wilheit, T.T., A.T.C. Chang, P. Gloersen und A.S. Milman: Tests of Retrievals of Ocean Surface Parameters from the Scanning Multichannel Microwave Radiometer (SMMR). COSPAR-SCOR-IUCRM Symp. on Oceanography from Space, Venedig, Mai 1980

[7] Ulaby, F.T., R.K. Moore und A.K. Fung: Microwave Remote Sensing. Vol.III, Artech House, Inc. 1986.

[8] Odelevsky, V.I., Zh. Tekh. Fiz., 21, 1951, S.667

[9] Hollinger, J.P.: The Determination of Oil Slick Thikness by Means of Multifrequency Passive Microwave Techniques. Dep. of Transportation Rep. No. CG-D-31-75, U.S. Coast Guard, Office of Research and Development, Washington, DC

[10] Grüner, K und H. Schreiber: Archimedes II, Remote Sensing of Oil Spills in the North Sea, October 1-2, 1985. Summary Report on the DFVLR Passive Microwave Measurements, Juni 1986

[11] Comiso, J.C.: Sea Ice Effective Microwave Emissivities from Satellite Passive Microwave and Infrared Observations. J. Geophys. Res., 88 (1983), S. 7686-7704

[12] Cloersen, P. und Cavalieri: Reduction of Weather Effects in the Calculation of Sea Ice Concentration from Microwave Radiances. J. Geophys. Res., (1986), S. 3913-3919

[13] Vowinkel, B., K. Gruener und W. Reinert: Cryogenic all Solid-State Millimeter-Wave Receivers for Airborne Radiometry. IEEE Trans. Microwave Theor. Techn., Vol. MTT-31, No. 12, Dez. 1983, S. 996-1001

[14] Hachenberg, O., B. Vowinkel: Technische Grundlagen der Radioastronomie. Bibliographisches Institut 1982

[15] Lopes, A: An Experimental Study of Microwave Attenuation and Backscattering from Wheat Canopy. Dr. Arbeit, Paul Sabatier Universität, Toulouse, Frankreich (1983)

[16] Schanda, E., C.Mätzler, K. Künzi: Microwave Remote Sensing of Snow Cover. Int. J. Remote Sensing, 4 (1983), S. 149-158

5 PLASMADIAGNOSTIK

5.1. Zyklotronstrahlung

Die Mikrowellenradiometrie ist für die experimentelle Plasmaphysik von Bedeutung, da sich mit ihrer Hilfe wichtige Plasmaparameter ermitteln lassen. Dies gilt für astrophysikalische und extraterrestrische, im besonderen aber für Laborplasmen, für welche die rückwirkungsfreie Diagnostik von Wichtigkeit ist. Dieses Kapitel beschränkt sich auf die passive Mikrowellenradiometrie von fusionsrelevanten Laborplasmen. Einige einführende Bemerkungen seien vorangestellt.

5.1.1 Plasmazustand und Kernfusion

Der Plasmazustand der Materie wird als ihr vierter Aggregatzustand bezeichnet, da mit wachsender Temperatur die Folge Festkörper, Flüssigkeit, Gas zwanglos zu Plasma fortgesetzt werden kann. Bei hinreichend hoher Temperatur T wird ein Teil der Gasatome im Stoß ionisiert, wobei im thermischen Gleichgewicht der Ionisierungsgrad durch die Saha-Gleichung

$$\frac{n_i}{n_n} = 2{,}4 \cdot 10^{21} \, \frac{T^{3/2}}{n_i} \, e^{-E_i/kT} \qquad (5\text{-}1)$$

gegeben ist. n_i und n_n sind die Dichten $[m^{-3}]$ der ionisierten und neutralen Teilchen. T ist die Temperatur [K], E_i die Ionisierungsenergie und k die Boltzmann-Konstante. Für Luft bei Zimmertemperatur ($E_i/kT \approx 6 \cdot 10^2$) ergibt sich danach für rein thermische Ionisation ein verschwindend niedriger Ionisierungsgrad. Dieser für die Erdatmosphäre typische Zustand ist im Universum eher die Ausnahme. Man schätzt, daß sich mehr als 95% der Materie des Universums im Plasmazustand befinden [1].

Die heißesten und dichtesten Laborplasmen werden in Experimenten zur kontrollierten Kernfusion erzeugt. Dieses Ziel wird seit den fünfziger Jahren in vielen Labors verfolgt, um die Verschmelzung leichter Atomkerne, nämlich verschiedener Isotope des Wasserstoffs in solche des Heliums, als eine neue Methode der Energiegewinnung mit günstigen Sicherheits- und Umwelteigenschaften nutzbar zu machen. Die Verschmelzung der Kerne von Deuterium ($^{2}_{1}D$) und Tritium ($^{3}_{1}T$) zu Helium ($^{4}_{2}He$) gemäß

$$^{2}_{1}D + ^{3}_{1}T \rightarrow ^{4}_{2}He + ^{1}_{0}n \qquad (5\text{-}2)$$

unter Freisetzung einer Energie von 17,59 MeV, die zum größten Teil durch das Neutron $^{1}_{0}n$ abgeführt wird, bietet sich wegen des hohen Reaktionsquerschnitts und der relativ niedrigen Plasmatemperatur, bei der diese Reaktion abzulaufen beginnt, als erstes Ziel an. Zur Überwindung der Coulombschen Abstoßungskräfte zwischen den Atomkernen muß die Temperatur etwa 10^8 K sein. In der Plasmaphysik ist es üblich, die Teilchentemperaturen durch die Teilchenenergie in Elektronenvolt [eV] auszudrücken. 1 eV entspricht 11605 K, so daß etwa 10 keV zur Einleitung der Reaktion notwendig sind. Bei dieser Temperatur ist das Gas vollständig ionisiert. Das gebildete Plasma enthält gleich viele Ionen und Elektronen (bezügl. der Heizmethoden siehe [4]).

Als notwendiges Kriterium für Nettoenergiegewinn in einem Fusionsreaktors gilt ein von Lawson [2] angegebenes Kriterium. Danach muß bei der genannten Temperatur das Produkt aus Dichte und Energieeinschlußzeit mindestens $2 \cdot 10^{20}$ s/m^3 betragen. Die Energieeinschlußzeit ist die charakteristische Abklingzeit bei Abschalten der Plasmaheizung. Im Fall eines stationären Plasmas ist diese Zeit demnach gegeben durch das Verhältnis von im Plasma gespeicherter Energie und zugeführter Heizleistung. Dieses durch das Lawson-Kriterium gesteckte Ziel ist noch nicht erreicht. Das Dichte-Einschlußzeit-Produkt bei der notwendigen Plasmatemperatur liegt noch etwa eine Größenordnung unter dieser Forderung. Große Fortschritte im Hinblick auf dieses Ziel wurden in den letzten Jahren insbesondere an den Großexperimenten JET und TFTR erzielt [3]. Die Experimente werden noch nicht mit Deuterium und Tritium sondern mit Wasserstoff oder Deuterium ausgeführt. Die Erzeugung, Aufheizung und das Einschlußverhalten des Plasmas stehen im Vordergrund der Untersuchungen. Die erzielten Temperaturen für Ionen und Elektronen liegen zwischen 10^7 und 10^8 K, die Dichten zwischen einigen 10^{19} und 10^{20} m^{-3}, die beste Energieeinschlußzeit bei fast einer Sekunde. Die angegebenen Werte werden nicht gleichzeitig erreicht. In den größten Experimentieranlagen werden Plasmen mit den genannten Eigenschaften für mehr als 10 s aufrechterhalten und mit einer Vielzahl verschiedener Diagnostikeinrichtungen studiert [5,6].

Um ein vollionisiertes Plasma so hoher Temperatur erzeugen zu können, muß es von den materiellen Wänden des Vakuumgefäßes ferngehalten werden. Dies gelingt mit Hilfe des magnetischen Einschlusses [4].

5.1.2 Magnetischer Einschluß

Erzeugt man in einem zylindrischen Gefäß ein homogenes Magnetfeld mit der Feldrichtung parallel zur Zylinderachse, so gyrieren geladene Teilchen auf Grund der Lorentz-Kraft, wie in Bild 5-1 dargestellt, um die Feldlinien. Die Teilchen sind dadurch gleichsam an die Feldlinien gebunden. Entlang der Feldlinien erfolgt ihre Bewegung kräftefrei, so daß am Ende des geraden Zylinders je nach dessen Ausbildung bzw. der Magnetfeldgeometrie die Teilchen verloren gehen. Um dieses zu verhindern, schließt man den Zylinder zu einem Torus. Das Endflächenproblem ist dadurch zwar vermieden, das Magnetfeld ist aber nicht länger homogen, es ist an der inneren Toruswand stärker als an der äußeren. Der resultierende Feldgradient hat eine Kraft auf die Teilchen zur Folge, die senkrecht zu Feldgradient und Feld gerichtet ist. Zusätzlich erfahren die

Teilchen auf ihrer Bahn entlang der gekrümmten Feldlinien wegen ihrer trägen Masse eine Zentrifugalkraft. Die Überlagerung beider Kräfte führt zu einer Driftbewegung senkrecht zu Krümmungsradius und Magnetfeldrichtung und zwar in entgegengesetzte Richtungen für Ionen und Elektronen. Dies führt zum Aufbau eines elektrischen Feldes, welches wiederum zu einer Driftbewegung führt, die radial nach außen gerichtet ist. Diese unerwünschten Vorgänge können fast vollständig dadurch vermieden werden, daß dem rein toroidalen Feld ein poloidales Feld überlagert wird, so daß sich die resultierenden Feldlinien helikal, wie in Bild 5-2 skizziert, um den Torus herumwinden. Der Durchstoßpunkt einer helikalen Feldlinie durch einen poloidalen Schnitt senkrecht zur Torusachse wandert in diesem Fall auf einem Kreis um diese Achse bei jedem toroidalen Umlauf um einen kleinen Winkel weiter.

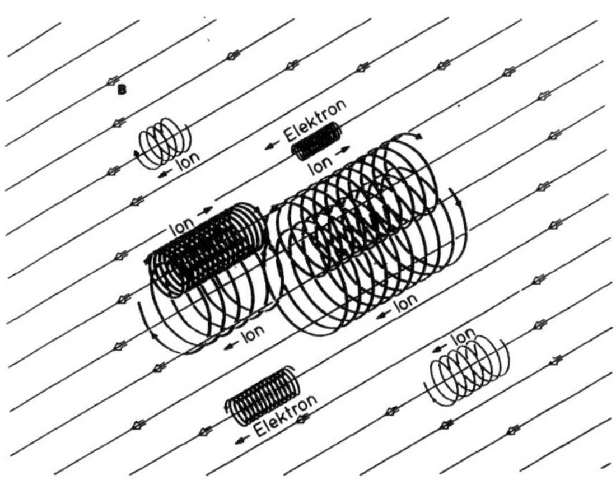

Bild 5-1: Die Gyrationsbewegung geladener Teilchen um die Magnetfeldlinien. Der Gyroradius hängt von Teilchenimpuls und Feldstärke ab.

Stehen Umläufe in toroidaler und poloidaler Richtung in keinem rationalen Verhältnis zueinander, so schließen sich die Feldlinien nicht. Sie laufen vielmehr auf Torusflächen um, die magnetische Flächen genannt werden. Diese, durch die Feldlinien aufgespannten Flächen, bilden ein dichtes Netz. Die Driftbewegung eines Teilchens, das an eine Feldlinie gebunden ist, wird dadurch fast vollständig unterdrückt, daß sich das Teilchen mit der Feldlinie ebenso oft oberhalb wie unterhalb der Torusmittelebene befindet und sich die daraus resultierenden Driftrichtungen gegenseitig aufheben. Seine Bewegung bleibt dann nahezu auf die magnetische Fläche beschränkt.

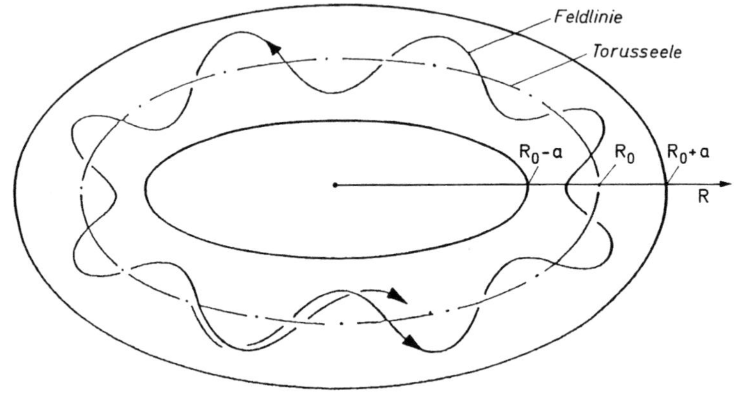

Bild 5-2: Feldlinien, die sich helikal um den Torus herumwinden, sind für den magnetischen Plasmaeinschluß notwendig. R_0 ist der große, a der kleine Torusradius.

Das poloidale Feld zur Erzeugung helikaler Feldlinien kann sowohl durch externe Magnetfelder, z.B. zusammen mit dem Toroidalfeld mit Hilfe ein und desselben Spulensatzes, wie in Bild 5-4 am Beispiel des Experiments W VII-AS gezeigt, als auch durch einen toroidalen Strom im Plasma erzeugt werden.

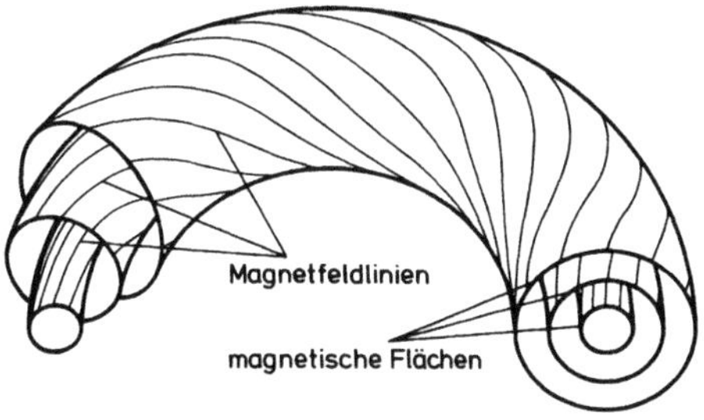

Bild 5-3: Die helikal umlaufenden Feldlinien spannen "magnetische Flächen" auf. Variiert die Steigung der Feldlinien von Fläche zu Fläche, so heißt das Feld verschert.

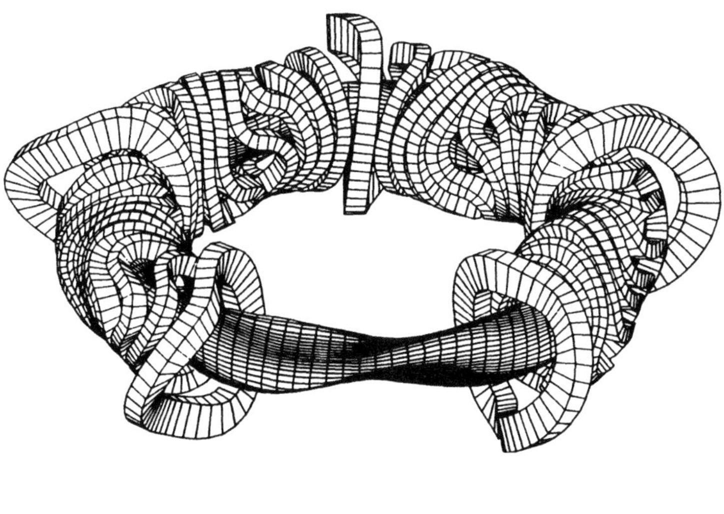

Bild 5-4: Beim Stellarator werden toroidale und poloidale Feldkomponenten durch externe Spulensätze erzeugt. Das Bild zeigt den nichtplanaren Spulensatz des "Advanced Stellarators" W VII-AS. Um die Form der Plasmasäule zu zeigen, wurden die vorderen Spulen nicht gezeichnet.

Experimentiereinrichtungen, die von der ersten Möglichkeit Gebrauch machen, heißen Stellaratoren, diejenigen, die den Plasmastrom notwendig zum Einschluß benötigen, Tokamaks. Beide Konzepte werden weltweit verfolgt, wobei die Tokamak-Linie derzeit am weitesten entwickelt ist. Bild 5-5 zeigt das Tokamak-Prinzip: Der Plasmaschlauch wirkt als Sekundärwicklung eines Transformators. Der im Plasma fließende Strom wird von außen durch einen zeitlich ansteigenden Primärstrom induziert. Da dieser Anstieg zeitlich begrenzt ist, führt dies notwendig zum Impulsbetrieb eines Tokamaks. Beim Stellarator besteht diese grundsätzliche Beschränkung nicht.

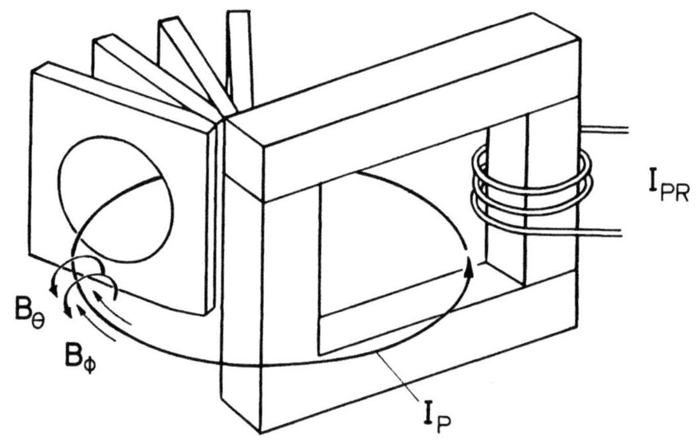

Bild 5-5: Der Tokamak arbeitet nach dem Transformatorprinzip: Der Primärstrom I_{PR} induziert den Plasmastrom I_P, der die poloidale Feldkomponente B_Θ hervorruft. Zusammen mit dem äußeren Toroidalfeld B_ϕ ergibt sich ein resultierendes helikales Feld.

In der vorangegangenen Betrachtung wurden Stöße zwischen den Teilchen nicht berücksichtigt. Sie bewirken, daß Teilchen und Energie zwischen benachbarten Flächen ausgetauscht werden. Dies hat wegen des beschränkten Torusvolumens, das einschlußfähige magnetische Flächen besitzt, zur Folge, daß Teilchen und Energie nach außen, von der Torusachse weg, verloren gehen. Teilchendichte und Temperatur sind deswegen auf der Torusachse maximal. Beide Größen fallen im allgemeinen monoton mit wachsendem Abstand.

Zu diesen Diffusions- und Wärmeleitungsverlusten kommen Abstrahlungsverluste infolge der beschleunigten Bewegung von Elektronen und Ionen. Wegen ihrer geringeren Masse werden Elektronen bei gegebener Kraft stärker beschleunigt als die Ionen, so daß die Strahlungsverluste hauptsächlich auf die Elektronen zurückgehen. Man unterscheidet Bremsstrahlung und Zyklotron- oder Synchrotronstrahlung.

Bremsstrahlung entsteht beim Stoß zwischen geladenen Teilchen. Sie stellt den Hauptanteil des durch Strahlung bedingten Verlustes dar. Die Abstrahlung erfolgt vorwiegend im Röntgen-Bereich, in dem das Plasma transparent ist. Die Zyklotronstrahlung ist eine Folge der Gyrationsbewegung der geladenen Teilchen um die Feldlinien. Die Abstrahlung erfolgt im Mikrowellenbereich. Für fusionsrelevante, heiße, dichte Plasmen kann der Energieverlust durch Zyklotronstrahlung grundsätzlich größer sein als der durch Bremsstrahlung. Da die metallischen Gefäßwände im Mikrowellenbereich jedoch gut reflektieren, wird die Strahlung zum größten Teil vom Plasma reabsorbiert, so daß die Zyklotronstrahlung keinen entscheidenden Verlustkanal darstellt.

Die Zyklotronstrahlung der Elektronen [4,6,7,8,9] ist Gegenstand dieses Kapitels. Ihre Intensität hängt von der Elektronenenergieverteilung, der Elektronendichte, der Elektronentemperatur und der Plasmageometrie ab. Unter bestimmten Bedingungen ist die Intensität dieser Emission jedoch auf Schwarzkörperstrahlungsniveau, sie hängt dann nur noch von der Elektronentemperatur ab. Diese Tatsache kann auf einfache, direkte Weise zu plasmadiagnostischen Zwecken genutzt werden. Die Emission wird mit den Methoden der passiven Mikrowellenradiometrie gemessen. Auf Entstehungsmechanismus und die Nachweismethoden soll im einzelnen eingegangen werden.

5.1.3 Zyklotronbewegung

In einem hinreichend dünnen Plasma können die Bewegungen einzelner Elektronen als unabhängig voneinander betrachtet werden. Kollektive Effekte, also gemeinsame oder korrellierte Bewegungen benachbarter Elektronen werden ebenso wie die dispersiven Eigenschaften des umgebenden Plasmas in dieser vereinfachenden Darstellung vernachlässigt. Die Herleitung der Bewegungsgleichungen eines Elektrons in einem homogenen Magnetfeld muß wegen der zu betrachtenden hohen Temperaturen, also hohen Teilchengeschwindigkeiten, unter Berücksichtigung relativistischer Effekte erfolgen. Der Impuls $\vec{p}$ eines Teilchens der Ruhemasse m_e, das sich mit der Geschwindigkeit $\vec{v}$ bewegt, ist

$$\vec{p} = \gamma\, m_e\, \vec{v} \tag{5-3}$$

seine Energie

$$E = \gamma\, m_e\, c^2 \tag{5-4}$$

wobei

$$\gamma = (1 - (v/c)^2)^{-1/2} = (1 + \frac{p^2}{m_e{}^2 c^2})^{1/2} \tag{5-5}$$

und c die Lichtgeschwindigkeit bedeuten. Die Kraft, die dieses Teilchen, das die Ladung -e tragen soll, in einem statischen, homogenen Magnetfeld der Stärke $\vec{B}$ erfährt, ist:

$$\frac{d\vec{p}}{dt} = -\, e\, (\vec{v} \times \vec{B}) \tag{5-6}$$

Diese sogenannte Lorentz-Kraft wirkt immer senkrecht zur Bewegungsrichtung des Teilchens, so daß dieses keine Energie aus dem Magnetfeld aufnimmt. Sein Energieverlust durch Abstrahlung ist, wie weiter unten gezeigt wird, so klein, daß er bei der Beschreibung der Teilchenbewegung vernachlässigt werden kann. Die Gesamtenergie E des Teilchens, bzw. γ sind somit zeitlich konstant. Gleichung (5-6) kann dann in

$$\frac{d\vec{v}}{dt} = - \frac{e}{\gamma m_e} (\vec{v} \times \vec{B}) \tag{5-7}$$

umgeschrieben werden.

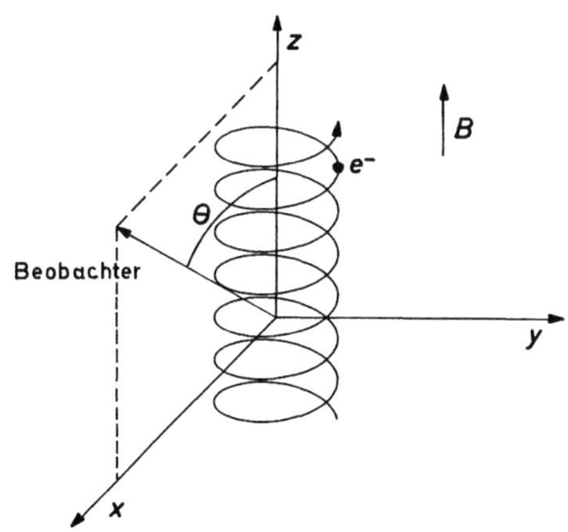

Bild 5-6: Um die B-Feldrichtung gyrierendes Elektron

In einem kartesischen Koordinatensystem lauten die einzelnen Komponenten für den Fall, daß $\vec{B}$ in z-Richtung orientiert ist:

$$\frac{dv_x}{dt} = - \frac{e\,B}{\gamma m_e} v_y$$

$$\frac{dv_y}{dt} = \frac{e\,B}{\gamma m_e} v_x \tag{5-8}$$

$$\frac{dv_z}{dt} = 0$$

Die dritte Gleichung zeigt, daß die Bewegung parallel zu $\vec{B}$ kräftefrei erfolgt. Entkopplung der ersten beiden Gleichungen liefert:

$$\frac{d^2 v_x}{dt^2} = -(\omega_o/\gamma)^2 \, v_x \tag{5-9}$$

und eine entsprechende Gleichung für die y-Komponente. Gleichung (5-9) ist die Bewegungsgleichung für einen harmonischen Oszillator mit der Frequenz ω_o/γ. ω_o heißt Zyklotronfrequenz:

$$\omega_o = \frac{e}{m_e} B \tag{5-10}$$

$\omega_o = 2\pi \cdot 27{,}992$ GHz/T. Die Überlagerung der harmonischen Schwingungen in x- und y-Richtung ergibt für die Teilchengeschwindigkeit:

$$\vec{v} = v_\perp \left(\hat{x} \cos\frac{\omega_0}{\gamma}t + \hat{y} \sin\frac{\omega_0}{\gamma}t\right) + v_\parallel \, \hat{z} \tag{5-11}$$

$\hat{x}$, $\hat{y}$, $\hat{z}$ sind Einheitsvektoren des gewählten Koordinatensytems. Durch Integration ergibt sich für den Ortsvektor des gyrierenden Elektrons:

$$\vec{r} = v_\perp \frac{\gamma}{\omega_0} \left(\hat{x} \sin\frac{\omega_0}{\gamma}t - \hat{y} \cos\frac{\omega_0}{\gamma}t\right) + v_\parallel \, \hat{z} \, t \tag{5-12}$$

Für $v_\parallel = 0$ führt das Teilchen eine Kreisbewegung mit dem Gyroradius $\gamma v_\perp/\omega_o = p_\perp/eB$ senkrecht zum Magnetfeld aus. Zusammen mit der Parallelbewegung ergibt sich die erwähnte spiralartige Bewegung der Elektronen um die Feldrichtung, die Anbindung an die Magnetfeldlinien.

5.1.4 Zyklotronemission (halbklassische Beschreibung)

a) Emissionsfrequenz

Die Gyrationsbewegung der Elektronen um die Magnetfeldrichtung führt zur Emission elektromagnetischer Strahlung. Frequenz und Intensität können mit Hilfe der klassischen Elektrodynamik ausgerechnet werden. Eine mehr anschauliche Beschreibung, die sich auf Ergebnisse der Elektrodynamik und der Quantenmechanik stützt, soll vorangestellt werden. Ausgangspunkt sind die Gleichungen (5-3) und (5-4) des vorigen Abschnitts. Die Gesamtenergie eines einzelnen Elektrons ist durch

$$E_o = (m_e{}^2c^4 + p^2c^2)^{1/2} \tag{5-13}$$

gegeben. Der relativistische Gesamtimpuls setzt sich aus den Anteilen parallel und senkrecht zum Magnetfeld zusammen:

$$p^2 = p_{\parallel}{}^2 + p_{\perp}{}^2 \tag{5-14}$$

Die Energie, die auf Grund der Senkrechtbewegung in der Gyrationsbewegung steckt, ist durch $p_{\perp}{}^2/2m_e$ gegeben. Faßt man das gyrierende Elektron als quantenmechanischen Oszillator auf, so sind die zugehörigen Energieeigenwerte die eines harmonischen Oszillators [10,11]:

$$\frac{p_{\perp}{}^2}{2m_e} = \hbar\,\omega_o\,(n + 1/2)\;,\quad n = 0,1,2... \tag{5-15}$$

Die Emission erfolgt quantisiert in Einheiten von $\hbar\omega$. ω sei zunächst beliebig angenommen. Durch Emission eines Quants der Energie $\hbar\omega$ wird wegen der Erhaltung der Gesamtenergie E in $E - \hbar\,\omega$ übergeführt. Wird das Photon nicht senkrecht zum Magnetfeld emittiert, so ändert sich wegen der Erhaltung des Parallelimpulses $p_{\parallel}$ in $p_{\parallel} - \hbar k_{\parallel}$, da das Photon den Impuls $\hbar k_{\parallel}$

abführt (k = Wellenzahlvektor). Zusätzlich ändert sich die quantisierte Energie der Gyrationsbewegung von $p_\perp^2/2m_e$ in $p_\perp^2/2m_e - n'\hbar\omega_o$. Damit ergibt sich aus Gleichung (5-13):

$$(m^2c^4 + p^2c^2)^{1/2} - \hbar\omega = (m_e^2c^4 + (p_{\|} - \hbar k_{\|})^2c^2 + (p_\perp^2 - 2m_e n'\hbar\omega_o)c^2)^{1/2} \tag{5-16}$$

Auflösen dieser Gleichung nach ω liefert in linearer Ordnung in $\hbar$ die Resonanzbedingung

$$\omega(1 + \frac{\hbar\omega/2}{\gamma m_e c^2}) = k_{\|}\, v_{\|}\, (1 + \frac{\hbar k_{\|}/2}{\gamma m_e v_{\|}}) + n'\frac{\omega_o}{\gamma} \tag{5-17}$$

Vernachlässigt man darin noch die gegen 1 sehr kleinen Terme $\hbar\omega/\gamma m_e\, c^2$ und $hk_{\|}/\gamma m_e\, v_{\|}$, so vereinfacht sich diese zu:

$$\omega = k_{\|}v_{\|} + n'\frac{\omega_o}{\gamma}\,, \quad n' = 1,2,3... \tag{5-18}$$

Diese Bedingung besagt, daß ohne Parallelbewegung ($v_{\|}=0$) oder bei reiner Senkrechtbeobachtung (Photonen mit rein paralleler Impulskomponente bleiben unbeobachtet) die Emission bei der relativistisch erniedrigten Gyrationsfrequenz ω_o/γ und ihren Harmonischen erfolgt. Im allgemeinen Fall ($v_{\|} \neq 0$) und bei Beobachtung unter beliebigen Winkeln, berücksichtigt der erste Term der Resonanzbedingung den Dopplereffekt. Mit Hilfe der Quantisierungsvorschrift (5-3) und (5-15) können die diskreten Energiestufen des Oszillators angegeben werden:

$$E_n = m_ec^2\, (1 + 2\hbar\omega_o(n+1/2)/m_ec^2)^{1/2} \tag{5-19}$$

E_n beinhaltet die Ruhenergie m_ec^2, aber nicht die kontinuierliche Parallenergie $p_{\|}{}^2/2m_e$. Die Differenzenergie zweier benachbarter Zustände ist:

$$\hbar\omega_n = E_{n+1} - E_n = \hbar\omega_o(1 - n\hbar\omega_o/m_ec^2) \qquad (5\text{-}20)$$

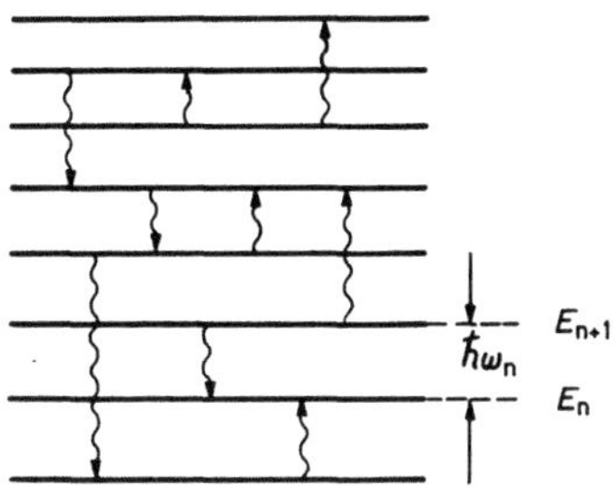

Bild 5-7: Die Energiestufen eines relativistischen Elektrons im Magnetfeld. Einige mögliche Übergänge sind eingezeichnet.

Man erkennt, daß die Energiestufen nicht äquidistant sind, sondern daß wegen der relativistischen Massenzunahme mit wachsendem $p_\perp$ und damit wachsender Quantenzahl n die Energieniveaus zunehmend dichter liegen. Bild 5-7 veranschaulicht diese Tatsache. Der Effekt ist allerdings sehr klein. Ein Beispiel macht dies deutlich: Bei heutigen Fusionsexperimenten liegt die Magnetfeldstärke im Bereich einiger Tesla. Die resultierende Gyrationsfrequenz ω_o ist von der Größenordnung $2\pi\cdot100$ GHz. Die zugehörige Quantenenergie ist etwa 0,4 meV. Der für die Anharmonizität verantwortliche Term in Gleichung (5-20) hat wegen m_ec^2 = 511 keV etwa den Wert 10^{-9}. Nimmt man ferner z.B. für die mittlere Energie eines Elektrons 500 eV an, so erkennt man unter Verwendung von (5-19), daß sich die gyrierenden Oszillatoren in sehr hohen Anregungszuständen n befinden: $n \approx 6\cdot10^5$. Man entnimmt daraus die Richtigkeit der oben gemachten Annahme, daß durch die Emission eines Photons beim Übergang von n+1 nach n die Energie eines gyrierenden Elektrons nur äußerst geringfügig geändert wird.

b) Intensität der Emission

Für eine erste Plausibilitätsbetrachtung nehmen wir an, daß den Plasmaelektronen eine Temperatur T_e zugeordnet werden kann, das heißt, daß die Geschwindigkeitsverteilung f(v) durch eine Maxwell-Verteilung

$$f(v) = C \exp(-\frac{1}{2} m_e v^2/kT_e) \qquad (5\text{-}21)$$

gegeben ist. C ist eine Normierungskonstante. Im Plasma ist T_e eine Funktion des Ortes. Die Geschwindigkeitsverteilung muß dann lokal (5-21) gehorchen. Die Anregungszustände E_n sind unter dieser Voraussetzung nach einer Boltzmann-Verteilung besetzt. Die Zahl N_n der Oszillatoren, die die Energie E_n besitzen, ist:

$$N_n = C' \exp(-E_n/kT_e) \qquad (5\text{-}22)$$

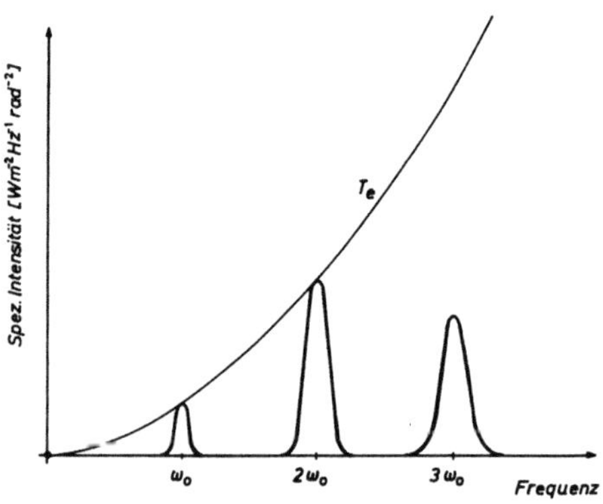

Bild 5-8: Die Zyklotronemission erfolgt bei der Gyrationsfrequenz und ihren Harmonischen. Ist das Plasma optisch dicht, so erreicht die Intensität diejenige eines Schwarzen Strahlers, dessen Temperatur gleich der Elektronentemperatur ist.

C' ist eine weitere Konstante. Die bei Übergängen mit $\Delta n = 1,2,3...$ emittierten Photonen (Bild 5-7) erzeugen ein Strahlungsfeld, dem die anderen Oszillatoren ausgesetzt sind, die diese Quanten entweder absorbieren, oder die dadurch zur eigenen Emission stimuliert werden.

Die Vorgänge können wie in der Atomphysik mit Hilfe der Einstein-Koeffizienten statistisch beschrieben werden. Ist das Gesamtsystem hinreichend ausgedehnt oder in ein Gefäß mit spiegelnden Wänden eingeschlossen, so sind die gyrierenden Elektronen und das von ihnen erzeugte Strahlungsfeld im thermodynamischen Gleichgewicht und das Medium optisch dicht. Im Strahlungsfeld ist die Häufigkeit des Energiewertes $n\hbar\omega$ der Funktion $\exp(-n\hbar\omega/kT_e)$ proportional und die mittlere Energie $\langle n\hbar\omega\rangle$ durch

$$\langle n\hbar\omega\rangle = \hbar\omega/(\exp(\hbar\omega/kT_e) - 1) \tag{5-23}$$

gegeben. Berücksichtigt man die mit ω^2 wachsende Zahl der Moden im Frequenzintervall $\omega...,\ \omega+\Delta\omega$ (siehe (5-58)) so findet man, daß unter diesen Voraussetzungen die emittierte spezifische Intensität der stochastischen, inkohärenten Emission durch das Plancksche Strahlungsgesetz gegeben ist:

$$I(\omega) = \frac{\omega^2}{8\pi^3 c^2} \langle n\hbar\omega\rangle \tag{5-24}$$

5.1.5 Klassische Bechreibung

Dieser mehr qualitativen Argumentation sei die klassische Beschreibung gegenübergestellt, die wegen $\hbar\omega \ll kT_e$ mit hoher Genauigkeit anwendbar ist [6,7]. Ausgangspunkt sind die Maxwell-Gleichungen, wobei die Felder durch die Potentiale ϕ und $\vec{A}$ in Coulomb-Eichung ausgedrückt werden:

$$\vec{E} = -\frac{\partial \vec{A}}{\partial t} - \text{grad}\ \phi$$

$$\vec{B} = \text{rot}\ \vec{A} \qquad (5\text{-}25)$$

$$\text{div}\ \vec{A} + \frac{\partial \phi}{\partial t} = 0$$

Die Potentiale ϕ und $\vec{A}$ sind durch die Ladungsverteilung und die Stromdichteverteilung bestimmt. Für eine Punktladung -e, die sich mit der Geschwindigkeit $\vec{v}$ bewegt, sind $\vec{A}$ und ϕ durch die Liénard-Wiechert-Potentiale gegeben:

$$\phi = \frac{-e}{4\pi\varepsilon_o} \frac{1}{\varkappa R}$$

$$\vec{A} = \frac{-e\mu_o}{4\ \pi} \frac{\vec{v}}{\varkappa R} \qquad (5\text{-}26)$$

$\vec{R}$ ist in diesem Abschnitt der Radiusvektor zum Beobachter. $\varkappa = 1 - \vec{R}\cdot\vec{v}/Rc$ ist ein Faktor, der die Bewegung der Ladung auf den Beobachter zu und damit die Zeitretardierung berücksichtigt (siehe Feynman: Lectures on Physics Bd.2 Kap. 21-5). Damit kann die elektrische Feldstärke am Beobachtungsort angegeben werden:

$$\vec{E} = \frac{-e}{4\pi\varepsilon_o} \left(\frac{1}{\varkappa^3 R^2} (\hat{R}-\vec{\beta})(1-\beta^2) + \frac{1}{c\varkappa^3 R} \hat{R} \times ((\hat{R}-\vec{\beta}) \times \dot{\vec{v}}/c) \right)$$

$$\hat{R} = \vec{R}/R \qquad (5\text{-}27)$$

$$\vec{\beta} = \vec{v}/c$$

Das Spektrum der Emission erhält man daraus durch Fourier-Transformation. Im Fernfeld ergibt sich:

$$\vec{E}(\omega) = \frac{i\omega e}{8\pi^2\varepsilon_o cR} \int_{-\infty}^{\infty} \hat{R} \times (\hat{R} \times \dot{\vec{\beta}})\ \exp\,(i\omega(t-\hat{R}\vec{r}/c))\ dt \qquad (5\text{-}28)$$

Spezialisierung der Gleichung (5-28) auf die Zyklotronbewegung erfolgt unter Berücksichtigung der Gleichungen (5-11) und (5-12) für $\vec{r}$ und $\vec{v}$ sowie der gewählten Geometrie (Bild 5-6), in der der Einheitsvektor $\hat{R}$ zum Beobachter die Komponenten (sinΘ, 0, cosΘ) hat. Damit ergibt sich für den Phasenfaktor des Integranden:

$$\exp\,(i\omega(t-\hat{R}\vec{r}/c)) = \exp\,(i\omega(t-\frac{\beta_\perp}{\omega_0/\gamma}\,\sin\Theta\,\sin\frac{\omega_0}{\gamma}t\,-\,\beta_{\|}t\,\cos\Theta)) \tag{5-29}$$

und für den Vektor, der die Polarisation bestimmt:

$$\hat{R}\times(\hat{R}\times\vec{\beta}) = \hat{x}\,(\beta_{\|}\cos\Theta\,\sin\Theta - \beta_\perp\cos^2\Theta\,\cos\frac{\omega_0}{\gamma}t) \tag{5-30}$$
$$-\,\hat{y}\,\beta_\perp\sin\frac{\omega_0}{\gamma}t + \hat{z}(-\beta_{\|}\sin^2\Theta + \beta_\perp\sin\Theta\,\cos\Theta\,\cos\frac{\omega_0}{\gamma}t)$$

Gleichung (5-29) enthält den für das Auftreten der Zyklotronharmonischen $n\omega_0$ entscheidenden Term $\exp((i\omega/\omega_0)\,\sin\omega_0 t)$, der von der periodischen Bewegung des Oszillators in der Beobachtungsrichtung herrührt. Nach Fourier-Bessel-Entwicklung der Exponentialfunktion erhält man:

$$\vec{E}(\omega) = \frac{ei\omega}{4\pi\varepsilon_0 cR}\sum_{m=-\infty}^{+\infty}\{\hat{x}(-\frac{\cos\Theta}{\sin\Theta}\,(\cos\Theta-\beta_{\|})\,J_m(\xi) + \hat{y}\,(-i\beta_\perp)\,J'_m(\xi)$$
$$+\,\hat{z}\,(\cos\Theta-\beta_{\|})\,J_m(\xi)\,\}\,\delta(R_r)$$

$$R_r = (1-\beta_{\|}\cos\Theta)\omega - m\omega_0/\gamma\,,\qquad \xi = \frac{\omega}{\omega_0}\,\beta_\perp\sin\Theta \tag{5-31}$$

R_r ist die Resonanzbedingung, $J_m(\xi)$ die Bessel-Funktion m-ter Ordnung. Gleichung (5-31) ist der klassische Ausdruck für ein Linienspektrum mit Doppler- und relativistisch verschobenen Spektrallinien der Frequenz $\omega_m = m(\omega_0/\gamma)/(1-\beta_{\|}\cos\Theta)$.

Um die emittierte Leistung bestimmen zu können, wird die momentane elektrische Feldstärke $\vec{E}(t)$ benötigt. Diese wird durch Fourier-Transformation von $\vec{E}(\omega)$ gewonnen. Die pro Raumwinkelintervall $d\Omega$ emittierte Leistung ist durch die Summe der Leistungen bei den einzelnen Harmonischen gegeben:

$$\frac{dp}{d\Omega} = \frac{e^2\ \omega^2}{8\pi^2\varepsilon_o c} \sum_{m=1}^{\infty} |\vec{U}_m|^2 \tag{5-32}$$

wobei $\vec{U}_m$ den vektoriellen Teil der Gleichung (5-31) bedeutet. Die spektrale Leistungsdichte der Einteilchenemission ist schließlich:

$$\frac{d^2p}{d\Omega d\omega} = \frac{e^2\ \omega^2}{8\pi^2\varepsilon_o c} \sum_{m=1}^{\infty} \{ \left(\frac{\cos\theta - \beta_{||}}{\sin\theta}\right)^2 J_m^2(\xi) + \beta_{\perp}^2\ J_m'^{\,2}(\xi)\}\ \delta(R_r) \tag{5-33}$$

Sie wird üblicherweise mit $\eta(\omega,\beta)$ bezeichnet. Gleichung (5-33) heißt Schott-Trubnikov-Formel [12,13]. Sie beschreibt in größter Allgemeinheit die Emission eines gyrierenden Elektrons.

Die beiden Terme von (5-33) entsprechen zwei verschiedenen Wellentypen: der elektrische Feldvektor der Komponente, die durch den ersten Term beschrieben wird, schwingt in der Ebene, die durch die Sichtlinie und das B-Feld definiert ist. Der E-Vektor des zweiten Terms liegt in der Ebene senkrecht dazu. Bei Beobachtung senkrecht zu $\vec{B}$ ist die Polarisation des J_m proportionalen Terms parallel zu $\vec{B}$. Diese Welle heißt ordentliche Welle (O-Mode), die zu J_m' proportionale ist senkrecht zu $\vec{B}$ polarisiert. Sie heißt außerordentliche Welle (X-Mode). Obwohl sich die Polarisationsrichtung bei schräger Beobachtung ändert, werden die Wellentypen üblicherweise so wie hier durch ihre Polarisation für die Ausbreitung senkrecht zum Feld charakterisiert.

Spezialisiert man (5-33) auf den wichtigsten Fall senkrechter Ausbreitung ($\theta = \pi/2$) und drückt die Teilchengeschwindigkeit durch den auf $m_e c$ normierten relativistischen Impuls aus, so vereinfacht sich (5-33) zu:

$$\eta(\omega,p) = \frac{e^2\,\omega^2}{8\pi^2\varepsilon_0 c} \sum_{m=1}^{\infty} \frac{p^2}{1+p^2} \{\cos^2\varphi\, J_m{}^2(\xi) + \sin^2\varphi\, J_m{}'^2(\xi)\}\, \delta(R_r) \tag{5-34}$$

$$\xi = \frac{\omega}{\omega_0}\, p\, \sin\varphi, \quad \mathrm{tg}\varphi = p_\perp / p$$

Der Winkel φ zwischen der Parallel- und der Senkrechtkomponente des Elektronenimpulses heißt Pitch-Winkel. Nimmt man für die Gesamtheit der Plasmaelektronen die Impulsverteilung $f(\vec{p})$ an, so ergibt sich die Gesamtabstrahlung infolge unabhängiger Bewegung der Einzelteilchen durch Integration. Das Emissionsvermögen $j(\omega)$, die Emissionsrate pro Volumenelement, Raumwinkelintervall und Frequenzintervall ist somit:

$$j(\omega) = \int f(\vec{p})\, \eta(\omega,\vec{p})\, d\vec{p} \tag{5-35}$$

Es ist ein allgemeines Prinzip, daß ein Strahlung emittierendes Medium auch Strahlung der Emissionsfrequenz absorbieren kann. Die Absorptionsrate pro Längeneinheit des durchstrahlten Mediums heißt Absorptionskoeffizient $\alpha(\omega)$. Er kann analog zur Beschreibung der Emission durch den entsprechenden Einteilchenkoeffizienten η_A dargestellt werden. Dabei muß jedoch auch die stimulierte Emission berücksichtigt werden:

$$\alpha(\omega) = \int \eta_A(\omega,\vec{p})\, f(\vec{p})\, d\vec{p} - \int \eta_S(\omega,\vec{p}\,')\, f(\vec{p}\,')\, d\vec{p}\,' \tag{5-36}$$

Um die physikalischen Einzelprozesse klarer zum Ausdruck zu bringen, betrachtet man die Vorgänge vorteilhaft im Quantenbild. η_A und η_S sind darin die Einstein-Koeffizienten für Absorption und stimulierte Emission, die den klassischen Koeffizienten entsprechen. Der Impuls p' ist durch p' =

$p + \Delta p$ gegeben. Δp ist die Impulsänderung infolge Emission oder Absorption eines einzelnen Photons der Energie $\hbar\omega$.

Nach dem Kirchhoffschen Gesetz ist die Intensität eines Strahlers durch das Verhältnis

$$S(\omega) = j(\omega)/\alpha(\omega) \tag{5-37}$$

gegeben. $S(\omega)$ heißt Quellenfunktion. Einsetzen von (5-35) und (5-36) unter Berücksichtigung des Zusammenhangs der Einstein-Koeffizienten für Emission, Absorption und stimulierter Emission:

$$\eta(\omega,\vec{p}) = \frac{\hbar\ \omega^3}{8\pi^3 c^2}\ \eta_A(\omega,\vec{p}) \tag{5-38}$$

$$\eta_A(\omega,\vec{p}) = \eta_S(\omega,\vec{p})$$

ergibt:

$$S(\omega) = \frac{\hbar\ \omega^3}{8\pi^3 c^2}\ \frac{\int \eta(\omega,\vec{p})\ f(\vec{p})\ d\vec{p}}{\int \eta(\omega,\vec{p})\ (f(\vec{p})-f(\vec{p}\,'))\ d\vec{p}} \tag{5-39}$$

Da die Impulsänderung Δp, wie oben gezeigt wurde, sehr klein gegen den Teilchenimpuls p ist, gilt:

$$f(p') = f(p+\Delta p) \approx f(p) + \Delta p\ \frac{\partial f}{\partial p}$$

$$\Delta p = \hbar\omega\ \frac{E}{pc^2} \tag{5-40}$$

$$f(p') \approx f(p) + \hbar\omega\ \frac{\partial f}{\partial E}$$

Damit vereinfacht sich Gleichung (5-39) zu:

$$S(\omega) = \frac{\omega^2}{8\pi^3 c^2} \; k\,T_R$$

$$k\,T_R = - \frac{\int \eta(\omega,\vec{p})\; f(\vec{p})\; d\vec{p}}{\int \eta(\omega,\vec{p})\; \frac{\partial f}{\partial E}\; d\vec{p}} \tag{5-41}$$

Ist $f(\vec{p})$ eine Maxwell-Verteilung, so ist die Strahlungstemperatur T_R mit der Elektronentemperatur T_e identisch. Dies erkennt man direkt durch Einsetzen einer Maxwell-Verteilung der mittleren Energie $(3/2)kT_e$ und Bilden der Ableitung $\partial f/\partial E$. $S(\omega)$ ist in diesem Fall mit dem durch das Rayleigh-Jeans-Gesetz, dem klassischen Grenzfall des Plankschen Strahlungsgesetzes, gegebenen Ausdruck identisch.

Obwohl das Elektronzyklotron-Spektrum drastisch von dem kontinuierlichen Spektrum des üblichen Schwarzen Strahlers abweicht, ist die Intensität bei den Zyklotronharmonischen mit der des Schwarzen Strahlers identisch. Bild 5-8 gibt diesen Sachverhalt wieder. Voraussetzung ist allerdings, daß die optische Tiefe τ längs eines Sehstrahls durch das Plasma so groß ist, daß $\exp(-\tau) \ll 1$ gilt. In Bild 5-8 ist diese Voraussetzung nur für die erste und die zweite Zyklotronharmonische erfüllt, nicht jedoch für die dritte. Auf das Problem der optischen Tiefe wird noch eingegangen werden.

Das Spektrum der Zyklotron-Emission besteht im Falle eines thermalisierten Plasmas nicht aus unendlich schmalen Linien. Diese sind vielmehr ebenso wie die Spektrallinien, die von Atomen oder Molekülen ausgesandt werden, infolge verschiedener Mechanismen verbreitert. Die beiden wichtigsten, Dopplerverbreiterung und Verbreiterung durch relativistische Effekte sind in den angegebenen Formeln implizit enthalten: setzt man in Gleichung (5-18) $\gamma=1$, so ist die relative Frequenzverschiebung infolge Dopplereffekts $(\omega-\omega_o)/\omega_o= k_{||} v_{||}/\omega_o$. Da $k_{||}$ vom Betrag $2\pi/\lambda$ ist, ergibt sich bei Beobachtung unter dem Winkel Θ zur Feldrichtung $(v_{||}/c)\cos\Theta$. Wegen der Maxwell-Verteilung der auftretenden Geschwindigkeiten findet man ein Gaußsches Linienprofil mit der Halbwertsbreite $\sqrt{2\pi}\,(v_o/c)\cos\Theta$, wobei v_o durch $v_o{}^2 = 2kT_e/m_e$ definiert ist. Bei idealer Senkrechtbeobachtung ($\Theta = 90°$) verschwindet der Effekt. Dann wird nur noch die relativistische Verbreiterung beobachtet. Zur Abschätzung betrachtet man Gleichung (5-20): Die Emissionsfrequenz des hoch angeregten Oszillators ist zu niedrigen Frequenzen verschoben. Die relative Frequenzänderung ist: $(\omega_n - \omega_o)/\omega_o = -n\hbar\omega/m_ec^2$. Mit (5-15) wird $(\omega_n - \omega_o)/\omega_o \approx -(1/2)(v/c)^2$. Der relativistische Effekt verschiebt die Emissionsfrequenz also immer zu kleineren Werten hin. Wegen der thermisch verteilten Geschwindigkeiten ergibt sich auch in diesem Fall annähernd ein Gauß-Profil, dessen normierte Halbwertsbreite $\Delta\omega/\omega_n$ durch $\sqrt{2\pi}\,(kT_e/m_ec^2)$ gegeben ist.

Bei der Beobachtung der Elektronzyklotronstrahlung eines Fusionsplasmas wird üblicherweise nur in einem engen Konus um $\Theta=90°$ herum beobachtet. Der Hauptverbreiterungsmechanismus ist deswegen die relativistische Verbreiterung. Für $(v_{||}/c)\cos\Theta > (v_{||}/c)^2$, ist die Doppler-Verschiebung der dominierende Term.

5.1.6 Spektrum bei inhomogenem Feld

Bisher wurde der Fall konstanten, homogenen Magnetfelds behandelt. Wie in Abschnitt 5.1.1 erwähnt, ist das Magnetfeld in einem magnetischen Plasmaeinschlußexperiment mit Torusgeometrie als Funktion des Abstandes R von der Torusachse nicht konstant, sondern fällt mit wachsendem R wie

$$B(R) = B_o\, R_o/\, R \qquad (5\text{-}42)$$

über dem Plasmadurchmesser ab. R_o ist der große Torusradius, $B_o = B(R_o)$ das Feld auf der Torusseele. Unter der Voraussetzung konstanten Feldes ergibt sich das in Bild 5-8 dargestellte Linienspektrum. Die Ortsabhängigkeit der Feldstärke hat zur Folge, daß die Gyrationsfrequenz der Elektronen ebenfalls monoton mit R abfällt, so daß statt eines Linienspektrums mit Doppler- bzw. relativistisch verbreiterten und verschobenen Linien bei den Zyklotronharmonischen $n\omega_o$ ein Spektrum mit breiten Kontinua beobachtet wird. Die Breite $\Delta\omega_n$ der einzelnen Kontinua hängt von der Differenz ΔB des Feldes am inneren und äußeren Plasmarand und vom Durchmesser 2a des Plasmas ab:

$$\Delta\omega_n = n \frac{e}{m_e} \Delta B = n \frac{e}{m_e} (B(R_o-a) - B(R_o+a)) \qquad (5\text{-}43)$$

Nimmt man den in Gleichung (5-42) angegeben Feldverlauf an, so ist:

$$\frac{\Delta B}{B_o} = 2A/(A^2-1) \approx 2\, a/R_o \qquad (5\text{-}44)$$

darin ist $A = R_o/a$ das Verhältnis von großem zu kleinem Plasmaradius. A heißt Aspektverhältnis und ist ein Charakteristikum des jeweiligen Experiments. A variiert bei den in Betrieb befindlichen Fusionsexperimenten zwischen 3 und 20, wobei die Experimente vom Typ Tokamak etwa $A \le 8$, diejenigen vom Typ Stellarator $A \ge 6$ besitzen. Bei kleinem Aspektverhältnis, $A \le 3$, überlappen die zu einzelnen Zyklotronharmonischen gehörigen Spektralbereiche, d.h. die Unterscheidung der Emission benachbarter Harmonischen ist nicht mehr möglich. Für $(n/B)(dB/dR)a < 1$ ist dies jedoch der Fall [13], dann besteht bei bekanntem Magnetfeldverlauf ein eineindeutiger Zusammenhang zwischen der Frequenz der Zyklotronstrahlung und dem Ort ihrer Entstehung. Unter Vernachlässigung von Verbreiterungs- und Verschiebungseffekten ist also:

$$\omega_n(R) = n \frac{e}{m_e} B(R), \quad n = 1,2,3... \tag{5-45}$$

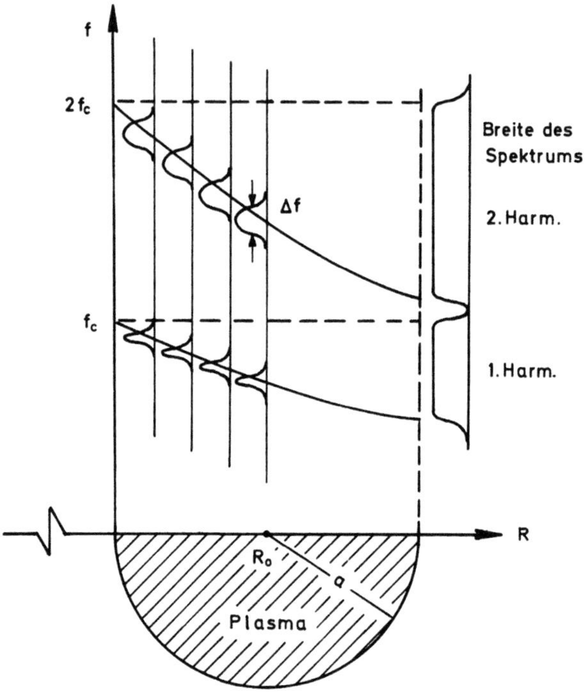

Bild 5-9: Fällt das Magnetfeld monoton mit R nach außen ab, so setzt sich das Spektrum aus den endlich breiten Linien infinitesimaler Schichten zusammen.

Da unter bestimmten Voraussetzungen die Intensität der Emission auf Schwarzkörperstrahlungsniveau ist, kann durch Absolutmessung der Intensität als Funktion der Frequenz die Elektronentemperatur als Funktion des Ortes bestimmt werden. Diese Tatsache ist die Grundlage für die an allen Fusionsexperimenten angewendete ECE-Diagnostik (ECE steht für "electron cyclotron emission") zur Bestimmung der Elektronentemperatur mit den Methoden der passiven Mikrowellenradiometrie [14].

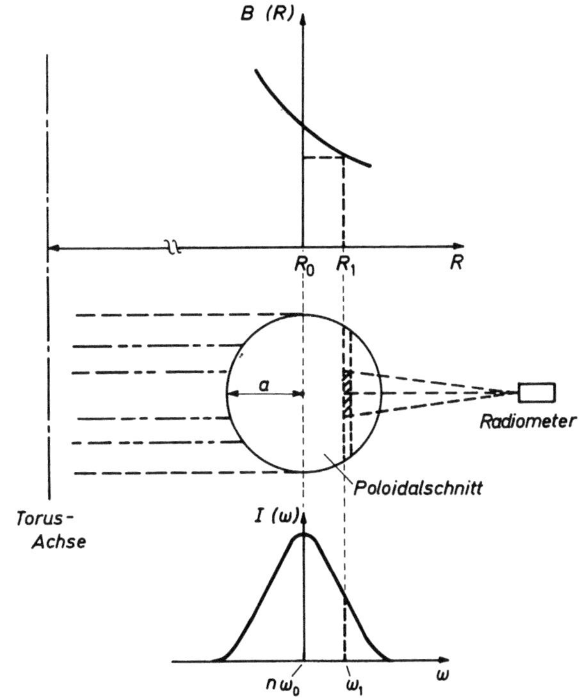

Bild 5-10: Das monoton mit R fallende Feld ermöglicht eine eindeutige Zuordnung zwischen Frequenz der Emission und dem Ort der Entstehung. Die Intensität ist der lokalen Elektronentemperatur proportional.

Die Genauigkeit, mit der der Entstehungsort der Elektronzyklotronstrahlung über die Frequenz-Ort-Beziehung bestimmt werden kann, ist durch die Verbreiterungsmechanismen grundsätzlich begrenzt. Die relative Linienbreite $\Delta\omega/\omega$ hat die Ortsunschärfe $\Delta R = R\Delta\omega/\omega$ zur Folge. Sie liegt im Bereich einiger Prozent.

Im Abschnitt 5.1.2 war auf die Tatsache hingewiesen worden, daß das für ein Fusionsexperiment typische Temperaturprofil $T_e(R)$, sein Maximum auf der Torusseele, $R = R_o$, hat und monoton nach außen, $R_o < R < R_o+a$ und innen, $R_o-a < R < R_o$ abfällt. Dies wurde in Bild 5-10 berücksichtigt. Das angegebene Spektrum kann, da die Intensität proportional zur Elektronentemperatur ist, somit unmittelbar als Temperaturprofil interpretiert werden.

5.1.7 Optische Tiefe

Die Intensität der Elektronzyklotronemission eines thermalisierten Plasmas ist bei endlicher optischer Tiefe τ durch

$$I(\omega,T_e) = \frac{\omega^2}{8\pi^3 c^2}\, k\, T_e\, (1 - e^{-\tau}) \qquad (5\text{-}46)$$

gegeben. $I(\omega,T_e)$ ist nur für $\tau > 1$ mit der Schwarzkörperintensität identisch. τ ist definiert als das Linienintegral längs des Sehstrahls s (siehe Kap. 1.3, Gleichung. 1-57). Die optische Tiefe ist für die verschiedenen Moden und Zyklotronharmonischen verschieden. Die quantitative Analyse ergibt, daß lediglich die ordentliche Mode der ersten und die außerordentliche Mode der zweiten Zyklotronharmonischen eine ausreichende optische Tiefe haben, so daß nur diese auf einfache Weise zu plasmadiagnostischen Zwecken verwendet werden können.

Bei mit R monoton abnehmendem Feld, rührt die im Frequenzintervall $\omega \ldots \omega + \Delta\omega$ senkrecht zum B-Feld beobachtete Emission von einer dünnen Schicht her, deren Dicke δR durch den Feldgradienten ∇B und die relativistische Verbreiterung bestimmt ist. Über diese Schichtdicke hat die Integration zur Bestimmung der optischen Tiefe zu erfolgen. Die optische Tiefe hängt überdies von der Elektronendichte n_e, also von der Anzahl der vorhandenen Oszillatoren, ab. Die optische Tiefe ist damit im wesentlichen, bis auf eine Konstante C", durch

$$\tau = C'' \, n_e \, \frac{k \, T_e}{m_e c^2} \left(\frac{\nabla B}{B}\right)^{-1} f(q) \qquad (5\text{-}47)$$

gegeben. Die Funktion f(q) berücksichtigt den Einfluß des frequenzabhängigen Brechungsindexes des Plasmas. Die Größe q ist durch das Verhältnis der Frequenzen der kollektiven Elektronenplasmaschwingung und der Zyklotronfrequenz gegeben [1]. f(q) hängt auch von der Mode und der Harmonischennummer ab und ist von der Ordnung 1.

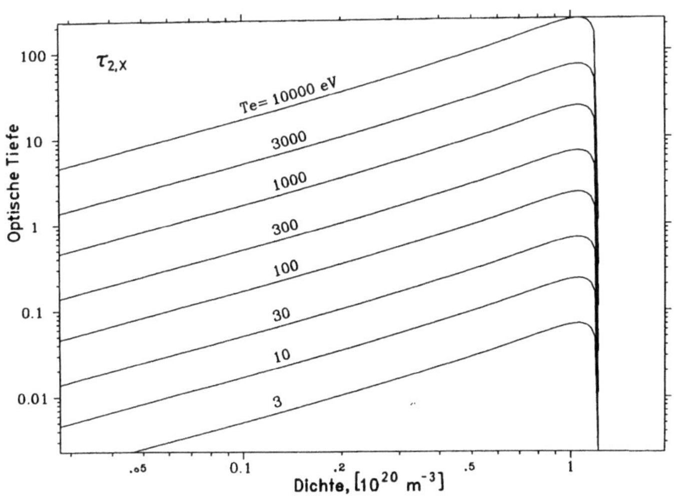

Bild 5-11: Die optische Tiefe der X-Mode der zweiten Zyklotronharmonischen als Funktion der Elektronendichte. Parameter ist die Elektronentemperatur. Oberhalb $2 \cdot 10^{20}/m^3$ ist diese Wellenform im Plasma nicht ausbreitungsfähig.

Die Elektronenplasmafrequenz wächst mit der Wurzel aus der Elektronendichte. Sie bestimmt das Auftreten von sogenannten Cut-Off-Frequenzen, unterhalb derer keine Wellenausbreitung im Plasma möglich ist. Im Beispiel des Bildes 5-11, das die Verhältnisse am Stellarator W VII-AS wiedergibt, wird bei der Dichte $2 \cdot 10^{20}/m^3$ eine solche Cut-Off-Frequenz erreicht. Die X-Mode der 2. Zyklotronharmonischen für B = 2,5 T, die bei 140

GHz liegt, ist dann nicht mehr ausbreitungsfähig, ihre optische Tiefe geht rasch gegen Null. Da τ von Elektronendichte n_e und Elektronentemperatur T_e abhängt, ist die Anwendbarkeit der ECE-Diagnostik auf den Bereich der Plasmasäule beschränkt, wo das Produkt $n_e T_e$ so groß ist, daß gemäß (5-47) $\tau > 1$ gilt.

Im Randbereich kann infolge zu geringer optischer Tiefe die Strahlungstemperatur deutlich unter die Elektronentemperatur abfallen, so daß keine direkten Schlüsse mehr gezogen werden können. Das Problem wird allerdings in der Praxis durch Wandreflexionen entschärft: Wird nämlich die Strahlung aus einer gegebenen Plasmaschicht an der metallischen Torusinnenwand reflektiert und durchläuft erneut unter teilweiser Absorption diese Schicht mit anschließender Reflexion an der gegenüberliegenden Wand usf., so geht die Gleichung (5-46) in

$$I(\omega, T_e) = \frac{\omega^2}{8\pi^3 c^2} kT_e \frac{1 - e^{-\tau}}{1 - re^{-\tau}} \tag{5-48}$$

über. $r < 1$ ist der Reflexionskoeffizient. Durch diese Vielfachreflexionen kann die Emission auf Schwarzkörperintensität, also die Strahlungstemperatur auf die Elektronentemperatur angehoben werden.

5.1.8 Nicht-Maxwellsche Elektronenenergieverteilung

Die Betrachtungen des Abschnitts 5.1.4 hatten gezeigt, daß nur bei Maxwellscher Verteilung der Elektronenenergie die ECE-Strahlungstemperatur mit der Elektronentemperatur identisch ist. Lokale Abweichungen der Plasmaelektronen von der Maxwell-Verteilung führen zu Spektren, die auf charakteristische Weise von denen thermalisierter Elektronen abweichen.

Der häufigste Fall ist der, daß neben der thermischen Verteilung des größten Teils der Plasmaelektronen ein geringer Anteil von etwa 1% existiert, der deutlich höhere kinetische

Energie besitzt als sie der thermischen Verteilung entspricht. In einfachster Näherung kann dieser sogenannten suprathermischen Population eine eigene, höhere Temperatur zugeschrieben, die Gesamtverteilungsfunktion als die Überlagerung zweier unabhängiger Maxwell-Verteilungen angesehen werden.

Auf welche Weise das Spektrum durch die suprathermische Population verändert wird, soll anhand des Bildes 5-12 erläutert werden. Der Hauptteil der Plasmaelektronen sei thermalisiert, das Temperaturprofil durch die Funktion $T_e(R)$ gegeben. Am Ort r' befinde sich eine dünne Schicht suprathermischer Elektronen, deren Dichte bzw. Temperatur durch n_e' bzw. T_e' charakterisiert sei. (Häufig wird die Torusseele, $R = R_o$, als Ursprung eines Koordinatensystems genommen. Der Nullpunkt in Bild 5-12 entspricht also R_o. $\vec{r}$ zeigt in dieselbe Richtung wie $\vec{R}$ in Bild 5-2). T_e' sei sehr viel größer als $T_e(r')$. Die Emissionsfrequenz der suprathermischen Elektronen $\omega'(r')$ ist wegen der relativistischen Verschiebung niedriger als die der thermischen Elektronen am Ort r'. Die von der Niederfeldseite entlang R beobachtete Emission, die von r' herrührt, muß das Plasma durchqueren und findet beispielsweise bei r den Ort, an dem die lokale Zyklotronfrequenz $\omega(r)$ mit $\omega'(r')$ übereinstimmt. Je nach Dichte und Temperatur an diesem Ort wird die Suprathermischenemission ganz oder teilweise absorbiert. Da die Emission der thermischen Elektronen am Ort r und die der suprathermischen am Ort r' ununterscheidbar sind, wird eine erhöhte Intensität gemessen, die wegen der Frequenz-Ort-Relation dem Ort r zugeordnet wird.

Nimmt man eine kontinuierliche Verteilung suprathermischer Elektronen über das ganze Plasmavolumen an, so ergibt sich ein Emissionsspektrum bzw. ein scheinbares Temperaturprofil wie in Bild 5-12b angegeben. Je weiter außen die suprathermische Population sitzt, umso geringer ist die Reabsorption durch das mit r dünner und kälter werdende thermische Plasma, so daß die

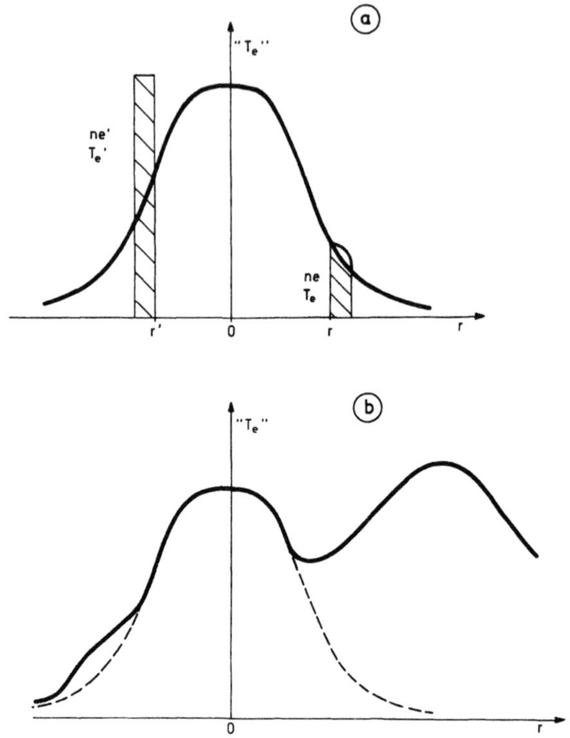

Bild 5-12: Die relativistisch verschobene Emission einer suprathermischen Population (T_e') bei r' werde von den thermischen Elektronen (T_e) bei r reabsorbiert (a). Bei längs r kontinuierlicher Verteilung der suprathermischen Elektronen entsteht ein zusätzliches Emissionsmaximum (b).

beobachtete Intensität mit dem Radius nochmals ansteigt. Mit weiter wachsendem r muß sie dann wieder abfallen, da auch die überthermischen Elektronen nur in einem begrenzten Schlauch um die Torusseele herum eingeschlossen werden.

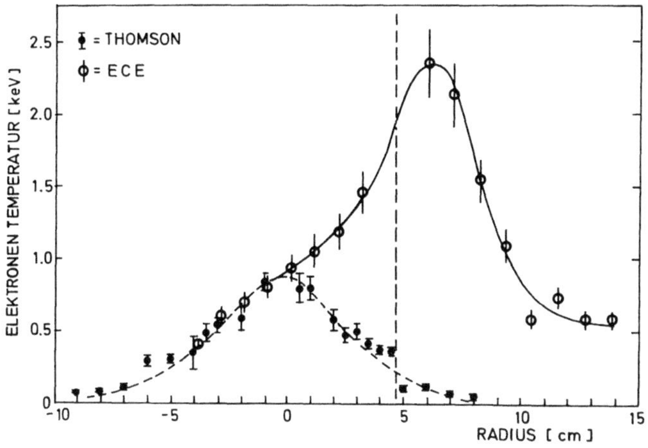

Bild 5-13: Aus dem Vergleich der Zyklotronemission (ECE) und dem aus Thomsonstreuung gewonnenen Temperaturprofil lassen sich Anteil und Energie der suprathermischen Elektronen zu etwa 4% und 3,5 keV bestimmen.

Es sei nochmals ausdrücklich betont, daß die suprathermische Population nicht am Ort des Maximums lokalisiert ist. Ihre Emissionsfrequenz ist so weit zu niedrigen Frequenzen hin verschoben, daß ihr über die einfache Frequenz-Ort-Relation formal dieser weit außen liegende Ort zugeordnet wird. Dieser Ort kann grundsätzlich auch außerhalb des Plasmas liegen. Aus der Höhe und Breite des bei großem r auftretenden zusätzlichen Emissionsmaximums kann durch Vergleich mit Simulationsrechnungen auf Dichte und Energieverteilung der suprathermischen Population geschlossen werden. Dazu werden allerdings das Dichte- und Temperaturprofil des thermischen Plasmas benötigt. Liegen diese z. B. aus sogenannten Thomson-Streumessungen von Laserlicht an den Plasmaelektronen, mit denen sowohl die Elektronentemperatur als auch die Elektronendichte bestimmt werden können, vor, so kann diese Simulation durchgeführt werden. Die Bilder 5-13 und 5-14 geben zwei Beispiele [15,16].

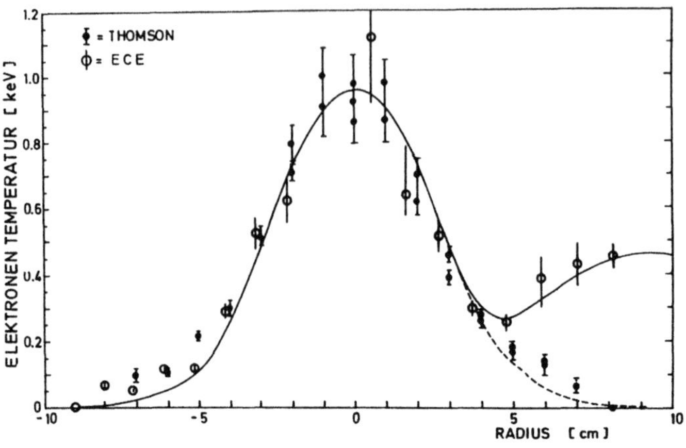

Bild 5-14: Ein kleiner Anteil suprathermischer Elektronen (0,1% und 10 keV) genügt, um charakteristische Veränderungen im ECE-Spektrum (Profil) hervorzurufen.

Die Betrachtungen zeigen, daß das ECE-Spektrum empfindlich von der Elektronenenergieverteilung abhängt. Dies kann zwar grundsätzlich zu diagnostischen Zwecken ausgenützt werden, quantitative Schlüsse aus den Simulationsrechnungen sind allerdings nur für eine begrenzte Zahl von Fällen möglich. Allgemein ist die Zahl der involvierten und nicht einzeln experimentell zugänglichen Parameter zu groß, insbesondere die genaue Elektronenenergieverteilung und deren Ortsabhängigkeit zu wenig bekannt, so daß dann nur qualitative Schlüsse möglich sind.

Mit wachsender Elektronenenergie wird auch im Falle eines thermischen Plasmas die ECE-Interpretation zunehmend schwieriger. Während bei niedriger Elektronenenergie die Emission auf die Umgebung der Zyklotronharmonischen beschränkt ist, nimmt bei hoch relativistischen Energien, $E \geq 100$ keV, das Spektrum die Form eines breiten Kontinuums an. Man spricht dann von Synchrotronstrahlung, da diese kontinuierliche Emission zuerst an Synchrotronbeschleunigern beobachtet wurde [7].

Die Elektronenenergien, die bei den heutigen Fusionsexperimenten erreicht werden, liegen im Bereich zwischen 1 und 10 keV. In diesem mäßig relativistischen Bereich treten so extreme Verbreiterungen noch nicht auf und es kann aus dem ECE-Spektrum mit guter Genauigkeit die Elektronentemperatur bestimmt werden.

5.2 Instrumentierung

5.2.1 Diagnostische Ziele

Zwei Hauptziele sind es, die mit der zeitaufgelösten Messung des Spektrums $I(\omega,t)$ der Elektronenzyklotronemission eines fusionsrelevanten, also hinreichend heißen und dichten, magnetisch eingeschlossenen Plasmas verfolgt werden: die Bestimmung des zeitlichen Verlaufs der lokalen Elektronentemperatur $T_e(R,t)$ und Aussagen bezüglich Dichte, Energie und lokaler Verteilung suprathermischer Elektronen zu gewinnen. Die ECE-Diagnostik bietet darüber hinaus die Möglichkeit, aus dem Verhältnis der Intensitäten optisch dünner Zyklotronharmonischer die lokale Elektronendichte zu bestimmen [9]. Diese Methode hat wegen der experimentellen Schwierigkeiten ihre Voraussetzungen, insbesondere der Reflexionsfreiheit hinreichend genau zu erfüllen, keine praktische Bedeutung erlangt. Es soll deswegen nicht näher darauf eingegangen werden.

Um die beiden Hauptziele verfolgen zu können, muß die Instrumentierung dem jeweiligen Experiment angepasst werden, da es kein Universalradiometer gibt, das alle Forderungen bezüglich nutzbarem Spektralbereich, spektraler Auflösung, Empfindlichkeit und Zeitauflösung erfüllt. Das Toroidalfeld B und das Aspektverhältnis A bestimmen die spektrale Lage der Zyklotronharmonischen und ihre spektrale Breite. Die beiden Größen variieren von Experiment zu Experiment beträchtlich ($2T \leq B \leq 10T$, $3 \leq A \leq 20$). Um die ECE der für die Diagnostik wichtigen ersten und zweiten Zyklotronharmonischen in all diesen Fällen untersuchen zu können, wäre ein Radiometer erforderlich, das den Spektralbereich von etwa 50 bis 800 GHz erfaßt. Die erforderliche spektrale Auflösung $\omega/\delta\omega$ ist durch die geforderte Ortsauflösung $a/\delta r$ und das Aspektverhältnis A des Torus bestimmt:

$$\omega/\delta\omega \approx (A + 1)\, a/\delta r \qquad (5\text{-}49)$$

Fordert man $a/\delta r \geq 10$, so variiert $\omega/\delta\omega$ zwischen 200 (W VII-A) und 30 (JET). Zusätzlich wird hohe Zeitauflösung verlangt, um schnelle Vorgänge im Plasma, die innerhalb einiger 10µs ablaufen können, zu erfassen. Das Radiometer muß Signalleistungen von einigen nW mit hohem Störabstand nachweisen können.

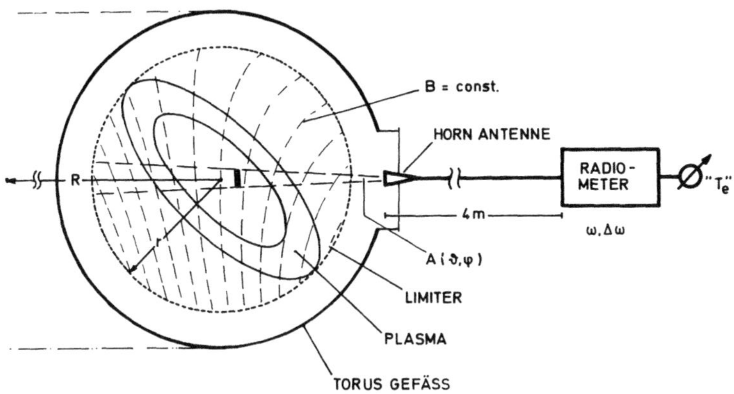

Bild 5-15: Die Elektronenzyklotronemission wird in einer Sichtlinie längs des Radiusvektors R in der Torusäquatorialebene beobachtet. Die Empfangsfrequenz mit der Bandbreite $\Delta\omega$ entspreche dem schraffierten Rechteck. Seine Ausdehnung in toroidaler Richtung ist durch die Antennencharakteristik $A(\vartheta,\varphi)$ gegeben. Die Ellipsen sind Linien gleicher Temperatur der Plasmasäule.

Die verschiedenen Systeme, die zur ECE-Diagnostik verwendet werden, gliedern sich in quasioptische und solche, die klassische Mikrowellentechniken anwenden. Das sind Interferometer und Gitterspektrometer einerseits und Superheterodynempfänger andererseits. Während die letzteren aus technischen Gründen auf Frequenzen unterhalb etwa 250 GHz beschränkt sind, in diesem Frequenzbereich aber mit höchster Empfindlichkeit und Frequenzauflösung arbeiten, finden die ersteren überall dort Anwendung, wo ein weiter Spektralbereich abgedeckt werden muß, die mäßige Auflösung und Empfindlichkeit aber noch tolerabel sind. Anhand einiger Beispiele sollen die Realisierungsmöglichkeiten aufgezeigt werden.

5.2.2 Interferometer

a) Fabry-Perot-Interferometer

Das Prinzip des Fabry-Perot-Interferometers wurde bereits in Kapitel 2.5.5 besprochen. Der Reflexionskoeffizient R der Strahlteiler wird so gewählt, daß die Transmission und das Auflösungsvermögen maximal sind. Hierzu muß der Reflexionskoeffizient in der Nähe von 1 liegen und die ohmschen Verluste möglichst gering sein. Gut leitende, quadratische Drahtnetze erfüllen diese Forderungen am besten. Nickel- und Kupferdrähte, die manchmal auch vergoldet werden, finden Verwendung. Der Drahtdurchmesser ist etwa 50 µm, der Abstand der einzelnen Drähte des Netzes etwa 150 µm. Frei aufgestellte Netze im Abstand einiger $\lambda/2$ werden am häufigsten verwendet. Besondere Schwierigkeiten bereitet das Aussondern höherer Harmonischer, da das Fabry-Perot-Interferometer nicht nur bei der Wellenlänge λ, sondern auch bei $\lambda/2$, $\lambda/3$,.... durchlässig ist.

Fabry-Perot-Interferometer werden zur ECE-Diagnostik sowohl als festeingestellte Filter zur Messung der Zeitabhängigkeit der Emission, $I_\omega(t)$, als auch mit schrittweiser oder stetiger Veränderung des Abstandes d zur Registrierung des Spektrums verwendet. Variiert man d periodisch mit einem Vibrator, kann das Spektrum in kurzen Zeitabständen , etwa 15 ms, registriert werden. Das spektrale Auflösungsvermögen $\omega/\delta\omega$ ist etwa 30. Zur Detektion der gefilterten Strahlung finden, wie bei allen hier beschriebenen, auf quasioptischen Techniken basierenden Instrumenten, mit flüssigem Helium gekühlte Indium-Antimonid-Bolometer Verwendung. Ihre Spannungsempfindlichkeit im mm-Wellenlängenbereich ist etwa 1000 V/W, die Rauschspannung etwa $3nV/\sqrt{Hz}$. Um den durch die Detektoren vorgegebenen hohen Störabstand nicht zu verschlechtern, werden teilweise gekühlte Nachverstärker verwendet.

Durchstimmbare Fabry-Perot-Filter werden in Verbindung mit Bolometern dazu benutzt, eine Übersicht über das gesamte ECE-Spektrum zu erhalten. Die Absoluteichung und die reproduzierbare Einstellung sind allerdings schwierig.

b) Michelson-Interferometer

Die erstmals in der Infrarot-Spektroskopie verwendeten Michelson-Interferometer [17] mit Fourier-Transformation des Interferogramms wurden für die speziellen Belange der Plasmadiagnostik im mm- und submm-Wellenbereich weiterentwickelt. Es entspricht im Prinzip den in Kap.2.5.4 besprochenen Zweistrahl-Interferometern. Der bewegliche Spiegel wird hier pneumatisch oder elektromechanisch angetrieben. Auch schraubenförmige, nichtplane, rotierende Spiegel sind in Verwendung. Auf diese Weise gelingt es, ein Interferogramm innerhalb 10 ms zu erzeugen.

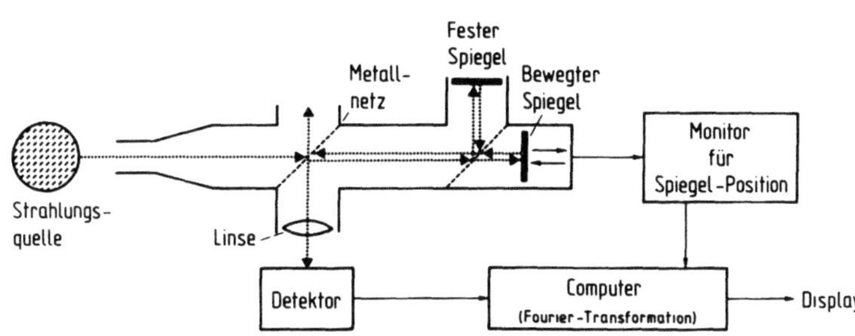

Bild 5-16: Prinzipskizze des am Tokamak ASDEX installierten Michelson-Interferometers

Das Interferogramm I(x) entsteht durch die Überlagerung der frequenzabhängigen Amplituden $A_1(\omega)$ und $A_2(\omega,x)$, die durch Strahlteilung gewonnen werden, und die nach Durchlaufen verschieden langer Wege x in einem leistungsproportionalen Detektor zur Überlagerung gebracht werden.

$$I(x) = \int_0^\infty |A_1(\omega) + A_2(\omega,x)|^2 \, d\omega \tag{5-50}$$

Ist $S(\omega)$ das zu untersuchende Leistungsspektrum der Quelle, so ist:

$$I(x) = \int_0^\infty S(\omega) \, (1 + \cos(x \, \omega/c)) \, d\omega \tag{5-51}$$

Die spektrale Leistung wird durch analoge oder digitale Fourier-Transformation zurückgewonnen:

$$S(\omega) = 4 \int_0^\infty (I(x) - \frac{1}{2} I(0)) \cos(x \, \omega/c) \, dx \tag{5-52}$$

Die erreichbare Auflösung hängt von der maximalen Wegdifferenz x_m ab:

$$\omega/\delta\omega \approx 2 \, x_m/\lambda \tag{5-53}$$

Sie wird nicht, wie in der Dispersionsspektroskopie, durch Einengung der Apertur auf Kosten der transmittierten Leistung gewonnen. Dies wird als der praktische Hauptvorteil der Methode angesehen. Ein weiterer besteht darin, daß das gesamte Spektrum gleichzeitig am Detektor ansteht und nicht nur ein schmaler Ausschnitt entsprechend der gewählten Auflösung. Dies hat eine Verbesserung des im mm-Wellenbereich durch den Detektor dominierten Störabstandes zur Folge.

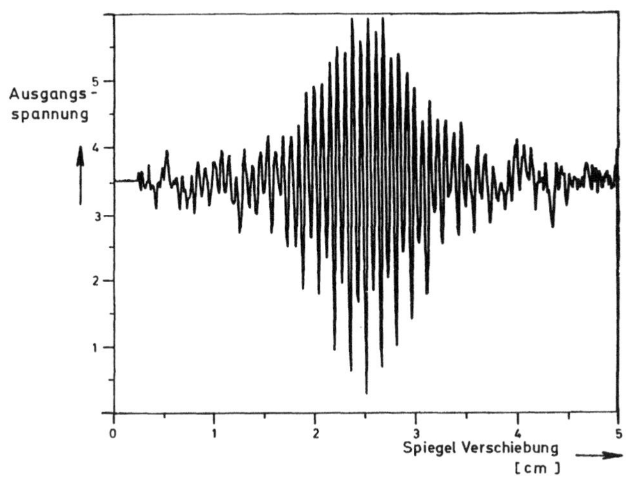

Bild 5-17: Interferogramm der ECE des Stellarators W VII-A, gemessen mit dem in Bild 5-16 skizzierten Instrument

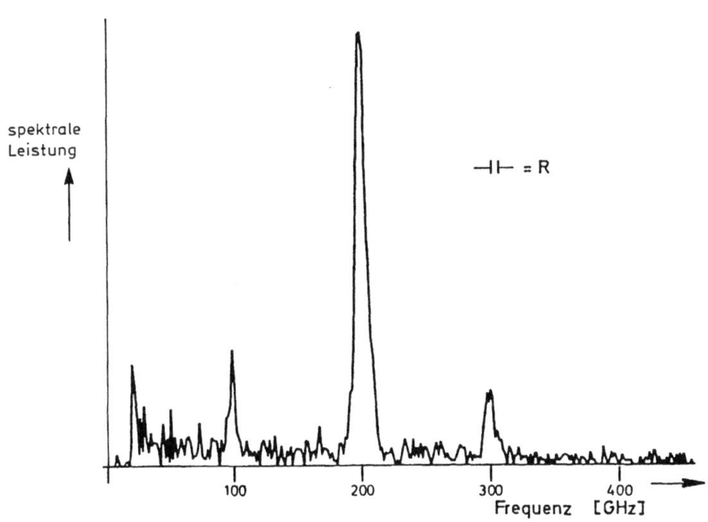

Bild 5-18: Fourier-Transformierte des Interferogramms

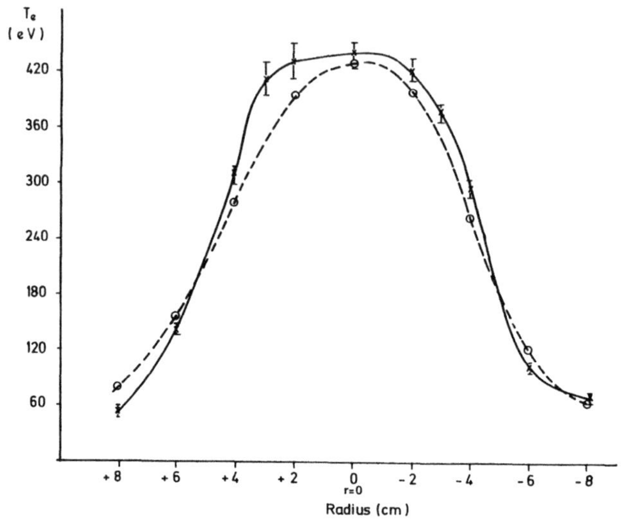

Bild 5-19: Das resultierende Temperaturprofil (-o-) im Vergleich mit einem durch Thomsonstreuung einer Laserlinie gemessenen Profil

Die praktischen Probleme bei Verwendung in der ECE-Diagnostik bestehen darin, einen ausreichend großen Spiegelhub x_m in hinreichend kurzer Zeit zu realisieren. Das Auflösungsvermögen ist dem der Fabry-Perot-Instrumente vergleichbar. Auch die Probleme bei der Absoluteichung stellen sich ähnlich dar. Die Bilder 5-17 bis 5-19 zeigen als Beispiel für die Methode das Interferogramm, das Spektrum und das aus der 2. Zyklotronharmonischen gewonnene Temperatur-Profil eines Plasmas des Stellarators W VII-A [18].

5.2.3 Gitterspektrometer

Durchstimmbare Fabry-Perot- und Michelson-Interferometer gestatten die kontinuierliche Messung des ECE-Spektrums innerhalb etwa 10 ms, d.h. es kann damit etwa alle 20 ms ein vollständiges Temperaturprofil $T_e(R,t_i)$ gewonnen werden, $t_{i+1}-t_i = 20$ ms. Da das Temperaturprofil im allgemeinen keine detaillierten Strukturen aufweist, es ist etwa von der Form $T_e(R)/T_e(R_o) \approx (1-(R-R_o)/a)^\alpha$ ($\alpha \geq 1$), genügt es, T_e an endlich vielen Stützpunkten R_i zu messen und $T_e(R)$ daraus zu rekonstruieren.

Instrumente, die mit hoher zeitlicher Auflösung den Intensitätsverlauf bei fest eingestellter Frequenz messen, sind wegen des Auftretens lokalisierter, schneller, zeitlicher Vorgänge oftmals von größerem Nutzen. Dies hat zur Entwicklung von Gitterpolychromatoren geführt, die ohne bewegliche Teile auskommen [19]. Die zeitliche Auflösung wird nur durch die Detektoren bestimmt und ist von der Größenordnung 1 µs.

Das Bild 5-20 zeigt ein Instrument, das speziell für den Frequenzbereich 90 bis 140 GHz gebaut worden ist, und das am Tokamak TFTR eingesetzt wird. Es findet ein aus Aluminium gefertigtes Echelette-Gitter mit einer Fläche von 20 x 30 cm^2 und einem Blaze-Winkel von 23° Verwendung, welcher den nutzbaren Wellenlängenbereich festlegt. Der Abstand d zweier benachbarter Gitterfurchen ist etwa 4 mm. Für konstruktive Interferenz bei der Wellenlänge λ gilt:

$$l\lambda /d = \sin\Theta_e + \sin\Theta_a \tag{5-54}$$

wobei Θ_e und Θ_a Ein- und Ausfallswinkel der Strahlung bezüglich der Gitternormalen bedeuten. l ist die Ordnung der Interferenz. Durch die wellenlängenabhängige Beugung entstehen die Bilder des Eintrittspaltes, der hier durch den speisenden Hohlleiter gebildet wird, an verschiedenen Orten in der Austrittsebene. Dort sind 20 Hohlleiter angebracht, die die spektral zerlegte Signalleistung zu 20 verschiedenen InSb-Detektoren, die zusammen mit 20 Verstärkern in einem einzigen Kryostaten untergebracht sind, transportieren. Die erreichte Auflösung ist wiederum etwa 30. Das Instrument kann absolut geeicht werden.

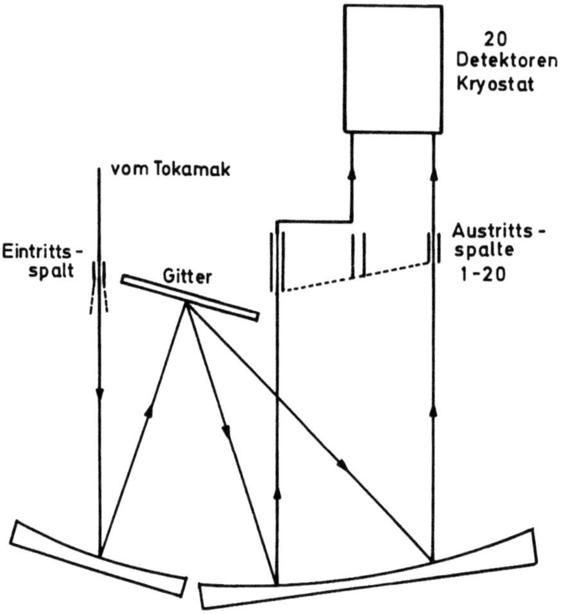

Bild 5-20: Gitterpolychromator für den mm-Wellenbereich [19]

Eine Schwierigkeit ist, wie beim Fabry-Perot-Interferometer, die Vieldeutigkeit durch höhere Ordnungen, so daß Tiefpaßfilterung vor dem Spektralapparat notwendig wird. Die Forderungen bezüglich Filterflankensteilheit am oberen Frequenzbandende sind jedoch nicht sehr hoch, da das Reflexionsvermögen des Gitters und die Empfindlichkeit der Detektoren mit wachsender Frequenz abnehmen.

Nicht alle Gitterspektrometer, die zur ECE-Diagnostik verwendet werden, sind von diesem Polychromatortyp. Durch Drehen des Gitters kann ein durchstimmbarer Monochromator aufgebaut werden. Um besonders kurze Durchstimmzeiten zu erreichen, werden schnell rotierende, fokussierende Drehspiegel verwendet, so daß komplette Spektren in weniger als 1 ms registriert werden können.

Bild 5-21 zeigt noch eine andere, die am Tokamak ASDEX installierte, Einrichtung. Bei dieser Anordnung werden mit Hilfe von vier verschiedenen Gittern vier parallel arbeitende Monochromatoren realisiert. Der Durchlaßbereich kann durch Drehen des Gittersatzes verändert werden [20].

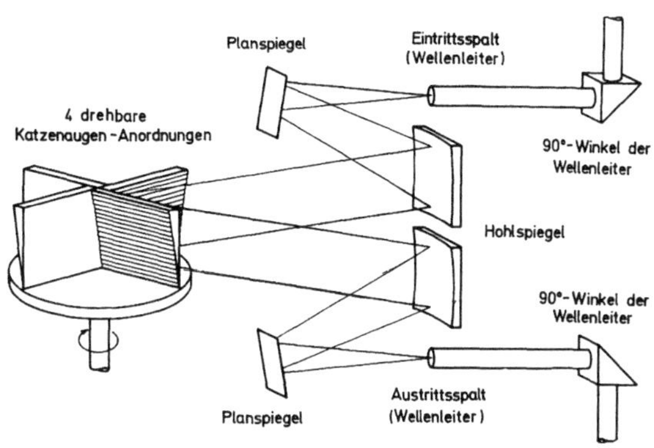

Bild 5-21: Viergitter-Polychromator zur gleichzeitigen Messung bei vier verschiedenen Wellenlängen [20]

Die Eigenschaften der quasioptischen Instrumente können etwa wie folgt charakterisiert werden: Das Frequenzauflösungsvermögen der quasioptischen Instrumente liegt im Bereich 50 bis 600 GHz bei etwa 3 bis 10 GHz. Innerhalb von etwa 10 ms kann der gesamte Bereich durchgestimmt werden. Die Transmission ist allerdings gering, so daß trotz hoher Detektorempfindlichkeit die kleinste meßbare Temperaturdifferenz T_e für 10 kHz Meßbandbreite (Videobandbreite) im Bereich einiger eV liegt.

5.2.4 Superheterodynempfänger

Die guten Eigenschaften der Überlagerungs- oder Heterodynempfänger bezüglich Selektion und Empfindlichkeit können bis in den Submillimeter-Wellenbereich genutzt werden. Auch die ECE-Radiometrie macht davon Gebrauch. Beim Superheterodynprinzip wird, wie in Kapitel 2 ausführlich dargelegt, das Signal in einem Mischer mit dem Lokaloszillatorsignal gemischt und die Differenzfrequenz (Zwischenfrequenz (ZF)) weiterverarbeitet.

Die Verstärkung und die Selektion erfolgen bei mm-Wellenempfängern üblicherweise in der Zwischenfrequenzlage. Die spektrale Auflösung kann praktisch beliebig hoch getrieben werden. Die Empfindlichkeit wird wesentlich durch die Rauscheigenschaften des Eingangsteils, also des Mischers und der ersten ZF-Verstärkerstufe bestimmt. Die in der Plasmadiagnostik verwendeten Empfangssysteme sind vom Typ Total-Power-Empfänger (siehe Kapitel 2).

Der entscheidende Unterschied zwischen der Radiometrie eines heißen Plasmas und den in den vorangegangenen Kapiteln beschriebenen Anwendungsbeispielen besteht in der wesentlich höheren Strahlungstemperatur T_e der zu beobachtenden Quelle. Diese ist bei der ECE-Diagnostik wie erwähnt etwa $5 \cdot 10^5$ bis 10^8 K. Sie ist damit sehr groß gegen die Rauschtemperatur des Empfangssystems T_R und nicht von derselben Ordnung wie in den vorgenannten Anwendungsbeispielen. Die Kühlung der Empfängereingangsstufen oder die Einführung spezieller Modulationstechniken zur Störbefreiung sind wegen der hohen Quellentemperatur nicht notwendig. Die Rauschtemperatur T_R der Superheterodyn-ECE-Radiometer incl. Übertragungsleitungen liegt üblicherweise bei einigen 10^4K.

Wird mit einer Zwischenfrequenzbandbreite B_{ZF} von einigen 100 MHz und einer Video-Bandbreite B_V von einigen 100 kHz gearbeitet, so liegt die mit einem Signal-Rauschverhältnis von 1 meßbare Strahlungstemperatur noch unter 1000 K. Dieser Wert ist bei weitem ausreichend. Nicht extreme Empfindlichkeit, sondern gute Nullpunktstabilität, geringe Störanfälligkeit und hohe Linearität, die sich über mehrere Größenordnungen erstrecken muß, sind die charakteristischen Eigenschaften eines ECE-Radiometers. Die Linearität wird entscheidend durch die auf den ZF-Verstärker folgende Detektordiode bestimmt. Die maximale Leistung P_{max} für leistungsproportionale Ausgangsspannung liegt bei den üblicherweise verwendeten Schottky-Dioden bei etwa 10^{-5} W. Die ZF-Verstärkung darf deswegen den Wert

$$G_{ZF} = P_{max} \frac{L\, L_c}{kT_e B_{ZF}} \qquad (5\text{-}55)$$

nicht überschreiten. L ist der Dämpfungsfaktor der Übertragungsleitung vom Plasma zum Empfänger, L_c der Konversionsverlust des Mischers und T_e die maximale zu erwartende Elektronentemperatur. Mit $L = 15$, $L_c = 10$, $T_e = 10^7$ K ergibt sich $G_{ZF} = 3 \cdot 10^4 \approx 45$ dB. Das Signal-Rauschverhältnis am Ausgang der Videodiode ist durch

$$\frac{U_s}{U_r} = \frac{T_e}{T_R} \left(\frac{B_{ZF}}{B_V}\right)^{1/2} \qquad (5\text{-}56)$$

gegeben. U_s ist die Signalspannung, U_r der Effektivwert der Rauschspannung. Das Signal-Rauschverhältnis erreicht auch für Elektronentemperaturen wie sie im Randbereich der Plasmasäule auftreten ($T_e \approx 50$ eV) noch Werte von einigen 100.

Formel (5-56) vernachlässigt das Rauschen der Detektordiode und das Rauschen des nachfolgenden Niederfrequenzverstärkers. Wegen der relativ niedrigen ZF-Verstärkung ist das Rauschen des nachfolgenden Verstärkers jedoch von der gleichen Größenordnung. Es müssen deswegen rauscharme Verstärker eingesetzt werden, um den maximalen Störabstand, wie er durch (5-56) gegeben ist, nicht wesentlich zu verschlechtern. Die Rauschspannung U_r,

$$U_r = \frac{kT_R G_{ZF}\, \gamma}{L\, L_c} (B_{ZF}\, B_V)^{1/2} \qquad (5\text{-}57)$$

ist, bezogen auf ein Hz Videobandbreite nur etwa $10 nV/\sqrt{Hz}$. γ ist darin die Spannungsempfindlichkeit der verwendeten Detektordiode. Sie ist von der Größenordnung 1 V/mW. Die ZF-Bandbreite B_{ZF} bestimmt gemäß der Ausführungen in Abschnitt 5.1.5 die Ortsauflösung $R/\delta R$ längs des Sehstrahls. Mit B_{ZF} von einigen 100 MHz ist diese von der Ordnung 1 cm.

a) Durchstimmbarer DSB-Empfänger

Superheterodynempfänger haben den Nachteil, daß sie nur schwer über einen größeren Frequenzbereich durchstimmbar sind. Dies hat zwei Gründe. Einerseits kann die Anpassung der Mischerdiode an den Hohlleiterwellenwiderstand nur für einen engen Frequenzbereich optimiert werden und andererseits besteht ein Mangel an einfachen, handlichen, durchstimmbaren Lokaloszillatoren. Der maximale Abstimmbereich deckt sich etwa mit einem Hohlleiterband. Um den Bereich 75-220 GHz abdecken zu können, müssen z.B. drei getrennte jeweils über ein Hohlleiterband nämlich 75-110 GHz, 110-170 GHz und 170-220 GHz abstimmbare Doppelseitenbandempfänger eingesetzt werden [21]. Das Blockschaltbild eines Einzelempfängers eines solchen am Tokamak TFTR installierten Systems ist in Bild 5-22 wiedergegeben.

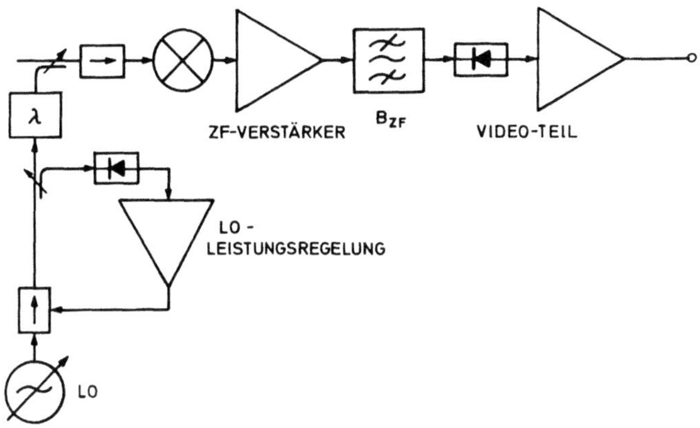

Bild 5-22: Der in wenigen ms über ein ganzes Mikrowellenband durchstimmbare Doppelseitenbandempfänger verwendet einen leistungsgeregelten Rückwärtswellen-Oszillator (BWO) [21]

Als Lokaloszillatoren werden Rückwärtswellenoszillatoren (BWO) (siehe Kap.2.4.3) verwendet, deren Frequenz über die Elektronengeschwindigkeit etwa über den Bereich eines Hohlleiterbandes hinweg elektrisch einstellbar ist. Leider ändert sich dabei auch die Ausgangsleistung ganz beträchtlich, so daß eine Leistungsregelung notwendig wird. Diese muß die Lokaloszillatorleistung auf dem für minimalen Konversionsverlust des Mischers nötigen Wert stabil halten. Eine Schwierigkeit besteht darin die Frequenzabhängigkeit der Ankopplung an die Mischerdiode gering zu halten. Einen Ausweg könnte die Einbeziehung des Mischerdiodenstroms als Ist-Wert in die Leistungsregelung darstellen.

In der zitierten Ausführung können die Lokaloszillatoren alle 4 ms in etwa 2 ms über den angegebenen Frequenzbereich durchgestimmt werden, so daß alle 4 ms ein komplettes ECE-Spektrum zur Auswertung zur Verfügung steht. Der Zwischenfrequenzteil ist für die verschiedenen Empfänger jeweils gleich aufgebaut. Es finden ZF-Verstärker für den Bereich 10-500 MHz Verwendung.

Dieser Bereich ist allerdings durch Bandpaßfilter auf 250-500 MHz eingeschränkt. Diese Maßnahme bewirkt eine Verringerung des durch die Lokaloszillatoren verursachten Rauschens. Die effektive Bandbreite ist also etwa 1 GHz. Die dadurch bedingte Ortsauflösung im Plasma beträgt einige cm. Die Empfänger können auch mit zeitlich konstanter LO-Frequenz betrieben werden. Dies ermöglicht die Messung des zeitlichen Verlaufs der Elektronentemperatur an jeweils einem festem Ort. Wegen der nicht optimalen Breitbandanpassung ist die Empfängerrauschtemperatur der einzelnen Empfänger $5 \cdot 10^4$-10^5 K, ein Wert, der wegen der hohen Quellentemperatur jedoch akzeptabel ist.

b) Festfrequenzempfänger

Eine Empfindlichkeitssteigerung kann nur durch den Verzicht auf kontinuierliche Abstimmung erreicht werden. Dies führt zu einem System von unabhängigen Empfängern, die auf verschiedenen, diskreten Frequenzen arbeiten, für die sie optimiert sind. Für die ECE-Diagnostik bieten sich damit grundsätzlich die Möglichkeiten, wie sie im Abschnitt 5.2.3 für den quasioptischen Polychromator erörtert wurden, mit jedoch wesentlich verbesserter Empfindlichkeit und Auflösung.

Bild 5-23 gibt ein Beispiel wie acht DSB-Empfänger, ähnlich denen des Bildes 5-22, gleichzeitig auf zwei Transmissionsleitungen über Leistungsteiler zusammmengeschaltet sind. Das Tokamak-Experiment TEXTOR, an dem diese Empfänger montiert sind, arbeitet mit einem Magnetfeld von etwa 2 T auf der Torusseele. Der Bereich der 2. Zyklotronharmonischen des ECE-Spektrums, der hier ausschließlich zur Diagnostik verwendet wird, nämlich 105-145 GHz, wird durch die acht Empfänger äquidistant abgedeckt. Als Lokaloszillatoren finden Gunn-Oszillatoren Verwendung. Die DSB-Empfängerrauschtemperatur der einzelnen Empfänger liegt unter 2000 K. Dieser Wert wird allerdings durch die Leistungsteilung zur Aufspaltung des ECE-Signals auf die einzelnen Empfänger auf mindestens den vierfachen Wert erhöht. Mit diesem 8-Kanal-Radiometer wird der zeitliche Temperaturverlauf $T_e(R_i,t)$ gleichzeitig an acht verschiedenen Stellen R_i im Plasma gemessen [22].

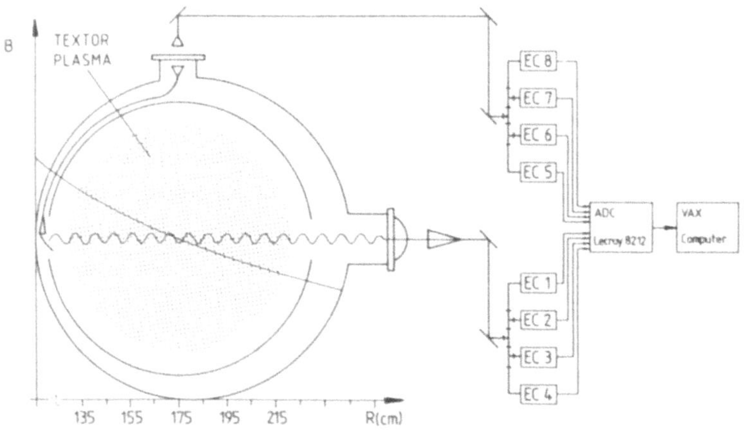

Bild 5-23: Acht festabgestimmte Doppelseitenbandempfänger messen den Verlauf der lokalen Elektronentemperatur [22]

c) Breitband-SSB-Empfänger mit ZF-Filterbank

Ist das zu diagnostizierende ECE-Spektrum einer Zyklotronharmonischen nicht breiter als etwa 15 GHz, so kann dieses komplett ohne entscheidende Einbuße an Empfindlichkeit in die ZF-Lage gemischt werden. Die genannte Breite von 15 GHz wird dabei durch die maximale Breite derzeit erhältlicher ZF-Verstärker bestimmt. Nach ausreichender ZF-Verstärkung wird bei diesem Empfängertyp das Band mit Hilfe von Leistungsteilern oder Multiplexern in einzelne ZF-Kanäle aufgeteilt und Bandfiltern zugeführt. Die Leistung innerhalb der Empfangskanäle wird genauso wie bei den bisher beschriebenen Empfängern gemessen. Auf diese Weise wird, wie bei dem System aus Festfrequenzempfängern, die Elektronentemperatur an festen Örtern R_i verfolgt. Bild 5-24 gibt das vereinfachte Blockschaltbild eines nach diesem Prinzip am Stellarator W VII-AS arbeitenden Empfängers wieder [23]. Die Zwischenfrequenz ist 2-10 GHz. Innerhalb dieses Bereichs sind 12 Bandfilter, von denen 8 eingezeichnet sind, mit jeweils etwa 300 MHz Bandbreite äquidistant gestaffelt. Der Empfänger arbeitet mit zwei Klystrons von 126 und 151 GHz als Lokaloszillatoren. Wegen eines vorgeschalteten Bandfilters, das zwischen 127 und 150 GHz durchlässig ist, arbeitet der Empfänger im Einseitenbandbetrieb mit oberem oder unterem Seitenband, je nach verwendeter Lokaloszillatorfrequenz. Auf diese Weise werden je 12 Empfangskanäle zwischen 128-136 GHz und 141-149 GHz erzeugt, die den Bereich der 2. Zyklotronharmonischen, des bei 2,5 T betriebenen Stellaratorexperiments abdecken. Für den Spektralbereich der ersten und dritten Zyklotronharmonischen werden weitere, ähnlich aufgebaute Eingangsteile verwendet. Das ZF-Filterteil wird gemeinsam benutzt. Die SSB-Empfängerrauschtemperatur beträgt etwa 10^4 K [24].

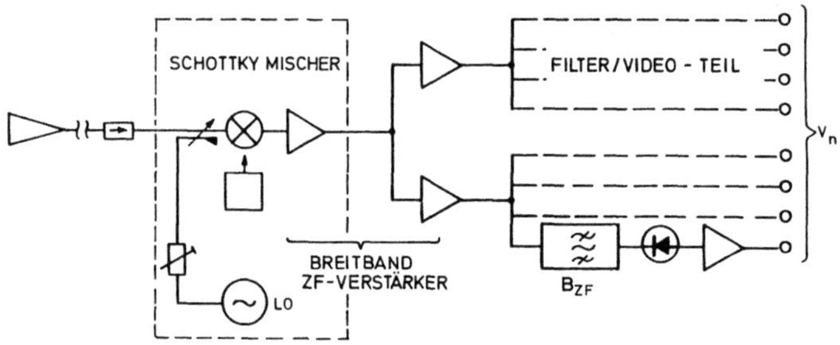

Bild 5-24: In einem Einseitenbandempfänger wird die ECE je einer Harmonischen breitbandig in die Zwischenfrequenz-Lage gemischt und einer Filterbank zugeführt. Auf diese Weise wird mit einem einzigen Eingangsteil ein Vielkanalradiometer realisiert [23].

Zusammenfassend kann festgestellt werden, daß Superheterodynempfänger überall dort sinnvoll eingesetzt werden können, wo der zu untersuchende Frequenzbereich wohldefiniert und nicht zu breit ist. In diesem Bereich arbeiten sie mit hoher Frequenz-, bezogen auf das Plasma, mit höchster Ortsauflösung. Darin sind sie allen quasioptischen Systemen überlegen. Dasselbe gilt für die Empfindlichkeit. Dieser Vorteil kommt entscheidend bei der Absoluteichung der Empfangssysteme zum Tragen (Abschnitt 5.2.6). Dem steht der Nachteil des geringen nutzbaren Frequenzbereichs, also geringer Flexibilität gegenüber. Insbesondere an Fusionsexperimenten, an denen größere Magnetfeldänderungen zum Experimentierprogramm gehören, können Superheterodynempfänger nur bedingt eingesetzt werden. Hier sind quasioptische Instrumente, insbesondere Michelson-Interferometer, unerläßlich.

5.2.5 Antennen und Übertragungsleitungen

Zum Empfang der Elektronzyklotronstrahlung werden üblicherweise Hornantennen verwendet, die in der horizontalen Symmetrieebene des Torus montiert sind. Die Antennen werden meistens außerhalb des Vakuumgefäßes montiert, dort wo der Platz es zulässt aber auch innerhalb. Als Vakuumfenster dienen Quarz- oder Glimmerscheibchen. Bei quasioptischen Empfangssystemen werden breitbandige Antennen und überdimensionierte Transmissionsleitungen, in denen mehrere Hohlleitermoden ausbreitungsfähig sind, verwendet. Die Zahl der Moden $N(\omega)$ in einem Rechteckhohlleiter mit der Kantenlänge d ist durch

$$N(\omega) = \frac{\pi}{2} \left(\frac{\omega}{c}\right)^2 \left(\frac{d}{\pi}\right)^2 \qquad (5\text{-}58)$$

gegeben. $N(\omega)$ nimmt als Funktion der Frequenz in diskreten Schritten zu. Glchg. (5-58) stellt eine Näherungsformel für den Fall großer Überdimensionierung d/λ dar. Ist die Antenne mit Schwarzkörperstrahlung der Temperatur T voll ausgeleuchtet, so ist die im Frequenzintervall $\omega \ldots \omega + d\omega$ transportierte Leistung:

$$dP = N(\omega)\,\frac{kT}{2\pi}\,d\omega \qquad (5\text{-}59)$$

Die quasioptischen Systeme können demnach durch Überdimensionierung einen Leistungsgewinn gegenüber den üblicherweise nur in der fundamentalen Hohlleitermode arbeitenden Superheterodynempfängern erzielen, bei denen gemäß Glchg. (5-59) die aufgenommene Leistung unabhängig von der Frequenz durch kTB gegeben ist. B ist die Bandbreite. Der Gewinn ist aber üblicherweise auf den Faktor 2-5 beschränkt, da wegen der geforderten Raumauflösung im Plasma nur scharf bündelnde Antennen verwendet werden, die nur die begrenzte Zahl von Hohlleitermoden niedriger Ordnung anregen.

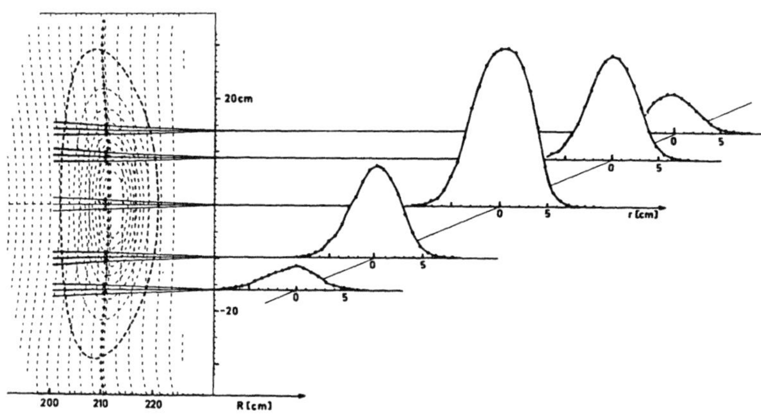

Bild 5-25: Ein zweidimensionales Elektronentemperaturprofil kann durch Übereinanderschichtung mehrerer Empfangsantennen gewonnen werden [24].

Auch bei der Verwendung von Superheterodynempfängern werden wegen ihrer geringeren ohmschen Verluste als Transmissionsleitungen ausschließlich überdimensionierte Hohlleiter anstelle von Grundmodehohlleitern zwischen Antenne und Empfangssystem benutzt, die durch geeignete Übergänge (Taper) an die speisende Antenne bzw. den Empfänger angepaßt werden. Diese Maßnahme ist notwendig, da an manchen Experimenten Übertragungsleitungen von bis zu 40 m Länge erforderlich sind, die zu

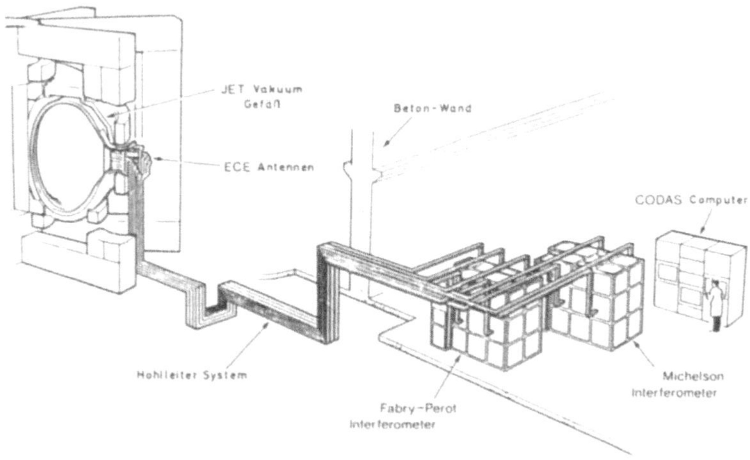

Bild 5-26: Die Gegebenheiten großer Experimentieranlagen erlauben nur die weit entfernte Aufstellung der ECE-Empfänger. Dies erfordert Übertragungsleitungen geringer Dämpfung.

nicht tolerierbaren Signaldämpfungen führen würden. Bild 5-26 skizziert die Verhältnisse am europäischen Tokamak JET.

Besondere Sorgfalt ist bei der Dimensionierung der Übergänge zwischen dem Grundmode- und dem überdimensionierten Hohlleiter anzuwenden, um Verluste durch Modenkonversion zu vermeiden. Geringe Übertragungsdämpfung im überdimensionierten Hohlleiter ist nur für bestimmte Moden gegeben. Genau diese müssen erregt, auf der Übertragungsstrecke gehalten und in den Hohlleitergrundmode zurück überführt werden.

5.2.6 Eichung

Um die Strahlungstemperatur der Elektronzyklotronstrahlung angeben zu können, ist eine Eichung des Radiometers notwendig. Die direkteste Art besteht darin, die Antenne mit Schwarzkörperstrahlung bekannter Temperatur auszuleuchten und die Temperaturempfindlichkeit $\Delta U/\Delta T$, wie in Kapitel 2.1.3 beschrieben, zu bestimmen. Dazu ist eine Quelle möglichst hoher Temperatur, hoher Stabilität und möglichst großer Fläche wünschenswert.

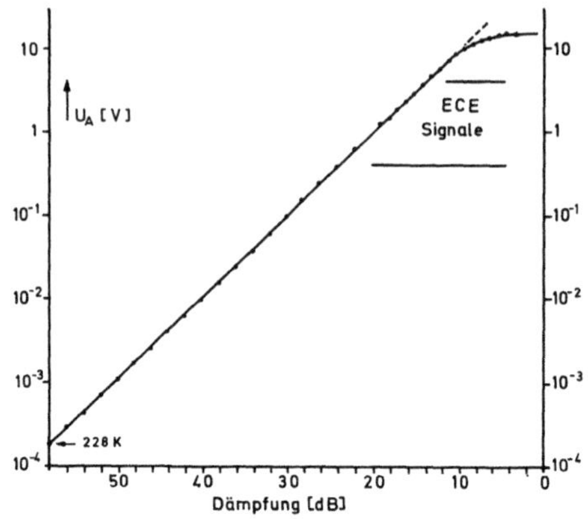

Bild 5-27: Die zur Eichung benutzten Quellen sind um vier bis fünf Größenordnungen schwächer als die ECE-Signale. Die Linearität des Radiometers ist eine notwendige Voraussetzung für die Anwendbarkeit dieser Eichmethode [23].

Diese Forderungen haben zur Entwicklung von Quellen geführt, die maximal etwa 1000 K Strahlungstemperatur haben. Als Schwarzkörperstrahler wird ein spezielles Glaskeramikmaterial (Macor) verwendet, das elektrisch geheizt wird. Häufig wird auch Mikrowellenabsorptionsmaterial (Eccosorb) bei Zimmertemperatur bzw. der Temperatur des flüssigen Stickstoffs verwendet. In beiden Fällen gilt jedoch, daß die Strahlungstemperatur der Eichquelle um 4 bis 5 Größenordnungen niedriger ist als die der Zyklotronstrahlung. Dies hat eine unvermeidliche Unsicherheit der Eichung zur Folge, die hauptsächlich in Nichtlinearitäten der Videodetektordiode begründet ist. Eine sorgfältige Linearitätsmessung des Gesamtradiometers ist deswegen unerlässlich. Bild (5-27) zeigt das Ergebnis einer solchen Messung.

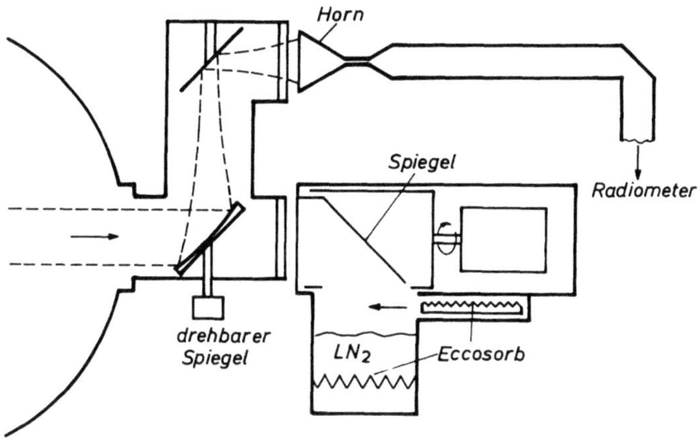

Bild 5-28: Zur Absoluteichung werden Heiß-Kalt-Quellen benutzt, die möglichst nahe am Torus installiert werden müssen. Ein drehbarer Spiegel schaltet von der Signalquelle auf die Kalibrierquelle um [21].

Erschwerend kommt hinzu, daß die relativ hohe Systemrauschtemperatur der ECE-Radiometer lange Mittelungszeiten mit periodisch zwischen zwei Temperaturen umschaltenden Eichquellen erforderlich macht. Hier liegt ein entscheidender Vorteil der superheterodyn- gegenüber der quasioptischen Technik. Die um Größenordnungen höhere Empfindlichkeit erfordert lediglich Mittelungszeiten von etwa 100 s, gegenüber einigen 100 min bei der quasioptischen Technik.

Die Eichquellen sollten möglichst ohne Veränderungen der Anordnung Antenne-Übertragungsleitung-Radiometer angewendet werden können, da schon kleine Umbauten die Übertragungseigenschaften verändern können. Bild 5-28 zeigt eine vielfach realisierte Lösungsmöglichkeit: Ein drehbarer Spiegel direkt am Torusflansch schaltet zwischen Zyklotronstrahlung aus dem Plasma und der Eichquelle um.

Plasmarauschröhren werden zur Eichung nur sehr selten verwendet, obwohl sie Rauschtemperaturen bis zu 10^4 K aufweisen, die sowohl die Kalibriergenauigkeit verbessern als auch die für die Eichung benötigte Meßzeit verkürzen könnten. Die Ursache liegt in der Notwendigkeit des Umbaus der Übertragungsstrecke und der Tatsache, daß die Antenne nicht in die Eichung einbezogen werden kann.

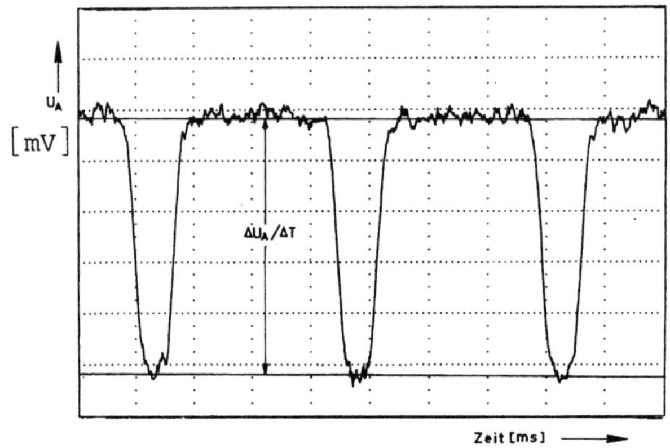

Bild 5-29: Die Eichsignale müssen zur Störbefreiung durch Mittelungsprozesse aufbereitet werden. Die Ausgangsspannung ΔU_A als Funktion der Zeit, für eine Temperaturdifferenz ΔT von etwa 210 K nach etwa 3 Minuten Meßzeit [24]

Bild 5-29 zeigt die Eichsignale nach etwa 3 minütiger Mittelungszeit wie sie mit dem Radiometer des Bildes 5-24 bei Verwendung von Eccosorb auf Zimmertemperatur bzw. der Temperatur des flüssigen Stickstoffs erhalten werden. Aus dieser Messung wird die Temperaturempfindlichkeit ermittelt. Die Absolutgenauigkeit ihrer Eichung wird von den einzelnen, mit der ECE-Diagnostik befaßten Arbeitsgruppen mit 10-20 % angegeben.

5.2.7 Anwendungsbeispiele

Die ECE-Diagnostik wird an den Fusionsexperimenten routinemäßig zur Messung der Elektronentemperatur eingesetzt. Insbesondere bei der Verfolgung schneller zeitlicher Vorgänge kann dieses Meßverfahren mit Vorteil eingesetzt werden. Die Bilder 5-30 und 5-31 geben zwei Beispiele für schnell ablaufende Phänomene, nämlich das Auftreten von sogenannten Sägezahninstabilitäten, wie sie an Tokamaks beobachtet werden [4,5]. Bei diesem Phänomen kann sich die Elektronentemperatur im Plasmazentrum innerhalb von etwa 100 µs um mehrere keV ändern. Die freiwerdende Energie wird sehr schnell nach außen transportiert und verursacht außerhalb eines bestimmten Radiuswertes des Profils einen steilen Temperaturanstieg. Das Temperaturprofil ändert sich bei diesem Vorgang also periodisch. Bild 5-31 zeigt deutlich, wie für Positionen mit $r \geq 12$cm der beschriebene gegenphasige Temperaturverlauf auftritt.

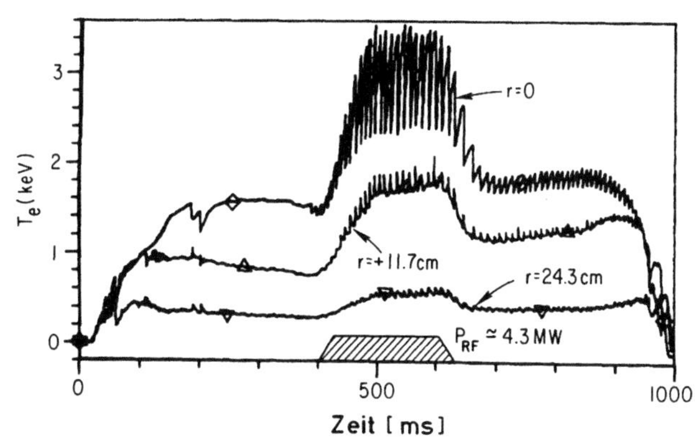

Bild 5-30: Der Verlauf der Elektronentemperatur an verschiedenen Stellen r der Plasmasäule. Während des schraffierten Zeitabschnitts wird eine Zusatzheizung P_{RF} eingeschaltet. Neben einem Anstieg der Elektronentemperatur werden starke periodische Schwankungen beobachtet. Gemessen mit dem in Bild 5-20 skizzierten Gitterpolychromator

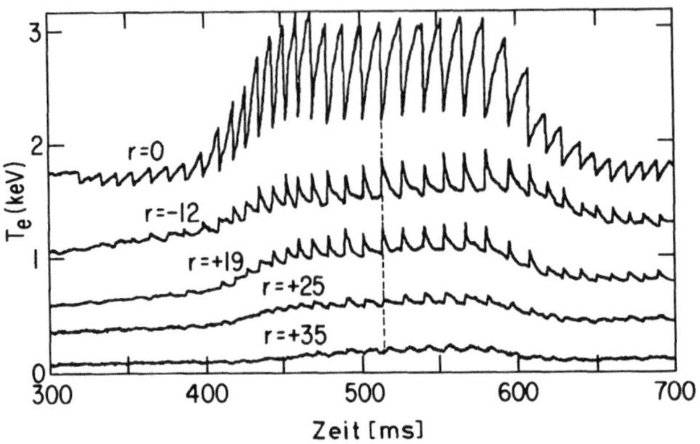

Bild 5-31: Bei höherer Zeitauflösung erkennt man eine sägezahnartige Struktur der Zeitverläufe, die innen (r = 0) und außen (r ≥ 12) gegenphasig verläuft.

Deutliche Temperatur- und Temperaturprofiländerungen treten naturgemäß in der Phase des Plasmaaufbaus auf. Bild 5-32 zeigt in dreidimensionaler Darstellung den Profilaufbau im Tokamakexperiment TEXTOR [22]. Die Messungen dazu wurden mit dem Festfrequenzempfängersatz (Bild 5-23) durchgeführt.

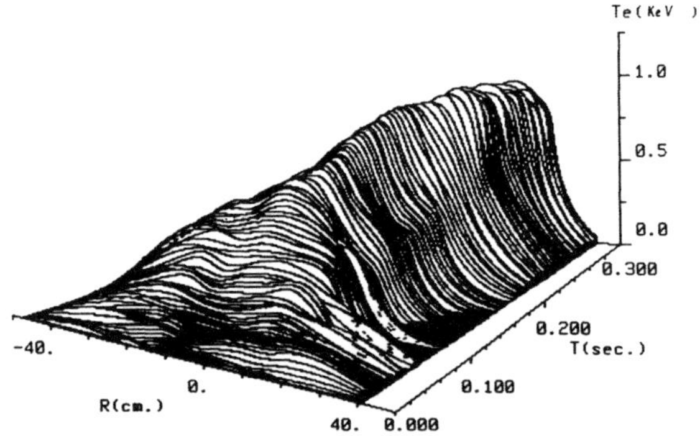

Bild 5-32: Die zeitliche Entwicklung des Elektronentemperaturprofils. Die einzelnen Profile sind durch Fitten an die bei acht verschiedenen Orten gemessene Elektronentemperatur mit dem in Bild 5-23 skizzierten Radiometersystem gewonnen worden.

Das Zu- und Abschalten von Plasmaheizungen hat starke Auswirkungen auf die Elektronentemperatur. Bild 5-33 zeigt diese Vorgänge am Beispiel des Stellaratorexperiments Wendelstein [15]. Der schnelle Plasmaaufbau zu Beginn wird durch Wellenheizung bei der Elektronzyklotronfrequenz (ECRH) bewirkt. Nach Abschalten dieser Heizungsart wird durch Einschießen von schnellen, neutralen Wasserstoffatomen in das Plasma dieses bis zum Ende weitergeheizt, zwischenzeitlich aber noch ein weiterer Impuls der Wellenheizung appliziert. Das gezeigte Halbprofil wurde mit dem 8-Kanal-Radiometer des Bildes 5-24 gewonnen.

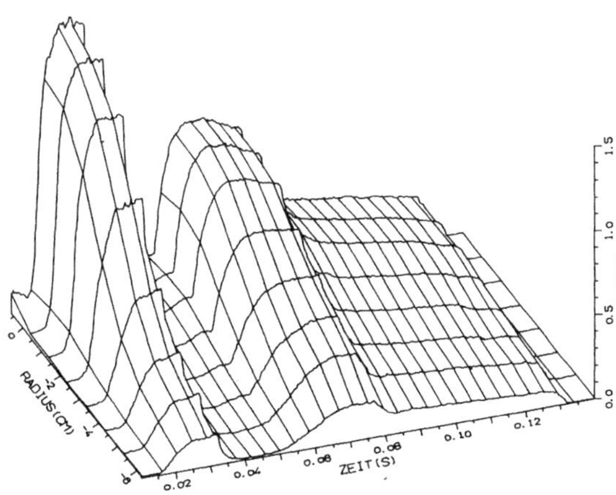

Bild 5-33: Die zeitliche Entwicklung eines Halbprofils der Elektronentemperatur, gemessen mit dem in Bild 5-24 wiedergegeben Vielkanalradiometer am Stellarator W VII-A. Die starken Schwankungen rühren vom An- und Abschalten verschiedener Plasmaheizungen her [15].

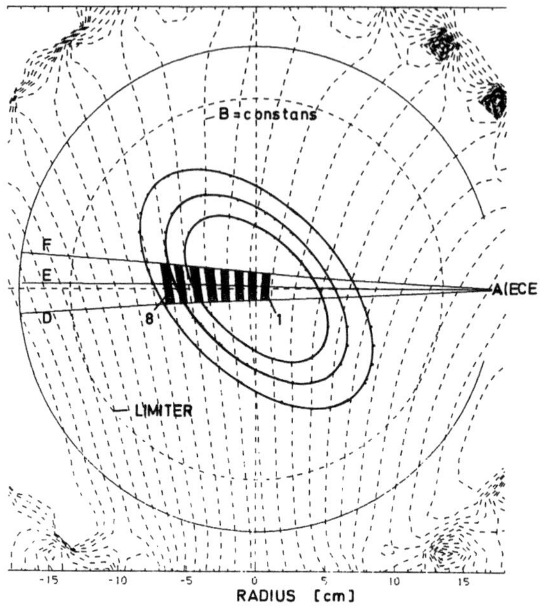

Bild 5-34: Die schwarzen Flächen 1 bis 8 markieren die Positionen, an denen die in Bild 5-33 gezeigten Temperaturverläufe gemessen worden sind. A(ECE) ist die Empfangsantenne [16].

Die erwähnte Wellenheizung bei der Elektronzyklotronfrequenz, also die Absorption von in das Plasma eingespeister Strahlung ist wie die Emission ein Resonanzphänomen, sie erfolgt demnach lokalisiert im Plasma.

Wird die Heizleistung im Plasmazentrum deponiert und periodisch abgesenkt, so können radial nach außen laufende Wärmewellen erzeugt werden. Bild 5-35 gibt in einer Computersimulation den erwarteten Temperaturprofilverlauf. Die Ausbreitungsgeschwindigkeit dieser Wärmewellen wird entscheidend durch die Wärmeleitfähigkeit der Elektronen bestimmt. Mißt man die Phasenverschiebung bzw. die Zeitverzögerung gegenüber der Heizleistungsmodulation im Zentrum, und die Modulationsamplitude der Elektronentemperatur an festen Orten, die radial nach außen gestaffelt liegen, so kann daraus die lokale Elektronenwärmeleitung bestimmt werden. Das Bild 5-36 zeigt Messungen, die mit dem 8-Kanal-Radiometer des Bildes 5-24 am Stellarator W VII-A gemacht wurden [15,25]. Die Meßorte sind in Bild 5-34 skizziert.

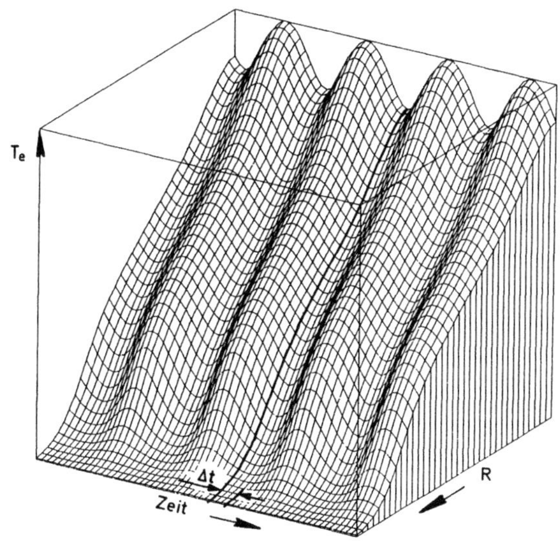

Bild 5-35: Durch Modulation einer speziell im Plasmazentrum wirksamen Heizung können Wärmewellen erzeugt werden, die sich radial nach außen ausbreiten. Wegen der endlichen Ausbreitungsgeschwindigkeit ergibt sich eine ortsabhängige Verzögerungszeit Δt. Das Bild zeigt eine Computersimulation (von E. Räuchle, Univ. Stuttgart).

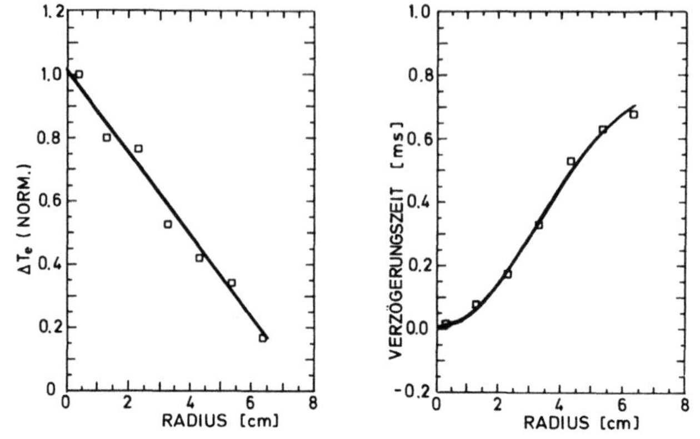

Bild 5-36: Normierte Modulationsamplitude ΔT_e und Zeitverzögerung Δt der Elektronentemperaturmodulation gemessen mit dem in Bild 5-24 skizzierten Vielkanalradiometer. Aus den beiden Größen kann die lokale Elektronenwärmeleitung bestimmt werden [25]

Die Messung der lokalen Elektronenwärmeleitung in einem Modulationsexperiment möge stellvertretend als eines von vielen ähnlichen Beispielen stehen, in denen die ortsaufgelöste Elektronentemperaturmessung, wie sie durch passive Mikrowellenradiometrie der Elektron-Zyklotron-Emission ermöglicht wird, wichtige Beiträge zum Verständnis der komplexen Dynamik eines magnetisch eingeschlossenen Plasmas zu liefern in der Lage ist.

Literatur zum 5.Kapitel

[1] F. F. Chen, Introduction to Plasma Physics and Controlled Fusion, Plenum Press, New York (1983)

[2] J. D. Lawson, Proc. Phys. Soc. 70, 6 (1957)

[3] JET-Team, Plasma Phys. and Contr. Nucl. Fus. 28, 1211 (1986)

[4] J.Reader et al., Kontrollierte Kernfusion, B. G. Teubner, Stuttgart (1981)

[5] T. J. Dolan, Fusion Research, Pergamon Press, New York, Frankfurt (1982)

[6] I. H. Hutchinson, Principles of Plasma Diagnostics, Cambridge University Press, New York (1987)

[7] G. Bekefi, Radiation Processes in Plasmas, J. Wiley and Sons, New York (1966)

[8] C. M. Celata, D. A. Boyd, Nucl. Fus. 17, 735 (1977)

[9] F. Engelmann, M. Curatolo, Nucl. Fus. 13, 497 (1973)

[10] L. Landau, Z. Physik 64, 629 (1930)

[11] J. Schneider, Phys. Rev. Lett. 2, 504 (1959)

[12] G. A. Schott, Electromagnetic Radiation, University Press, Cambridge (1912)

[13] B. A. Trubnikov, Sov. Phys. Dokl. 3, 136 (1958)

[14] A. E. Costley, R. J. Hastie, J. W. M. Paul, J. Chamberlain, Phys. Rev. Lett. 33, 758 (1974)

[15] V. Erckmann, W VII-A Team, NI Team, ECRH Group, Plasma Phys. and Contr. Nucl. Fus. 28, 1277 (1986)

[16] H. J. Hartfuß, M. Tutter, W VII-A Team, ECRH Group, Proc. of the 5th Int. Workshop on ECE and ECRH, San Diego, CA (1985), S. 37

[17] D. H. Martin, E. Puplett, Infrared Phys. 10, 105 (1959)

[18] A. Cavallo, M. Tutter, Electron Cyclotron Measurements in the W VII-A Stellarator, Bericht IPP 2/244 des Max-Planck-Instituts für Plasmaphysik, Garching (1978)

[19] A. Cavallo, R. Cutler, Rev. Sci Instr. 56, 931 (1985)

[20] A. Eberhagen, Infrared Phys. 19, 389 (1979)

[21] G. Taylor, P. C. Efthimion, M. P. McCarthy, E. Fredd, R. C. Cutler, Rev. Sci. Instr. 57, 1974 (1986)

[22] G. Waidmann, Y. Cao, B. Kardon, The Dynamic Behaviour of the Temperature Profile in the TEXTOR Tokamak, 15th Europ. Conf. on Contr. Fus. and Plasma Heating, Dubrovnik (1988)

[23] H. J. Hartfuß, M. Tutter, Rev. Sci Instr. 56, 1703 (1985)

[24] H. J. Hartfuß, U. Gasparino, M. Tutter, W VII-A Team, ECRH Group, Proc. of the 6th Int. Workshop on ECE and ECRH, Oxford (1987)

[25] H. J. Hartfuß, H. Maaßberg, M. Tutter, W VII-A Team, Nucl. Fus. 26, 678 (1986)

Abkürzungen

JET = Joint European Torus, Culham, England

TFTR = Tokamak Fusion Test Reactor, Princeton-University, New Jersey, USA

ASDEX = Axial Symmetrisches Divertor Experiment, Max-Planck-Institut für Plasmaphysik, Garching bei München

W VII-A(S) = Stellarator Wendelstein VII-A(S), Max-Planck-Institut für Plasmaphysik, Garching bei München

TEXTOR = Toroidal Experiment for Technological Oriented Research, Kernforschungsanlage Jülich GmbH, Jülich

Farbtafeln

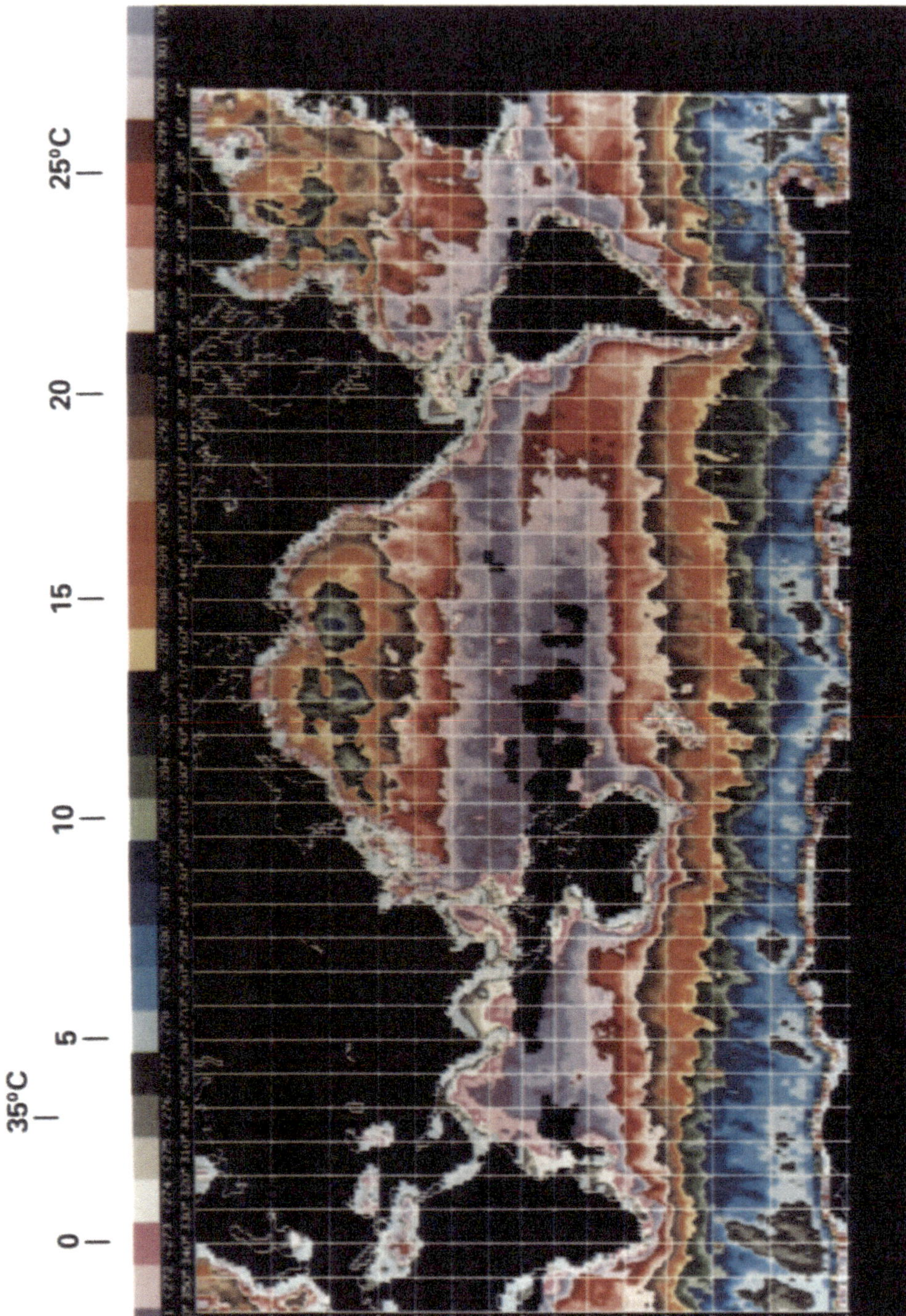

Farbtafel I: Aus Seasat-Messungen berechnete Temperaturkarte der Ozeane (nach Njoku [4])

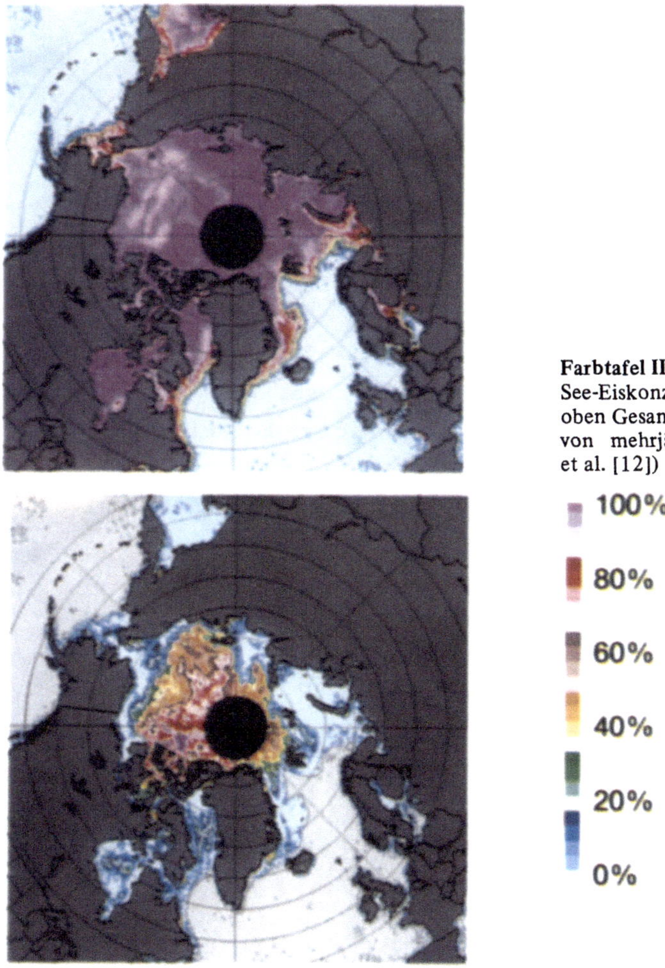

Farbtafel II: Mit Nimbus-7 gemessene See-Eiskonzentrationen in der Arktis, oben Gesamtkonzentration, unten Anteil von mehrjährigem Eis (nach Gloersen et al. [12])

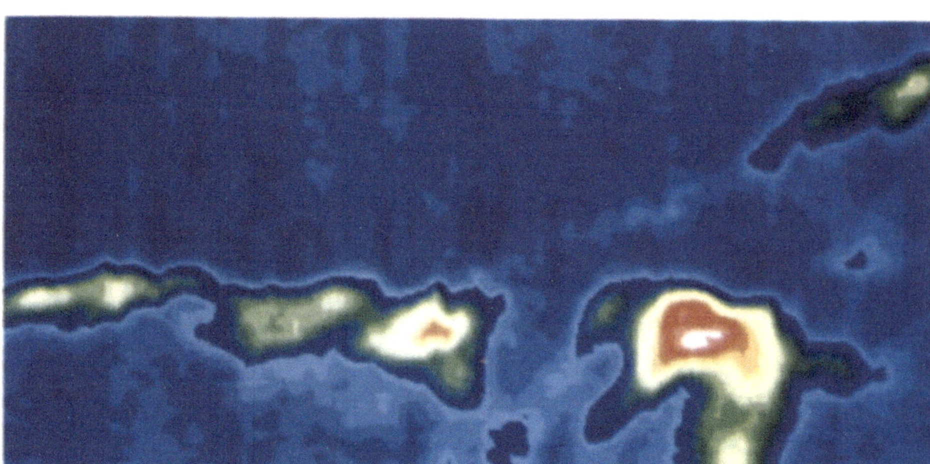

Farbtafel III: Ölflecke auf der Nordsee, gemessen bei 90 GHz aus einer Höhe von 170 m, Größe des Feldes: 82 × 164 m, Strahlungstemperaturbereich: 193–236 K (nach Grüner [10])

Verwendete Formelzeichen

A	Fläche, Absorptionsvermögen, Amplitude, Aspektverhältnis
$\vec{A}$	Vektorfeld
a	Konstante, Albedo, Polarisierbarkeit
B	Bandbreite, Helligkeit
$\vec{B}$	Magnetfeld
C	Kapazität, Konstante
c	Lichtgeschwindigkeit, Konstante
D	Richtschärfe (Directivity), Durchmesser
d	Dämpfung, Durchmesser, Abstand, Dicke, Polarisationsgrad
$\vec{d}$	Dipolmoment
E	elektrische Feldstärke, Emissionsvermögen, Energieniveau
$\vec{E}$	elektr. Feld
e	Elementarladung, Emissionsvermögen
F	Rauschzahl, Brennweite, Funktion
f	Frequenz, Brennweite
G	Verstärkung (Gain), Antennengewinn
H	Magnetfeldstärke, Höhe
h	Planksches Wirkungsquantum, Höhe
$\hbar$	Planksches Wirkungsquantum/2π
I	Stromstärke, Stokescher Parameter, Intensität
j	imaginäre Einheit
$\vec{j}$	Stromverteilung
k	Boltzmann-Konstante, Wellenzahl
L	Dämpfung, Länge
M	Masse
m	Masse
N	Datenrate, Besetzungszahl, Dichte
n	Brechungsindex, Dichte
P	Leistung
p	Polarisation, Druck, Häufigkeitsverteilung
$\vec{p}$	Impuls
Q	Querschnitt, Stokesscher Parameter
R	Reflexionsvermögen, Widerstand, Radius, räuml. Auflösung
r	Radius, Reflexionsvermögen
S	Flußdichte, Elastanz, Quellenfunktion
$\vec{S}$	Poyntingscher Vektor

s	Abstand, normierte Stokessche Parameter
T	Temperatur, Rauschtemperatur, Periodendauer, Transmission
t	Zeit, Transmission
U	Spannung, Stokesscher Parameter
$\tilde{U}$	Fouriertransformierte
u	Funktion
V	Stokesscher Parameter, Funktion
v	Geschwindigkeit, Volumenanteil
W	Wahrscheinlichkeit, Gewichtsfunktion, Energie, Wassermenge
w	Strahlradius
x	Koordinate
y	Koordinate, Leistungsverhältnis
Z	Impedanz, komplexer Widerstand
z	Koordinate
α	Dämpfungskonstante
β	Phasenkonstante, Winkel
γ	Ausbreitungsparameter, Linienbreiten-Parameter
Γ	Reflexionskoeffizient
δ	Phase, Winkel, Leitfähigkeit
Δ	Differenz
ε	Dielektrizitätskonstante
η	Wirkungsgrad
Θ	Winkel, Phase
$\varkappa$	Absorptions-, Streukoeffizient
λ	Wellenlänge
μ	Beweglichkeit
ν	Frequenz
ξ	Absorptions-, Streuwirkungsgrad
χ	normierter Radius, Funktion
ρ	Dichte
τ	Zeitkonstante, optische Tiefe, Refraktionswinkel
Υ	Transmission
φ	Phase, Winkel
ψ	Wellenfunktion
Ψ	Winkelabstand, Wellenfunktion
ω	Kreisfrequenz
Ω	Raumwinkel

Verwendete Schaltsymbole

	Spule, Induktivität
	Kondensator
	Gleichspannungsquelle
	Widerstand, Dämpfungsglied
	variables Dämpfungsglied
	Phasenschieber
	Absorber, angepaßter Abschlußwiderstand
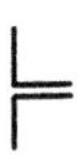	Dipol-Antenne
	Antenne, Horn-Antenne
	Richtkoppler
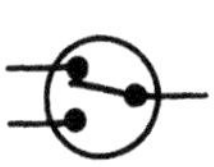	Mikrowellen-Schalter
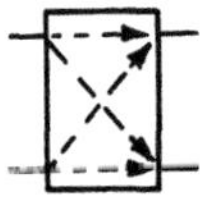	3-dB-Hybrid
	Zirkulator
	Oszillator
	breitbandige Rauschquelle
	Hochpaßfilter
	Bandpaßfilter
	Diodenmischer
	Detektor
	Verstärker
	Integrator
	Pulsgenerator
	Analog-Addierer
	Analog-Multiplizierer, Mischer
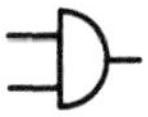	Und-Gatter, digital
	Anzeigegerät
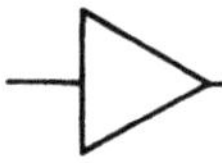	Operationsverstärker

REGISTER

GPSR Compliance

The European Union's (EU) General Product Safety Regulation (GPSR) is a set of rules that requires consumer products to be safe and our obligations to ensure this.

If you have any concerns about our products, you can contact us on ProductSafety@springernature.com

In case Publisher is established outside the EU, the EU authorized representative is:

Springer Nature Customer Service Center GmbH
Europaplatz 3
69115 Heidelberg, Germany

Batch number: 10584556

Printed by Printforce, the Netherlands